ENSEIGNEMENT PRIMAIRE S[illegible]
et Enseignement moderne

NOTIONS D'HISTOIRE NATURELLE

APPLICABLES AUX USAGES DE LA VIE

Rédigées d'après les programmes officiels

Par HENRI REGODT
PROFESSEUR DE SCIENCES NATURELLES

Avec 110 gravures dans le texte.

PARIS
IMPRIMERIE ET LIBRAIRIE CLASSIQUES
MAISON JULES DELALAIN ET FILS
DELALAIN FRÈRES, Successeurs
56, RUE DES ÉCOLES.

NOTIONS

D'HISTOIRE NATURELLE

Premiers Éléments de Zoologie, à l'usage des Cours de l'enseignement primaire et des Cours élémentaires de l'enseignement secondaire, rédigés conformément aux programmes officiels, par *M. J. Langlebert fils*, docteur en médecine; 1 vol. in-12, *avec* 315 *vignettes dans le texte*, *br.* 2 f. 50 c. — *rel. toile*, 2 f. 75.

Éléments de Botanique et de Géologie, répondant aux programmes des écoles normales primaires (1re et 3e années), par *M. J. Langlebert* : 3e édition; 1 vol. in-12, *avec* 410 *gravures dans le texte et une carte géologique de la France*, *br.* 3 f. — *cart.* 3 f. 25 c.

Éléments de Zoologie, répondant au programme des écoles normales primaires (2e année), par *M. J. Langlebert* : 5e édition, conforme aux nouvelles classifications zoologiques; 1 vol. in-12, *avec* 172 *gravures dans le texte*, *br.* 2 f. — *rel. toile*. 2 f. 25 c.

Notions de Physique applicables aux usages de la vie, rédigées d'après les programmes officiels, par *Honoré Regodt*, professeur des sciences physiques de l'association philotechnique de Paris : 42e édition, revue par un professeur agrégé de l'université; 1 vol. in-12, *avec* 231 *gravures dans le texte*, *cart.* 2 f. 25 c.

Notions de Chimie applicables aux usages de la vie, rédigées d'après les programmes officiels, à l'usage des élèves des écoles primaires supérieures et normales, par *Honoré Regodt* : 35e édition, revue par un professeur agrégé de l'université, conformément à la *notation atomique*; 1 vol. in-12, *avec* 64 *gravures dans le texte*, *cart.* 1 f. 75 c.

Éléments d'Arithmétique, répondant aux programmes des écoles normales primaires, des brevets de capacité de l'enseignement primaire et des cours de l'enseignement secondaire classique et moderne, par *J. B. V. Reynaud*, professeur de mathématiques du lycée de Toulouse : 2e édition; 1 vol. in-12, *cart.* 3 f.

Éléments d'Algèbre, répondant aux programmes de l'enseignement primaire supérieur, par *J. B. V. Reynaud*; in-12, *cart.* 3 f. 50 c.

Géométrie appliquée au Levé des Plans, à l'Arpentage, au Nivellement, aux Plans cotés, aux Surfaces topographiques, précédée de la Théorie des Corps ronds et de Notions de Trigonométrie, rédigée conformément au programme des écoles normales primaires d'instituteurs et du brevet supérieur, par *M. Ernest Lebon*, professeur de mathématiques au lycée Charlemagne; 1 vol. in-12, *avec gravures dans le texte et une planche chromolithographiée de signes et teintes conventionnels*, *cart.* 3 f. 50 c.

Géométrie élémentaire, comprenant la *Géométrie plane* et la *Géométrie dans l'espace*, rédigée conformément au programme des Écoles normales primaires (*cours de Première et de Deuxième années*) et du brevet supérieur, par *M. E. Lebon*; 1 vol. in-12, *avec* 487 *figures dans le texte*, *cart.* 4 f. 50 c.

Leçons élémentaires d'Agriculture, rédigées d'après les programmes officiels pour les élèves des écoles normales primaires et des écoles professionnelles, par *M. A. Ysabeau*, agronome : 11e édition; 1 vol. in-12, *avec* 44 *gravures dans le texte*, *cart.* 2 f.

Leçons élémentaires d'Horticulture, rédigées d'après les programmes officiels pour les élèves des écoles normales primaires et des écoles professionnelles, par *M. A. Ysabeau*, agronome; 6e édition; 1 vol. in-12, *avec* 30 *gravures dans le texte*. *cart.* 1 f. 60 c.

NOTIONS

D'HISTOIRE NATURELLE

APPLICABLES AUX USAGES DE LA VIE

Rédigées d'après les programmes officiels

Par HENRI REGODT

PROFESSEUR DE SCIENCES NATURELLES

TREIZIÈME ÉDITION

Avec 110 gravures dans le texte.

PARIS

IMPRIMERIE ET LIBRAIRIE CLASSIQUES

MAISON JULES DELALAIN ET FILS

DELALAIN FRÈRES, Successeurs

56, RUE DES ÉCOLES.

NOTIONS D'HISTOIRE NATURELLE

APPLICABLES AUX USAGES DE LA VIE.

INTRODUCTION.

Objet de l'histoire naturelle. — Les trois règnes. — Caractères distinctifs des animaux, des végétaux et des minéraux. — Fonctions organes, appareils. — Classification. — Utilité de chaque règne.

Objet de l'histoire naturelle. — *L'histoire naturelle* est une science qui a pour objet la connaissance des différents corps, animés ou inanimés, organisés ou inorganisés, qui composent l'ensemble de notre globe ou qui vivent à sa surface.

Cette science, comme toute autre, ne doit pas seulement tendre à satisfaire une vaine curiosité. Ce serait déjà sans doute un magnifique résultat que de nous faire admirer la sagesse du Créateur qui a tout ordonné d'une si merveilleuse manière; mais elle nous porte encore à bénir sa providence qui a si largement pourvu à tous nos besoins. Aucune science n'est stérile pour l'homme. Toute découverte de l'intelligence trouve presque aussitôt son application aux besoins de la vie, et l'histoire naturelle est soumise à cette loi plus que toute autre science.

Les méthodes d'observation dans les sciences furent longtemps nulles ou insuffisantes : aussi l'histoire naturelle n'était-elle chez les anciens que la description d'un petit nombre d'êtres et pour le reste un mélange confus d'hypothèses et d'erreurs. Son développement date surtout de ce siècle, où chaque jour a été marqué, pour ainsi dire, par de nouvelles découvertes.

Les trois règnes. — Tous les corps connus et même inconnus qui appartiennent à notre globe ont été depuis longtemps rangés en trois groupes, auxquels on a donné le nom de *règnes,* savoir : le *règne animal*, le *règne végétal* et le *règne minéral;* de là les trois branches de l'histoire naturelle : la *zoologie,* la *botanique* et la *minéralogie.*

La *zoologie* est la partie de l'histoire naturelle qui s'occupe des animaux.

La *botanique* est la partie de l'histoire naturelle qui étudie les plantes ou végétaux.

La *minéralogie* est la partie de l'histoire naturelle qui traite des minéraux et des couches solides constituant la surface de notre globe.

La zoologie et la botanique donnent lieu chacune à une triple étude. L'*anatomie* nous fait connaître la constitution intérieure de chaque être vivant, la position, la forme et la structure de ses organes et compare à ce point de vue soit les animaux, soit les plantes. La *physiologie* enseigne l'usage des différents organes et la manière dont ils accomplissent les différentes fonctions de la vie. La *zoologie descriptive* et la *botanique descriptive* constatent les caractères extérieurs qui distinguent chaque espèce, décrivent ses mœurs, indiquent le climat qu'elle habite, et distribuent les animaux et les plantes par une classification méthodique, comme la minéralogie le fait pour les minéraux.

La minéralogie se subdivise en deux parties, la *géologie* et la *minéralogie proprement dite.* La première étudie la manière probable dont l'écorce terrestre s'est formée, la position et la structure des diverses couches qui la composent, et comme conséquence les moyens de tirer parti de chacune d'elles suivant nos besoins. La seconde nous apprend à connaître dans leurs éléments et leur composition un certain nombre de corps bien déterminés qui sont presque tous recherchés, sous une forme ou sous une autre, dans les différents usages de la vie.

Caractères distinctifs des animaux, des végétaux et des minéraux. — Animaux, végétaux, minéraux, tels sont donc les trois grands groupes qui comprennent tous les êtres, et ils se distinguent l'un de l'autre par des caractères bien tranchés.

Les animaux et les végétaux vivent : car ils naissent, s'accroissent, se reproduisent et meurent ; ce sont des corps organiques. Mais les végétaux n'ont ni la faculté de sentir ni celle de se mouvoir : c'est la *vie végétale* ou *végétative*. Les animaux, au contraire, jouissent de ces deux facultés ; ils sentent et se déplacent : c'est la *vie animale*. De plus, l'animal et le végétal ont une forme déterminée, toujours la même pour chaque espèce ; ils sont limités dans leur grandeur, comme ils le sont dans leur durée. Leur développement surtout offre avec celui des minéraux une différence essentielle et facile à saisir. C'est par les aliments qu'ils absorbent et qu'ils s'assimilent que les végétaux et les animaux s'accroissent, tandis qu'un minéral ne grossit que par l'adjonction extérieure de particules nouvelles : le premier mode est appelé *nutrition*, le second *juxtaposition*.

Les minéraux sont des corps bruts ou inorganiques qui n'ont aucune espèce d'organes, puisqu'ils sont complétement privés de vie. Pour qu'il y ait vie, il faut que le corps *naisse, s'accroisse* et *meure ;* que de plus il soit doué de l'une au moins de ces trois facultés, *sentir, se mouvoir, se reproduire.* Or les minéraux commencent, mais ne naissent pas ; ils s'accroissent quelquefois par le dépôt à leur surface de molécules nouvelles ; ils se brisent, changent d'état, se décomposent quelquefois, mais ils ne meurent et ne se reproduisent pas ; ils sont privés de sensibilité et de mouvement, n'affectent la plupart du temps aucune forme déterminée, et ne reconnaissent aucune limite de grandeur ; l'or, par exemple, se trouve tantôt en paillettes microscopiques et tantôt en morceaux plus ou moins gros.

Fonctions, organes, appareils. — La vie animale ou végétale suppose certains phénomènes nommés *fonctions*, périodiquement répétés et destinés à l'entretenir : telles sont la respiration, la circulation du sang chez les animaux, celle des sucs dans les végétaux, etc. On appelle *organes* les parties de l'animal ou du végétal spécialement destinées à l'accomplissement d'un ordre quelconque de ces phénomènes, et quand plusieurs organes concourent au même but, on donne à leur ensemble le nom d'*appareil*. Ainsi, chez l'homme et chez les animaux, le cœur, les poumons, etc., sont les organes qui constituent l'appareil de la fonction dite la respiration; chez les végétaux, les racines, la tige, les feuilles, sont les organes dont l'ensemble compose l'appareil de la fonction qui fait la vie végétative.

Les minéraux, n'ayant point de vie, n'ont ni fonctions ni organes. De là vient que le règne minéral est dit souvent *règne inorganique*, et les deux autres, par la raison contraire, s'unissent pour former le *règne organique*.

Classification. — La minéralogie ne compte que cinq ou six cents espèces aujourd'hui reconnues; mais la zoologie en admet des milliers, et la botanique plus de cent mille. Pour soulager l'étude et la mémoire, on a dû recourir à la *classification*.

Une bonne classification, en histoire naturelle, doit être faite d'après les deux règles suivantes.

1° *Les différents êtres doivent se grouper d'après les affinités naturelles*, c'est-à-dire que les groupes seront disposés suivant l'ensemble des caractères qui établissent entre deux groupes consécutifs une ressemblance générale et comme une espèce de parenté.

2° *La série des groupes doit suivre la subordination des caractères;* car tous les caractères n'ont pas la même importance. Certains organes, comme ceux de la nutrition, ont une valeur essentielle, et ils servent à former les grandes classes. D'autres, au contraire, ont peu ou point d'importance, comme la disposition des feuilles en botanique, et servent à distinguer les petits groupes.

Il y a deux sortes de classification, la *classification artificielle* ou *système* et la *classification naturelle* ou *méthode.*

Le *système* groupe les êtres suivant un caractère arbitrairement choisi : ainsi Linné, dans sa classification botanique, tient surtout compte des organes de la fleur appelés *pistils* et *étamines*, et réunit dans la même classe des espèces qui n'ont quelquefois d'autre caractère commun que d'avoir le même nombre ou la même disposition de ces organes.

La *méthode*, au contraire, considère l'ensemble des caractères communs, de telle sorte que les êtres soient distribués en *familles naturelles* d'après le plus grand nombre des ressemblances et la subordination des caractères : la classification de Cuvier en zoologie et de Jussieu en botanique en sont de remarquables exemples. En effet, les grandes divisions doivent reposer sur les caractères les plus généraux et les plus importants, les subdivisions sur d'autres caractères d'une généralité et d'une importance moins grande.

La classification la plus complète nous offre la série suivante de divisions et subdivisions : les *embranchements,* les *classes,* les *ordres,* les *genres,* les *espèces,* et enfin les *variétés* qui comprennent les *individus*. Ainsi, en zoologie, le chien de Terre-Neuve est une variété de l'espèce chien, qui, avec le loup, constitue le genre chien, l'un des genres appartenant à l'ordre des carnassiers; les carnassiers à leur tour sont une subdivision de la classe des mammifères, laquelle appartient à l'embranchement des vertébrés.

Entre l'ordre et le genre, quand la multitude des espèces l'exige, on intercale la *famille*[1], qui peut se subdiviser en *tribus*. Ainsi l'ordre des carnassiers se subdivise en famille des plantigrades, qui marchent, comme l'ours, sur la plante des pieds, et famille des digitigrades, qui marchent sur les doigts, comme le chien.

1. Le mot *famille* est souvent pris, surtout en botanique, comme synonyme du mot *ordre* ou du mot *genre*.

Utilité de chaque règne. — Chaque règne de l'histoire naturelle fournit à l'homme de nombreux moyens de satisfaire à tous les besoins et à tous les usages de la vie.

Le règne animal nous fournit les nombreuses espèces d'animaux qui peuplent la terre, l'air et les mers et qui servent à notre alimentation ou à nos usages domestiques : les uns, compagnons de nos travaux agricoles ou servant aux transports, les autres faisant notre nourriture quotidienne par leur chair ou nous servant par leur toison, leur peau, leurs plumes ou autres produits, tous ayant dans la chaîne des êtres des utilités longtemps méconnues, mais qui se révèlent journellement à la science moderne.

Le règne végétal nous donne les céréales, les légumes et les fruits, partie si importante de nos aliments; les plantes textiles, qui servent à nous vêtir; les fleurs, qui parent et embaument nos jardins; les sucs de certaines plantes qui nous guérissent dans nos maladies; le bois enfin, ce précieux combustible, non moins précieux comme charpente dans les constructions de l'architecture, de la marine, etc.

Le règne minéral donne la pierre qui sert à construire nos demeures; le marbre qui sert à les orner; les métaux, instruments de défense et d'industrie et valeur représentative des échanges du commerce; la houille, qui a remplacé économiquement le bois comme combustible, etc.

Enfin l'histoire naturelle, dans son majestueux ensemble, nous fait reconnaître plus directement que toute autre science la puissance, la sagesse, la bonté du Dieu qui a créé toutes ces merveilles; elle nous conduit, saisis d'une admiration respectueuse, au pied du trône de celui à qui nous devons la vie et la satisfaction de nos besoins de chaque jour.

ZOOLOGIE.

CHAPITRE Ier.

Définition. — Division de la zoologie. — Utilité de la zoologie. — Constitution élémentaire de l'homme et des animaux. — Le squelette humain.

Définition. — La *zoologie* est la science qui apprend à connaître les animaux, c'est-à-dire les êtres vivants, doués de la triple faculté de sentir, de se mouvoir et de se reproduire.

Division de la zoologie. — La zoologie se divise en deux parties : la *zoologie générale* et la *zoologie descriptive.* La première comprend l'étude de la composition et de la structure des animaux, ce que l'on appelle *anatomie*, et celle des organes ou instruments qui leur permettent d'accomplir les différentes fonctions vitales, c'est-à-dire la *physiologie;* la seconde décrit les animaux et en donne une classification méthodique.

Utilité de la zoologie. — La zoologie est la partie de l'histoire naturelle la plus utile à l'homme. Elle lui donne une multitude d'animaux de toute sorte dont la chair sert à son alimentation, et dont la peau ou la toison est employée pour son habillement et à divers usages. Il en rassemble un certain nombre près de sa demeure comme animaux domestiques, les fait reproduire et naître à son gré, et il développe par des soins convenables les qualités qui lui sont le plus préférables. D'autres, tels que le cheval, l'âne, le bœuf, le chameau, le renne, l'aident dans ses travaux comme bêtes de trait ou de somme. Le chien, son compagnon et son gardien, chasse avec lui et pour lui, et l'égaye dans sa solitude. Certains oiseaux le récréent par leur gazouillement et leurs vives couleurs.

Constitution élémentaire de l'homme et des animaux. — L'homme étant, même au point de vue du corps, le plus parfait de tous les êtres vivants, c'est lui que nous prendrons pour type, en indiquant les différences, quelquefois profondes, par lesquelles de nombreux animaux s'éloignent de lui.

Considéré chimiquement, tout animal se compose principalement de quatre éléments ou corps simples : l'oxygène, l'hydrogène, le carbone et l'azote. Quelques autres éléments, tels que le phosphore et le calcium, se joignent à ceux-ci, mais en quantité moins considérable. En se combinant entre eux par des lois inconnues, ils forment les substances appelées *matières organisées,* dont le jeu constitue la vie.

En étudiant l'homme, nous voyons ces substances tantôt dures et solides : ce sont les *os,* dont l'ensemble a reçu le nom de *squelette humain;* tantôt molles et flexibles : ce sont les divers *tissus organiques*. Tous les animaux n'ont point un squelette; beaucoup d'entre eux, l'araignée par exemple, n'ont que des tissus.

Le squelette humain. — Le squelette de l'homme (*fig.* 1) peut se décomposer en trois parties : la *tête,* le *tronc* et les *membres.*

Dans la tête (*a*) on distingue le *crâne* et la *face.*

Le *crâne* est une boîte osseuse occupant toute la partie supérieure et postérieure de la tête. Il se compose de huit *os,* unis chez l'enfant par des cartilages qui durcissent avec l'âge, de manière à former un tout immobile et très-solide. Parmi ces os, on distingue le *frontal* ou *coronal* en avant, les deux *pariétaux* en haut, les deux *temporaux* sur les côtés, l'*occipital* en arrière et à la partie inférieure. C'est dans l'os temporal que sont creusés les conduits de l'oreille, dans une portion appelée *rocher* à cause de sa dureté. La base du crâne est percée d'une multitude de trous. On y trouve en outre trois apophyses, proéminences osseuses, allongées et très-saillantes : l'une, nommée *condyle*, est une espèce de pivot par lequel la tête s'articule au tronc; les deux autres appelés *mastoïdes*, servent d'attache aux muscles qui font tourner la tête à droite ou à gauche.

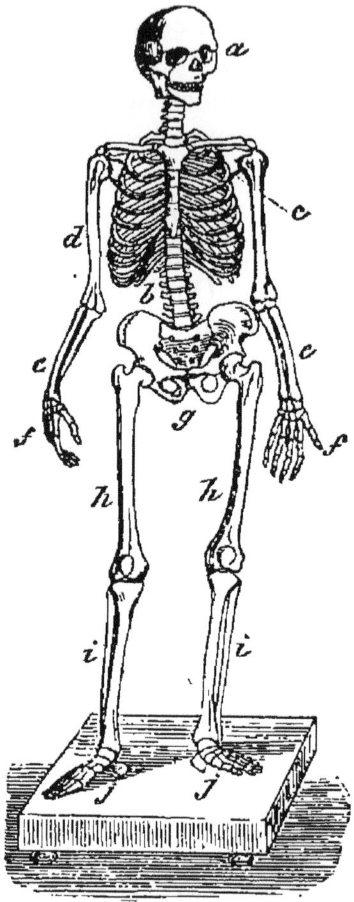

Fig. 1. — *Squelette humain.*

La *face* se compose de quatorze os et de cinq cavités. Les cinq cavités sont : les deux *orbites*, qui servent à loger les *yeux;* les deux *fosses nasales*, la *bouche*. Parmi les os, il faut remarquer les deux *os jugaux* ou os des pommettes; les deux petits *os nasaux*, qui servent de base aux cartilages du nez; l'*os maxillaire inférieur* et les deux *os maxillaires supérieurs*, qui forment les *mâchoires;* les deux *os palatins*, qui s'articulent avec les deux maxillaires supérieurs et avec l'un des os du crâne pour former la voûte du palais. Aux *os temporaux* est suspendu par des ligaments l'*os hyoïde*, qui soutient le *larynx* et porte la *langue*.

Sur les mâchoires sont implantées les *dents*, formées de trois substances, la dentine ou ivoire à l'intérieur, l'émail, qui recouvre l'ivoire, et le cément ou substance corticale, qui recouvre l'émail, surtout dans sa partie inférieure. La dent naît d'un noyau, appelé *bulbe* ou *germe*, qui se développe dans un petit sac appelé *capsule dentaire*, logé dans l'os de la mâchoire; quand elle a percé au dehors, la partie supérieure se nomme la *couronne*, la partie inférieure la *racine*, le point de jonction le *collet*. La cavité où la racine se loge, s'appelle l'*alvéole*.

Il y a trois espèces de dents : les *incisives*, sur le devant de la bouche, qui sont larges, plates, taillées en biseau et qui servent à couper; les *canines*, qui sont coniques, qui s'implantent dans les aliments et les déchirent; les *molaires*, qui servent à broyer. Dans les animaux, les molaires ont une surface supérieure large et diversement inégale, suivant la nourriture de l'animal : elles sont tranchantes, lorsqu'il est carnivore; hérissées de pointes coniques qui s'emboîtent, lorsqu'il est insectivore; garnies de tubercules arrondis, lorsqu'il vit de fruits mous; terminées par une surface large et rude, lorsqu'il se nourrit d'herbe.

Le *tronc* comprend la *colonne vertébrale*, le *sternum* et les *côtes*.

La *colonne vertébrale* ou *épine du dos* est une longue tige osseuse (*b*), composée de petits os nommés *vertèbres*. Chaque vertèbre est un os percé d'un trou en son milieu, s'épanouissant au dedans de l'animal en un disque épais, appelé le corps de la vertèbre, et ayant de plus trois *apophyses*, l'une en arrière, l'*apophyse épineuse*, qui arrête la flexion en arrière, les deux autres sur les côtés, les *apophyses transverses*, servant d'attache, comme fait aussi la première, aux muscles puissants qui les relient.

L'homme a trente-trois vertèbres, savoir : sept *cervicales* le long du cou, douze *dorsales* le long du dos, cinq *lombaires* le long des reins, cinq *sacrées*, qui se soudent entre elles dès la première enfance pour former l'os appelé *sacrum;* quatre *coccygiennes*, pleines et solides à l'état rudimentaire. La première vertèbre cervicale, nommée *atlas*, plus large et plus mobile que les autres, n'est qu'un simple anneau, sur laquelle repose le *condyle*, et qui est elle-même portée comme sur un pivot par une apophyse de la vertèbre suivante. Le nombre des vertèbres est très-variable dans les animaux. Il en est quelques-uns, comme la chauve-souris, qui n'ont pas de vertèbres coccygiennes; d'autres en ont au contraire jusqu'à soixante, les unes creuses, les autres pleines, et c'est ce qui constitue la queue.

Le *sternum* est un os aplati, allongé, rétréci dans sa partie moyenne, qui est situé au devant et au milieu de la poitrine. Chez les oiseaux, il se développe en une espèce de bouclier carré qui recouvre le thorax et une partie de l'abdomen, et qui porte le nom de *bréchet.*

Les *côtes* sont des os très-longs, aplatis et assez étroits, courbés en forme d'arceaux et s'articulant par leur extrémité postérieure, de chaque côté de la poitrine, avec les vertèbres dorsales; les unes ont leur extrémité antérieure reliée au sternum par des cartilages : ce sont les *vraies côtes;* les autres, nommées *fausses côtes,* diminuent successivement de longueur, et chaque paire s'unit par devant à la paire supérieure. L'homme a sept paires de vraies côtes et cinq de fausses. Le nombre en varie quelquefois dans les animaux : ainsi le cheval a dix-huit paires de côtes et l'éléphant en a vingt.

Les *membres* sont au nombre de deux paires : les *membres supérieurs* et les *membres inférieurs.*

Les *membres supérieurs* ou *thoraciques* sont les bras de l'homme; chez les animaux on les appelle aussi membres antérieurs. Les os qui les composent sont : 1° l'*omoplate* (*c*), large et plat, fortement attaché au dos et servant de base à la partie mobile; 2° la *clavicule,* qui maintient l'épaule écartée en s'appuyant d'un côté contre l'omoplate, de l'autre contre le sternum : cet os est cylindrique et grêle, mais plus ou moins développé, suivant les efforts que l'animal doit faire; 3° l'*humérus* (*d*), long, cylindrique et creux, qui constitue la partie appelée *bras;* 4° le *cubitus* et le *radius* (*e, e*), formant l'*avant-bras,* tous deux longs, placés parallèlement, le premier large par en haut et s'articulant à l'humérus, mais grêle et arrondi par en bas; le second, qui doit pivoter en quelque sorte sur le premier et qui supporte la *main,* grêle au contraire à l'extrémité supérieure et plus large à l'autre extrémité. Les petits os de la main (*f, f*) forment le *carpe* ou *poignet* en deux rangées de quatre os chacune ; le *métacarpe* ou *paume*, composé d'une rangée de cinq petits os longs; les *doigts*, appelés *pouce, index, médius, annulaire* et *petit doigt*, qui ont, le pouce deux et les autres trois os bout à bout, nommés *phalanges;* le dernier de ces os porte l'*ongle* et s'appelle aussi *phalangette.*

Les *membres inférieurs* ou *abdominaux* ont une conformation analogue. 1° La *hanche*, large et plate, est fortement attachée au sacrum de la colonne vertébrale et projette en avant deux os, un de chaque côté, qui se réunissent ; ce qui constitue le *bassin* (*g*), partie inférieure de l'abdomen. 2° La *cuisse* ou *fémur*, gros os cylindrique et creux (*h, h*), peut se mouvoir sur le bassin dans tous les sens. 3° Le *tibia*, représentant le cubitus, et le *péroné* le radius, constituent la *jambe* (*i, i*); mais le premier s'articule à la fois au fémur et porte le *pied*, et le second, n'étant pas mobile autour du premier, forme par en bas la *cheville*, destinée à maintenir le pied dans sa position naturelle; de plus, un troisième os plat et arrondi, nommé *rotule*, placé en avant du genou, arrête la jambe et l'empêche de se ployer en avant. Les os du pied (*j, j*) se divisent en trois parties : le *tarse*, le *métatarse* et les *doigts*. Le tarse a deux rangées d'os, l'une de trois os, parmi lesquels on distingue l'*astragale*, qui s'emboîte avec le tibia, et le *calcanéum*, base de l'astragale, qui forme le talon ; et l'autre, de quatre petits os. Le métatarse a cinq os, comme le métacarpe, mais plus allongés, plus forts et moins mobiles. Les doigts ont le même nombre de phalanges, également moins mobiles, mais plus courtes.

On distingue quatre *tissus organiques* principaux : le *tissu cellulaire*, le *tissu musculaire*, le *tissu nerveux* et le *tissu utriculaire*.

Le *tissu cellulaire* est le plus important. C'est une substance blanche, demi-transparente, très élastique, formée de filaments et de cellules irrégulières à parois spongieuses, de sorte que les fluides peuvent facilement s'introduire de l'une à l'autre. Le *tissu musculaire* se compose de fibres essentiellement contractiles, souvent réunies par le tissu cellulaire en masses que l'on appelle *muscles*, et dont l'ensemble constitue la chair des animaux. Les muscles sont principalement formés d'une substance que les chimistes appellent *fibrine*. Ils sont fortement attachés à toutes les parties mobiles par des fibres blanchâtres que les anatomistes nomment *tendons*, quand elles constituent un ensemble épais et d'une certaine longueur. Le *tissu nerveux* est une matière molle et ordinairement blanchâtre, se divisant en *filaments longitudinaux* ou *nerfs*, qui pénètrent dans les muscles afin d'en déterminer les contractions et les mouvements. Il ne faut pas confondre les nerfs avec les tendons. Le *tissu utriculaire* est formé de petites cellules arrondies où se déposent certaines matières, comme la graisse, et qui s'aplatissent et se dessèchent quelquefois en forme de lamelles, comme à la surface de la peau.

CHAPITRE II.

Organes, appareils, fonctions. — Fonctions de nutrition. — Circulation; organes qui y concourent : le sang. — Respiration; organes qui y concourent. — Digestion; organes qui y concourent; régime alimentaire. — Exhalation. — Sécrétion. — Assimilation. — Excrétion.

Organes, appareils, fonctions. — Les *organes* sont les instruments à l'aide desquels les facultés des animaux s'exercent; on appelle *appareil* une réunion d'organes concourant au même but, et *fonction* l'action d'un organe ou d'un appareil.

On distingue les fonctions des organes en deux grandes classes principales : 1° les *fonctions de nutrition*, qui appartiennent à la vie végétative, étant communes aux animaux et aux plantes; 2° les *fonctions de relation*, qui constituent la vie animale.

Fonctions de nutrition. — La *nutrition* est l'acte par lequel un être, jusqu'au moment de la mort, renouvelle par les aliments et l'air atmosphérique les pertes qu'il fait.

Les principales fonctions de la nutrition sont : la ***circulation***, la ***respiration***, la ***digestion***, l'***exhalation***, la ***sécrétion***, l'***assimilation*** et l'***excrétion***.

Circulation. — La *circulation* est le mouvement continuel, à travers certains organes, du liquide nourricier appelé *sang*. C'est à la circulation du sang que l'animal doit l'entretien de la vie et le pouvoir de réparer ses pertes.

Au point de vue chimique, le sang contient un grand nombre de sels et d'autres composés, parmi lesquels on distingue l'*albumine* et la *fibrine*. Au point de vue physiologique, il se compose de *sérum*, liquide transparent et jaunâtre; de *fibrine*, substance dissoute dans le sérum et blanche par elle-même, et de *globules* nombreux, de forme régulière, mais variable suivant les espèces, rouges dans les vertébrés, généralement incolores dans les invertébrés. Dans les animaux inférieurs, le sang n'est que de l'eau portant en suspension ou en combinaison des molécules organiques.

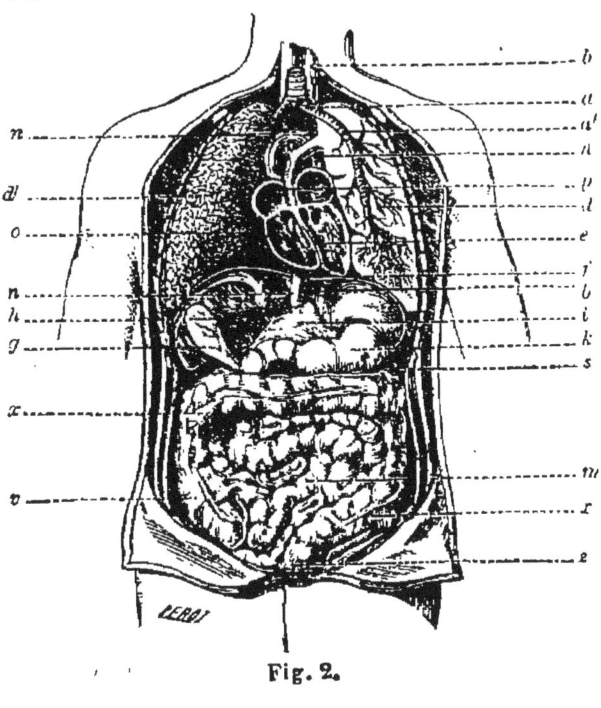

Fig. 2.

L'appareil de la circulation comprend le *cœur*, les *artères* et les *veines*.

Le *cœur* (*fig.* 2, *e*) est un muscle creux, d'une substance charnue, susceptible de dilatation et de contraction; il est logé dans la cavité de la poitrine appelée *thorax*, entre les deux poumons; sa forme est conique et irrégulière; il est placé la pointe en bas et dirigée à gauche. On l'a comparé avec raison à une pompe foulante, qui chasse le sang artériel dans les artères et le sang veineux dans les poumons. Chaque contraction du cœur imprime à tout le système artériel un battement que l'on appelle le *pouls*.

Chez l'homme, les mammifères et les oiseaux, le cœur est divisé en quatre cavités, deux à droite, deux à gauche, superposées, la cavité supérieure portant le nom d'*oreillette*, la cavité inférieure celui de *ventricule*; chaque ventricule communique avec son oreillette, mais les ventricules ne communiquent point entre eux, non plus que les oreillettes. Les reptiles n'ont que trois cavités, deux oreillettes et un seul ventricule qui communique avec l'une et l'autre. Les poissons n'ont qu'une oreillette et un ventricule, ainsi que les mollusques. Les crustacés ont un ventricule seulement, et ce ventricule n'existe même plus chez les insectes, les vers et les zoophytes.

Les *artères* sont des vaisseaux qui transportent du cœur aux différents organes le sang propre à la nutrition. Elles sont formées de trois *tuniques*: l'une intérieure, dite *séreuse*, qui est mince et lisse; l'autre qu'on appelle *moyenne*, gaîne épaisse, jaunâtre et composée de fibres circulaires; la troisième, nommée *externe* ou *celluleuse*, qui est composée de tissu cellulaire dense et serré. Toutes partent d'un seul tronc, l'*artère aorte* (*n*), qui naît du ventricule gauche du cœur, remonte vers le cou, se recourbe pour redescendre derrière le cœur au-devant de la colonne vertébrale. De l'artère aorte se détachent les *artères carotides*, qui distribuent le sang à la tête; les deux *artères sous-clavières*, *axillaires* et *brachiales*, qui passent sous la clavicule, dans le creux de l'aisselle, et se ramifient le long des bras; l'*ar-*

tère cœliaque, communiquant avec l'estomac, le foie et la rate; les *artères mésentériques*, qui se ramifient dans les intestins; les *artères rénales*, qui pénètrent dans les reins; les *artères iliaques*, qui vont se perdre dans les membres inférieurs. Chaque artère se divise et se subdivise à l'infini, de manière à se terminer en fils capillaires d'une ténuité extrême.

Les *veines* sont des vaisseaux qui ramènent au cœur le sang appauvri parce qu'il a servi à la nutrition. Elles n'ont point de tunique moyenne; leurs minces parois s'affaissent quand le sang manque, et se cicatrisent facilement quand on les perce, double différence très remarquable qu'elles ont avec les artères : celles-ci, en effet, conservent toujours leur forme, parce que leurs parois sont résistantes, et elles ne se ferment que difficilement. A l'oreillette droite du cœur se rattachent deux gros troncs veineux, la *veine cave supérieure* et la *veine cave inférieure*, qui se divisent et se subdivisent en s'avançant dans le corps, tantôt accompagnant les artères, tantôt marchant sous la peau, mais se réunissant par leurs extrémités capillaires avec les fils capillaires artériels.

Respiration. — La *respiration* est l'acte par lequel le sang se revivifie au contact de l'air, en se débarrassant du gaz acide carbonique dont il s'est chargé dans son parcours et en le remplaçant par de l'oxygène pur.

Les organes de la respiration sont, suivant les différentes classes d'animaux, les *poumons*, les *branchies* ou les *trachées*, et les *vaisseaux* qui font communiquer ces premiers organes avec l'air extérieur et avec le cœur.

L'homme et tous les animaux supérieurs respirent par des *poumons*. On appelle ainsi deux poches (*fig.* 2, *d*, poumon droit, *d'*, poumon gauche) divisées chacune en une multitude plus ou moins grande de petites cellules. Entre ces deux poches se trouve le *cœur* (*e*). L'appareil est logé dans la cavité du thorax et enveloppé d'une membrane mince que l'on appelle *plèvre*. Il communique au dehors par un conduit (*a*) qui s'ouvre dans l'arrière-bouche sous le nom de *trachée-artère;* celle-ci se subdivise en deux *bronches,* qui s'enfoncent chacune dans un poumon et s'y ramifient (*a'*) comme les racines d'un arbre dans le sol.

La communication entre les poumons et le cœur est établie par deux *vaisseaux :* l'un, qui porte le sang veineux du ventricule droit du cœur aux poumons en se divisant en deux troncs, se nomme *artère pulmonaire* (*p*); l'autre, qui ramène le sang des poumons à l'oreillette gauche du cœur(*o*) par quatre branches, s'appelle la *veine pulmonaire.* Ces deux vaisseaux se ramifient sur les parois des cellules pulmonaires, de manière à communiquer entre eux par leurs extrémités les plus déliées. Le thorax, en se dilatant, aspire l'air extérieur dont les poumons s'imbibent; le sang veineux, au contact de l'air, abandonne l'acide carbonique et absorbe l'oxygène; puis le poumon, en se contractant, chasse au dehors l'acide, l'azote et de la vapeur d'eau.

L'homme adulte a seize inspirations par minute et absorbe par jour près de huit mètres cubes d'air, à raison d'environ cinq litres et demi par minute. La respiration de l'enfant est beaucoup plus active, celle du vieillard beaucoup plus lente; mais de tous les animaux ce sont les oiseaux qui consomment proportionnellement le plus d'oxygène; car la quantité absorbée est toujours en rapport avec l'énergie et la continuité des mouvements. Le bâillement, le soupir, le rire et le sanglot ne sont que des modifications dans les mouvements ordinaires de la respiration.

Les *branchies* servent à la respiration des animaux aquatiques. Elles se présentent, selon les animaux, sous forme de peignes, de feuillets imbriqués, de panaches, de franges, de houppes, etc. Tantôt elles sont extérieures et saillantes, tantôt cachées à l'intérieur. Chez les poissons, elles sont placées des deux côtés de la tête, et l'eau qu'ils avalent, après avoir été tamisée par les branchies, sort par les ouvertures appelées *ouïes.*

Les *trachées,* organes respiratoires des insectes, sont des vaisseaux qui se ramifient à l'intérieur du corps et qui s'ouvrent au dehors par des *stigmates* disposés parallèlement sur chaque anneau, le long des côtes de l'animal.

Dans les branchies et les trachées, l'air arrive directement à l'organe où viennent aboutir les vaisseaux sanguins.

Digestion. — La *digestion* est une fonction qui transforme les aliments de manière à réparer les pertes qu'éprouve continuellement le corps et notamment le sang.

Les aliments sont des matières organiques, animales ou végétales. Ils sont d'autant plus nécessaires que l'animal prend plus d'exercice. La marmotte, qui s'engourdit l'hiver, ne mange pas tant que dure l'engourdissement. Le poisson, et généralement tous les animaux à sang froid, peut vivre longtemps d'abstinence.

Il faut que les aliments soient variés. On en distingue trois classes : les uns, tels que le froment, les œufs, le lait, la chair, etc., sont destinés à s'assimiler au corps pour en entretenir les tissus; les autres, tels que les sucres, les corps gras, etc., entretiennent la combustion du carbone produite par la respiration au fond de l'organisme; d'autres enfin, tels que certains sels à base de chaux, etc., sont absorbés sans avoir été digérés. Un animal nourri avec un seul aliment ne saurait vivre : l'expérience en a été faite.

Les organes de la digestion sont : la *bouche*, le *tube digestif* et les *glandes*.

La *bouche* est l'entrée du tube digestif. Ce n'est, chez les animaux inférieurs, qu'un simple orifice contractile; chez les oiseaux, c'est le bec, qui n'offre encore aucune complication; elle commence à devenir moins simple chez les poissons et se complique bien davantage chez l'écrevisse. Chez l'homme enfin, la bouche forme une cavité assez grande, protégée en avant par les lèvres et les dents, tapissée dans son pourtour par une membrane muqueuse, fermée en arrière par le voile du palais, qui la sépare de l'arrière-bouche ou pharynx, et garnie, à l'intérieur, de la langue, des glandes salivaires et de l'appareil masticateur, composé des mâchoires et des dents.

Le *tube digestif* est ordinairement ouvert à ses deux extrémités, par la bouche à son entrée, par l'anus à son extrémité postérieure; mais chez certains animaux marins, ce n'est, pour ainsi dire, qu'une poche à une seule ouverture. Chez l'homme et dans le plus grand nombre des animaux, il comprend le *pharynx*, l'*œsophage*. l'*estomac*, l'*intestin grêle* et le *gros intestin*.

Le *pharynx* forme une cavité communiquant avec les arrière-narines, le larynx et l'œsophage. Le passage des aliments fait relever le *voile du palais*, espèce de rideau qui recouvre alors les arrière-narines; en même temps le larynx se relève jusqu'à la base de la langue, et fait abaisser par son mouvement une espèce de soupape nommée *épiglotte*, qui ferme toute communication avec l'appareil respiratoire. — L'*œsophage* (*fig*. 2, *b*), est un tube étroit qui descend le long du cou, passe derrière le cœur entre les deux poumons et se termine à l'estomac. — L'*estomac* est un muscle membraneux en forme de poche (*k*), communiquant avec l'œsophage par l'ouverture cardiaque et avec l'intestin grêle par l'ouverture appelée le *pylore*. Ses parois sont extensibles. Quand elles sont contractées, la membrane intérieure se plisse en feuillets; à sa surface on remarque des cavités qui sécrètent un suc acide nommé *suc gastrique*, l'un des agents les plus importants de la digestion. L'homme n'a qu'un seul estomac, disposé de droite à gauche, se rétrécissant graduellement et se recourbant sur lui-même; sa forme l'a fait comparer à une cornemuse. L'oiseau a trois estomacs, le bœuf quatre; mais dans les animaux inférieurs, l'estomac n'a rien qui le distingue du reste du tube digestif. — L'*intestin grêle* est un tube membraneux (*m*) très étroit qui se contourne sur lui-même. On y remarque le *duodénum* (*s*), qui en est la première partie, une foule de petits follicules ou replis sécrétant une humeur visqueuse, et des appendices nommés *villosités*, par où les produits de la digestion sont absorbés. — Le *gros intestin*, qui fait suite à l'intestin grêle sous un diamètre plus grand, mais qui n'en est que le tiers en longueur, comprend le *cæcum* (*v*), le *colon* (*x*), le *rectum* (*z*), et est terminé par le *muscle sphincter*, qui forme l'anus.

Les *glandes* sont des organes destinés à sécréter certains fluides. Celles qui appartiennent à l'appareil digestif sont : les *glandes salivaires*, le *foie* et le *pancréas*.

Les *glandes salivaires*, au nombre de trois paires, sont situées au devant de l'oreille, sous l'angle de la mâchoire, au-dessous de la langue. Ces glandes, ainsi que la membrane muqueuse de la langue et des joues et les deux amygdales, situées à l'arrière-bouche, sécrètent la salive, dont un principe, nommé *ptyaline*, agit sur les matières amylacées de nos aliments. — Le *foie* (*fig.* 2, *h*), d'une couleur rouge brun, d'une substance molle et compacte, est situé à la partie supérieure de l'abdomen. Il sécrète un liquide visqueux, toujours alcalin, verdâtre, de saveur amère, nommé *bile* ou *fiel*, qui s'accumule dans une poche membraneuse (*g*), la *vésicule du fiel*, et qui pénètre par un canal dans le duodénum. — Le *pancréas* (*i*), masse granuleuse, de couleur blanc grisâtre, est placé entre l'estomac et la colonne vertébrale. Il sécrète le *suc pancréatique*, qui dissout rapidement les graisses.

Les glandes salivaires sont naturellement contenues dans la bouche. Le pharynx et l'œsophage sont logés dans la poitrine. L'estomac et les intestins occupent à la partie inférieure dans l'homme, postérieure chez les animaux, une vaste cavité, l'*abdomen* ou *ventre*. L'intérieur en est tapissé par le *péritoine*, membrane séreuse qui recouvre les organes de ses nombreux replis, appelés *mésentères*. L'abdomen est séparé de la poitrine par un muscle charnu (*f*), nommé *diaphragme*, que traversent l'aorte et l'œsophage.

Les aliments sont *liquides* ou *solides*.

Certains animaux ne vivent que de liquides ou du suc des fleurs; leur bouche est une espèce de tube ou suçoir plus ou moins allongé. Chez les autres, le liquide est pompé par la bouche, soit par aspiration, soit avec la langue, ou il tombe en vertu de sa propre pesanteur, puis il descend directement dans l'estomac. L'eau, l'alcool faible, certains liquides, sont absorbés par les parois de cet organe et pénètrent dans le sang sans altération préalable; d'autres liquides y séjournent avec des aliments divers.

Les aliments solides subissent une série de phénomènes: la *préhension*, la *mastication*, l'*insalivation*, la *déglutition*, la *digestion* et l'*absorption*.

La *préhension* des aliments se fait, chez l'homme et le singe, avec la main qui les porte à la bouche; chez l'éléphant, avec la trompe; chez presque tous les animaux, avec les lèvres et les mâchoires elles-mêmes; chez quelques-uns, à l'aide de la langue, effilée et protractile; chez d'autres encore, par des cils vibratiles, nommés *palpes;* chez les mollusques, les polypes, etc., par les longs tentacules qui leur servent de bras.

La *mastication* est la division des aliments. Elle se fait ordinairement par les dents et par le jeu des mâchoires. Le *gésier* ou troisième estomac des oiseaux y supplée, parce qu'il est doué d'une grande force musculaire.

L'*insalivation* est l'imbibition de la salive par les aliments. Elle a pour but de les amollir et de les dissoudre; mais de plus elle digère en partie les matières amylacées, telles que la fécule et le gluten, et les transforme par la ptyaline en un sucre soluble, le glucose.

La *déglutition* est le passage des aliments, réduits en une petite masse que l'on appelle *bol alimentaire,* à travers le pharynx et l'œsophage jusqu'à l'estomac. Elle se fait par les contractions rapides et continues des muscles qui revêtent le pharynx et des fibres charnues qui entourent l'œsophage.

La *digestion* est la transformation en *chyme* et en *chyle* du bol alimentaire. Dans l'estomac, les aliments s'accumulent et s'imbibent du suc gastrique, qui dissout presque toutes les substances alimentaires, excepté les graisses. Il se forme de leur ensemble une masse pulpeuse, semi-liquide, grisâtre, d'une odeur fade et particulière, appelée *chyme.* Les contractions de l'estomac font passer le chyme dans le duodénum; il y rencontre la bile et le suc pancréatique, qui dissolvent les graisses et le reste des matières amylacées. Sous l'influence de ces sucs, le chyme devient jaunâtre, amer, de moins en moins acide, puis alcalin ; il prend alors le nom de *chyle*. Aux deux tiers de l'intestin grêle, les résidus de la digestion, privés des parties fluides, et ce qui a échappé à l'action des sucs, forment une masse qui pénètre dans le gros intestin, d'où elle est expulsée au dehors.

L'*absorption* est le passage dans le sang des produits de la digestion. Les liquides et les matières solubles qui pénètrent dans l'estomac sont absorbés ou dans cet organe même ou dans l'intestin grêle par les veines qui serpentent dans leurs parois. La fibrine et les matières grasses du chyle entrent dans les vaisseaux chylifères, qui prennent naissance sur les villosités de la membrane muqueuse intestinale, se réunissent en branches de plus en plus grosses et débouchent dans le canal thoracique, lequel se termine dans la veine sous-clavière du côté gauche. C'est ainsi que le sang se révivifie et répare à chaque instant les pertes qu'il a faites dans son passage à travers le corps.

Exhalation. — L'*exhalation* a pour but de débarrasser le corps des matières inutiles ; c'est la filtration vers le dehors des gaz et des liquides contenus dans les vaisseaux sanguins, phénomène purement physique qui n'exige point la vie. Que l'on injecte dans les veines d'un animal récemment mort une dissolution de gélatine colorée par du vermillon, la couleur reste dans les vaisseaux, mais l'eau chargée de gélatine s'épanche à travers leurs parois.

Sécrétion. — La *sécrétion* consiste dans la formation d'humeurs spéciales qui se fait aux dépens du sang par le moyen de certains organes. Les organes sécréteurs sont ou des follicules, comme ceux qui tapissent l'estomac et sécrètent le suc gastrique, ou les appareils de forme particulière et variée appelés *glandes*. Aux six glandes salivaires, au foie et au pancréas, dont il a été question plus haut, il faut ajouter les deux *glandes lacrymales*, d'où viennent les larmes; les deux *glandes mammaires*, qui sécrètent le lait, et les *reins*, appelés *rognons* dans les animaux de boucherie, qui produisent l'urine.

Assimilation. — L'*assimilation* est le phénomène par lequel les molécules contenues dans le sang réparent continuellement les pertes des tissus organisés. L'oxygène introduit par les poumons, l'eau absorbée par l'estomac, les aliments sous l'influence digestive, versent à tout moment dans le sang des matériaux nouveaux que l'animal s'assimile pour réparer ses pertes, en sorte que, d'après l'opinion de certains physiologistes, il ne resterait dans le corps, après une période de sept années, aucune des molécules qui s'y trouvaient à l'origine. Le travail d'assimilation est surtout actif dans les premiers temps de la vie, pendant la croissance.

Excrétion. — L'*excrétion* est un phénomène par lequel certaines molécules des tissus organisés sont expulsées au dehors. Les substances excrétées par le tube digestif sont relativement en proportions très faibles. La combustion des matières carbonées et hydrogénées au fond des organes donne lieu à de l'acide carbonique, de l'eau, de l'urée et quelques autres produits. Les uns sont expulsés par la respiration sous forme de gaz ou de vapeur; les autres, qui ne sont point volatils, sont dissous dans de l'eau et rejetés par les appareils glandulaires, notamment par les reins.

Chaleur animale. — La *chaleur animale* est le résultat de la combustion intérieure déterminée par la présence de l'oxygène dans la circulation du sang. Chez l'homme, les mammifères et les oiseaux, que l'on appelle *animaux à sang chaud*, cette chaleur est constante et varie de 36° a 42° centigrades. Dans les autres animaux, dits *animaux à sang froid*, elle est souvent inappréciable à nos instruments et ne dépasse guère, quand elle la dépasse, la température du milieu où ils vivent. De là vient que si la température baisse trop, comme il arrive dans le Nord pendant l'hiver, l'animal tombe dans un sommeil léthargique, parce que le mouvement vital se ralentit. Plus la respiration est active, plus le sang est riche, et c'est la présence de la fibrine qui en fait la richesse.

CHAPITRE III.

Fonctions de relation. — Système nerveux. — Organes du mouvement. — La locomotion. — La marche. — Le saut. — Le vol. — La natation.

Fonctions de relation. — Les *fonctions de relation* ont pour but de mettre l'animal en rapport avec les objets qui l'environnent. Parmi les fonctions de relation, les unes regardent le *mouvement* et la *locomotion;* les autres, la *sensibilité*, qui met l'animal en rapport avec le monde extérieur. Leur exercice dépend du *système nerveux*, qui se ramifie dans toutes les parties du corps.

Le système nerveux. — Les *nerfs* sont des organes ayant la forme de cordons blanchâtres et composés de fibres particulières, tubes creux que l'on suppose remplis d'un fluide qui s'y meut. Les nerfs (*fig.* 3, 4-4) sortent, par paires, les uns de la base du cerveau, les autres de la moelle épinière par les trous des vertèbres. On en a compté quarante-trois paires : les douze premières sont cervicales. A mesure que le nerf s'éloigne de son origine, les faisceaux se divisent en branches, rameaux, ramuscules et filets.

On distingue chez l'homme le *système nerveux cérébro-spinal* et le *système nerveux ganglionnaire.*

Le *système nerveux cérébro-spinal*, qui ne se rencontre que chez les vertébrés, consiste dans l'*encéphale* ou *axe cérébro-spinal*, où l'on distingue le *cerveau* (1-1), le *cervelet* (2-2), et la *moelle épinière* (3-3). Ce sont des organes distincts, mais continus et intimement unis ; ils sont renfermés comme dans une gaine dans la boîte osseuse que forme le crâne et les vertèbres de la colonne vertébrale.

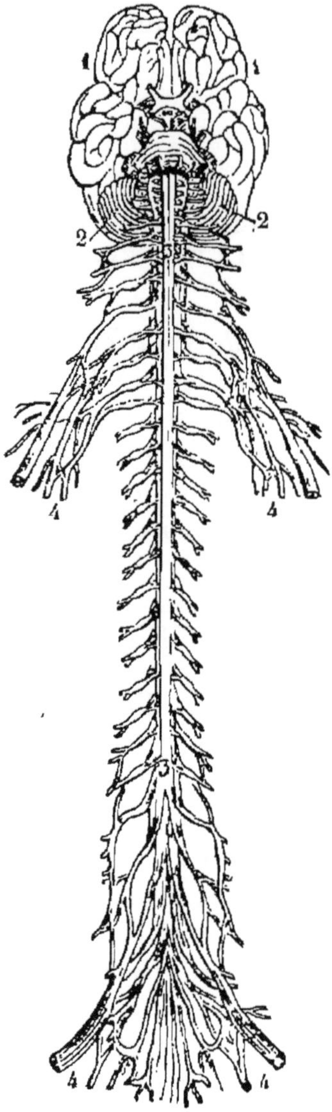

Fig. 3. — *Système nerveux.*

Le ***cerveau***, substance blanche à l'intérieur, grisâtre à l'extérieur, occupe toute la partie supérieure du crâne; il est partagé en deux hémisphères dont la surface est creusée par des sillons tortueux et irréguliers, contournés sur eux-mêmes et nommés les circonvolutions du cerveau.

Le ***cervelet***, à la partie postérieure du crâne, est formé de la même substance; il présente aussi deux hémisphères, mais il n'a pas de circonvolutions; des sillons parallèles paraissent le décomposer en feuillets. Entre le cerveau et le cervelet sont quatre petites éminences, appelées ***lobes optiques***.

La *moelle épinière* forme une espèce de cordon, gris à l'intérieur, blanc à l'extérieur, divisé longitudinalement en deux moitiés symétriques.

Le ***système nerveux ganglionnaire*** doit son nom à de petites masses nerveuses nommées ***ganglions***, que l'on trouve à la tête, au cou, dans le thorax, près de l'estomac, dans l'abdomen, etc., symétriquement placées de chaque côté au devant de la colonne vertébrale, et formant de la tête au bassin une chaîne continue que l'on nomme le ***grand sympathique***. Les ganglions sortent des nerfs, qui vont les uns se distribuer dans les organes voisins, les autres s'anastomoser avec les nerfs du système cérébro-spinal. Ceux-ci appartiennent aux fonctions de relation, ceux-là aux fonctions de nutrition. Les invertébrés paraissent n'avoir que le système ganglionnaire, dont les nerfs se divisent entre les fonctions diverses. Chez les zoophytes, on trouve à peine quelques rudiments d'un système nerveux.

Organes du mouvement. — L'appareil destiné à produire le mouvement se compose des *os* et des *muscles*.

Les *os* sont plats ou cylindriques; ils sont longs ou courts. Tous ont une surface membraneuse, nommée *périoste*, qui jouit de la singulière propriété de rétablir dans son intégrité une portion d'os qui aurait été enlevée; c'est ce qui a été mis hors de doute depuis quelques années à la suite de nombreuses expériences. Les os longs offrent dans leur intérieur des canaux dits *canaux médullaires*, parce qu'ils sont remplis de moelle. On remarque dans tous des éminences pleines et dures, nommées *apophyses*, qui donnent attache aux muscles ou à d'autres parties. Les os s'unissent par des articulations tantôt fixes, tantôt mobiles. L'articulation mobile se fait ou par une simple juxtaposition, ou par engrenage, si les surfaces tangentes offrent une série d'enfoncements et d'aspérités, ou par implantation, comme les dents qui s'enchâssent dans les cavités de la mâchoire. Tantôt une substance fibro-cartilagineuse adhère fortement aux deux os qu'elle unit et ne leur permet de se mouvoir qu'en vertu de son élasticité; tantôt des faisceaux de fibres entourent les deux os, qui glissent alors l'un sur l'autre par leur surface polie, encroûtée d'une lame cartilagineuse, et constamment lubrifiée par la sécrétion d'un liquide visqueux que l'on appelle *synovie*.

On appelle *muscles* des faisceaux de fibres qui se divisent, comme les nerfs, en faisceaux de plus en plus petits jusqu'à des fibres d'une ténuité extrême. Leur ensemble constitue la chair des animaux, qui est naturellement blanche, et qui devient d'un rouge très intense et plus rarement d'une autre couleur sous l'influence du sang que les muscles contiennent. Leur insertion sur les parties mobiles a lieu par des tissus fibreux, blancs et nacrés, que l'on appelle *aponévroses* quand leur forme est membraneuse, et *tendons* quand ils ressemblent à des espèces de cordons. Tout muscle peut se contracter sous l'influence du système nerveux. Chaque faisceau musculaire reçoit un ou plusieurs nerfs qui se replient dans le faisceau et forment, pour ainsi dire, des boucles en retournant vers le tronc. La contraction est tantôt spontanée, comme dans les muscles du cœur et de l'estomac, tantôt volontaire, comme dans ceux des membres, tantôt spontanée et volontaire à la fois, comme dans ceux de l'appareil respiratoire. Les muscles qui obéissent à la volonté appartiennent tous au système cérébro-spinal. Les muscles dont les mouvements sont à la fois spontanés et volontaires paraissent dépendre de la moelle allongée. Enfin, ceux dont les contractions sont indépendantes de la volonté se rattachent au système ganglionnaire.

Les muscles sont soudés aux os par leurs deux extrémités. C'est généralement l'os le plus éloigné du tronc qui est mis en mouvement ; l'extrémité du muscle qui reste immobile pendant la contraction est appelée le *point fixe du muscle.* Ce point peut être cependant interverti dans quelques circonstances : ainsi quand on se suspend à un arbre par les mains, la contraction musculaire ramène le corps sur les mains ; le mouvement se fait en sens contraire. La force contractile d'un muscle varie proportionnellement à son volume, et aussi, d'après les lois du levier, à la distance de son point d'attache à son point d'appui ; car plus les deux points sont éloignés l'un de l'autre, plus est long le bras de levier qui représente la puissance. La force contractile dépend encore du mode d'insertion : plus l'insertion sera oblique, plus il faudra déployer de puissance pour produire le même effet.

La locomotion. — L'animal est au repos ou en marche. Au repos, il peut être étendu sur toute la longueur du corps, soit par son attitude ordinaire, comme le reptile, soit parce qu'il se couche pour reposer; et alors il n'y a contraction d'aucun muscle. Mais l'animal pourvu de membres peut se tenir droit sur ses membres : c'est ce que l'on appelle *station*. Pour que l'animal se tienne droit, il doit contracter tous ses muscles extenseurs, afin qu'ils supportent le poids du corps; de là naît promptement la fatigue, surtout dans une immobilité complète. On comprend que la position assise soit moins fatigante; car d'abord les muscles des membres abdominaux cessent de se contracter et, en second lieu, la base de sustentation est plus large.

La mécanique appelle *base de sustentation* l'espace compris entre les lignes qui joignent les points par lesquels une masse appuie sur un objet résistant; et la physique nous apprend que, pour être en équilibre, un corps doit avoir son centre de gravité perpendiculaire sur un point quelconque de la base de sustentation. Plus la base de sustentation est large, moins la masse risque de perdre son équilibre. Appliquons ces principes à la station animale. Le quadrilatère mené par les extrémités des membres d'un quadrupède est très large, et le poids du corps se partage entre les quatre membres : donc son équilibre sera stable sans qu'il soit nécessaire que ses membres reposent sur le sol par une large surface, et la fatigue sera moindre, parce les muscles auront moins de force de contraction à développer. Le quadrilatère formé par les lignes qui enferment dans leur contour les deux pieds de l'homme est bien plus étroit, et le poids ne se partage qu'entre deux membres : aussi la station n'est-elle solide, surtout d'avant en arrière, qu'à la condition d'un pied plus large, et la fatigue arrive beaucoup plus vite. L'homme, en se penchant à droite ou à gauche, peut se tenir immobile sur un pied, mais avec une contraction de muscles plus grande, parce que le pied a une certaine surface; mais les quadrupèdes, et seulement quelques-uns, ne pourront se maintenir que peu d'instants sur leurs pattes de derrière, parce que la base de sustentation devient alors très étroite, que le centre de gravité est très haut, et que la contraction des muscles est plus grande. L'oiseau, qui perche souvent sur une seule patte, a, toute proportion de taille gardée, le pied beaucoup plus large que l'homme.

La Providence, par de légères variations à l'uniformité d'un plan général, a pourvu l'animal des instruments de locomotion les plus propres à son genre de vie. Le point d'appui peut être la terre, l'air ou l'eau : d'où la *marche*, le *saut*, le *vol* et la *natation*. Pour que l'animal puisse se mouvoir dans l'un ou l'autre des trois éléments, il suffit de quelques modifications au plan général.

La marche. — La *marche* est due à l'action alternative des muscles extenseurs et fléchisseurs; ceux-ci représentent la force qui comprime le ressort, ceux-là l'élasticité qui fait prendre au ressort sa position première. Ainsi, dans l'homme, tandis que tout le corps porte sur une seule jambe en déplaçant légèrement le corps en sens contraire pour ramener sur le point d'appui le centre de gravité, l'autre jambe se fléchit, se porte en avant et se redresse pour porter le corps à son tour, et permettre à la première devenue libre d'exécuter les mêmes mouvements. Le quadrupède déplace en même temps la jambe droite de devant et la jambe gauche de derrière, puis les deux autres, ce qui pose son corps d'une façon légèrement oblique. On peut habituer le cheval à marcher l'amble, c'est-à-dire à avancer en même temps les deux jambes du même côté : l'allure est plus douce pour le cavalier, mais plus fatigante et moins solide pour l'animal.

Plus les membres sont longs, plus la course est rapide. Les muscles s'insèrent généralement sur l'os à une petite distance de son point d'appui, ce qui est défavorable à la puissance; mais si l'os est un peu long, l'autre extrémité décrit dans le mouvement un arc très grand et développe ainsi une rapidité extrême de mouvements aux dépens, il est vrai, de la force nécessaire pour les produire.

Le saut. — Dans le *saut*, le corps est projeté en avant, mais en abandonnant momentanément le sol. Or, il est évident que le mouvement sera d'autant plus rapide que les membres postérieurs seront plus allongés; car les muscles plus fortement fléchis se détendront avec bien plus d'intensité. C'est ce que l'on peut déjà remarquer dans le chat, mais ce qui paraît bien mieux dans le kangourou, animal plutôt fait pour le saut que pour la marche.

Quand les membres ne sont faits que pour la locomotion, le pied n'a souvent qu'un ou deux doigts peu flexibles, qui sont même entourés quelquefois d'une enveloppe solide comme chez les ruminants, et comme le sabot du cheval. Mais s'ils sont en même temps destinés à la préhension, comme chez les singes, les doigts seront plus longs et plus mobiles. La taupe a les doigts armés d'ongles pour fouir la terre. Le castor a pareillement des ongles crochus aux membres antérieurs; mais, comme il est amphibie, les doigts de ses membres postérieurs sont unis par une membrane. Chez certains animaux, tels que le lézard, les pattes sont garnies d'espèces de ventouses qui leur permettent de grimper verticalement en s'attachant aux différents corps.

Le vol. — Il est des animaux qui peuvent accidentellement se soutenir dans l'air; il en est d'autres pour qui le vol est le genre de locomotion le plus ordinaire : tels sont les oiseaux et les insectes.

Parmi les premiers sont des poissons, comme le dactyloptère, ou des quadrupèdes, comme le galéopithèque. Le dactyloptère doit la faculté de pouvoir se soutenir dans l'air, mais seulement pendant quelques instants, au développement de ses nageoires pectorales qui frappent l'air sur une vaste étendue. Le galéopithèque est pourvu d'une membrane qui est soutenue de chaque côté par les pattes, ce qui forme une espèce de parachute. La chauve-souris et l'oiseau sont, au contraire, organisés pour un vol continu. La chauve-souris a les membres enveloppés tout entiers dans un vaste repli de la peau, qu'elle peut déployer à volonté comme un parapluie; chaque os est allongé, et les doigts surtout ont une extrême longueur, ce qui augmente d'autant la surface. De même chez l'oiseau, le cubitus et le radius des membres thoraciques sont d'autant plus développés qu'il est meilleur voilier; mais les doigts sont rudimentaires, parce qu'ils ne sont destinés qu'à servir d'attache aux plumes. Les longues plumes des ailes sont comme de larges rames qui prennent leur appui sur l'air ambiant. Les ailes des insectes sont construites d'après le même modèle, si ce n'est que les os sont remplacés par des nervures cornées, et les plumes par une membrane continue.

La natation. — L'homme et certains quadrupèdes peuvent se soutenir plus ou moins longtemps sur l'eau, au moyen de certains mouvements de leurs membres. La *natation*, grâce à quelques modifications dans les membres, devient facile pour les animaux qui doivent vivre dans cet élément. Les doigts palmés du canard ou du chien de Terre-Neuve, qui ne diffèrent de ceux des autres vertébrés que par la membrane qui les unit, permettent à l'un et à l'autre de marcher sur terre ou de nager. Le phoque, qui se meut difficilement sur terre, a les mêmes os dans les membres thoraciques et abdominaux que le quadrupède; mais le bras et l'avant-bras sont très courts, ce qui augmente dans l'eau la rapidité et la force de propulsion. La baleine, qui vit toujours dans l'eau, n'a que les membres antérieurs constitués comme ceux du phoque; mais ils sont un peu plus longs. Chez le poisson, l'on retrouve le cubitus et le radius très courts, mais élargis, suivis de quatre ou cinq petits os plats représentant le métacarpe, auxquels sont soudés des rayons, souvent ramifiés, que l'on peut considérer comme étant les doigts du quadrupède et leurs phalanges.

CHAPITRE IV.

La sensibilité. — Les sens. — Le toucher. — Le goût. — L'odorat. — L'ouïe. — La voix. — La vue.

La sensibilité. — La *sensibilité*, en physiologie, comprend les fonctions par lesquelles l'animal est mis en rapport avec le monde extérieur.

Les sens. — Les *sens* sont les organes de la sensibilité. Ils sont au nombre de cinq : le *toucher*, le *goût*, l'*odorat*, l'*ouïe* et la *vue*. A l'ouïe se rattache naturellement le phénomène de la *voix*.

Le toucher. — Le *toucher* a pour organes la *peau* et la *main*. — La *peau* est une membrane tégumentaire, plus ou moins épaisse, qui recouvre la surface du corps soit à l'extérieur soit à l'intérieur, en faisant un tout continu. A l'intérieur, elle prend le nom de *membrane muqueuse*. A l'extérieur, elle offre deux membranes superposées bien distinctes : le *derme*, blanchâtre, souple, résistant, hérissé de saillies rougeâtres nommées *papilles*, et parsemé de nerfs très fins qui vont se terminer dans les papilles; l'*épiderme*, espèce d'écorce du derme, pouvant se dessécher à l'air et se durcir par le travail, et percé de nombreuses ouvertures appelées *pores*, à travers lesquelles s'échappe la sueur. Le derme est le vrai siége du toucher; l'épiderme protége le derme et est lui-même insensible. L'épiderme est tantôt très mince, sur les lèvres, par exemple; tantôt très épais, comme au talon ou dans la main qui travaille les corps durs. Il livre passage aux poils, à une matière grasse que sécrète le corps, et aux ongles qui arment ou protégent l'extrémité des doigts.

La *main* est l'organe spécial du toucher chez l'homme; ce qu'elle doit à ses papilles plus nombreuses, à la longueur et à la flexibilité des doigts, enfin à ce que le pouce est opposable aux autres doigts. Plus les doigts se roidissent chez les animaux, plus le toucher devient obtus. La main est remplacée chez l'éléphant par la trompe, chez d'autres animaux par la langue, chez d'autres encore par les palpes et les tentacules.

Le goût. — Le *goût* a pour organes la *langue* et quelquefois le *palais ;* c'est surtout par lui que les animaux sont dirigés dans le choix de leur nourriture.

La *langue* est formée de muscles entre-croisés, sillonnée par de nombreux vaisseaux sanguins et parsemée de papilles dont la forme est diverse. Les nerfs qui s'épanouissent dans son intérieur sont tantôt les instruments du mouvement, tantôt le siége de la sensation. La langue est cornée chez les oiseaux : aussi le goût est-il chez eux très obtus, comme chez les poissons. Dans les classes inférieures du règne animal, il ne peut résider, s'il existe, que dans le *palais.*

Par le goût nous jugeons des saveurs, dont le principe est complétement inconnu. Les conditions nécessaires au développement des saveurs, c'est que le corps sapide soit en contact immédiat et prolongé avec la langue et le palais, que la température ne soit ni trop basse ni trop élevée, et que les molécules du corps soient en dissolution, soit par une préparation préalable, soit par la salive.

L'odorat. — L'organe de l'*odorat,* chez l'homme comme chez la plupart des vertébrés, réside dans les *fosses nasales,* qui s'ouvrent au dehors par les narines et se termine postérieurement dans l'arrière-bouche.

Les fosses nasales sont tapissées intérieurement d'une membrane appelée ***membrane pituitaire***, qui recouvre des cartilages se recourbant sur eux-mêmes en ***cornets*** plus ou moins nombreux. L'homme a trois cornets; certains animaux, dont l'odorat est plus développé, en ont davantage. La membrane pituitaire, où l'on remarque de petits cils, est lubrifiée par le ***mucus nasal,*** dans lequel baignent les nerfs olfactifs. On admet, pour rendre compte des odeurs, que de tous les corps capables d'émettre des principes volatils il émane à chaque instant des particules d'une ténuité extrême; l'air ou l'eau les transmet aux fosses nasales, d'où elles sont conduites aux nerfs olfactifs.

L'ouïe. — L'*ouïe* a pour organe l'*oreille*, d'un appareil très-compliqué, qui est logée dans la partie de l'os temporal la plus dure, à laquelle on donne le nom de *rocher*.

L'oreille se divise en *externe*, *moyenne* et *interne*. — L'oreille externe comprend le *pavillon*, lame cartilagineuse en forme d'entonnoir, qui s'épanouit au dehors sous différentes formes suivant l'animal, et le *conduit auriculaire*, qui s'enfonce dans l'os temporal. — L'oreille moyenne comprend la *caisse* et les *osselets*. La caisse est une cavité fermée à sa partie antérieure par une membrane bien tendue, nommée *tympan*, à la partie postérieure par deux autres membranes placées devant deux trous que l'on appelle *fenêtre ovale* et *fenêtre ronde*; à la paroi inférieure, on remarque l'ouverture de la *trompe d'Eustache*, canal long et étroit qui débouche derrière les fosses nasales et qui permet à l'air contenu dans la caisse de se renouveler. Les osselets, situés dans l'intérieur de la caisse, sont au nombre de quatre: le *marteau*, l'*enclume*, l'*os lenticulaire* et l'*étrier*; ils appuient contre le tympan et la fenêtre ovale. — L'*oreille interne* se compose du *vestibule*, qui communique par la fenêtre ovale avec la caisse, de trois *canaux semi-circulaires*, espèces de tubes arrondis et renflés en forme d'ampoule, et du *limaçon*, ainsi appelé à cause de sa ressemblance avec la coquille de l'escargot; le limaçon, divisé en deux parties, communique par l'une de ses ouvertures avec le vestibule et s'appuie sur la fenêtre ronde. L'oreille interne est baignée par un liquide aqueux; le nerf acoustique, après avoir traversé le rocher, vient s'épanouir dans le limaçon, les canaux et le vestibule.

L'oiseau n'a point de pavillon; le reptile, ni pavillon ni conduit auditif; le poisson n'a que l'oreille interne; le mollusque n'a plus pour organe de l'ouïe qu'une vésicule membraneuse; l'insecte entend sans que l'on connaisse l'organe; le zoophyte paraît privé de l'ouïe.

Le son est dû aux vibrations des corps sonores qui se transmettent à l'air et aux corps voisins. Par l'air elles arrivent à la conque de l'oreille, se communiquent au tympan, à l'air de la caisse, aux membranes des fenêtres, et enfin à l'oreille interne où le nerf acoustique est mis à son tour en mouvement; ce qui produit la sensation du son.

L'absence du pavillon et du tympan, la perte du marteau, de l'enclume et de l'os lenticulaire affaiblissent l'ouïe, mais sans la détruire. La perte de l'étrier, qui entraîne la rupture de la membrane et l'écoulement du liquide intérieur; l'obstruction de la trompe d'Eustache, qui ne permet plus à l'air extérieur de pénétrer dans la caisse; l'inflammation de la membrane muqueuse et la paralysie du nerf auditif sont les principales causes qui produisent la surdité.

La voix. — La *voix* est la production des sons par certaines modifications du gosier. Elle est tantôt brute, tantôt articulée, tantôt modulée. La voix se forme dans la partie supérieure de la trachée-artère, qui est appelée le *larynx*. C'est un tube large et court, suspendu à l'os hyoïde, composé de plusieurs lames cartilagineuses, dont l'une forme la saillie apparente appelée *pomme d'Adam*, et tapissée intérieurement par une membrane muqueuse qui se replie deux fois de manière à former deux fois une ouverture longitudinale, analogue à une boutonnière, et à étrangler ainsi deux fois le passage de l'air expiré. L'espace compris entre les deux ouvertures se nomme la *glotte*. Les deux replis inférieurs sont dits les *cordes vocales* ou les *ligaments inférieurs*, et les deux replis supérieurs, les *ligaments supérieurs* de la glotte. Au-dessus de l'ouverture supérieure se trouve l'*épiglotte*, cartilage membraneux qui s'élève et s'abaisse comme une soupape devant la cavité du larynx.

On a comparé le larynx à un instrument à anche. Les

cordes vocales peuvent se tendre plus ou moins, se raccourcir ou s'allonger à la volonté de l'animal. L'air, en passant, les fait vibrer, ce qui produit le son, et le son est d'autant plus aigu que les cordes sont plus courtes. La différence du timbre dans la voix entre la femme et l'homme, le jeune homme et le vieillard, dépend de la flexibilité plus ou moins grande des cartilages du larynx. Le son peut être enfin modifié en traversant l'ouverture buccale ou les narines.

L'homme seul peut modifier les sons et les combiner à l'infini, ce qui constitue la *parole;* il peut même, par la tension plus ou moins grande des cordes vocales, donner à sa voix toutes les inflexions qui constituent le *chant*. Les quadrupèdes n'ont que le cri, son généralement aigu, peu ou point modulé, et auquel on donne différents noms selon l'espèce : c'est l'*aboiement* chez le chien, le *miaulement* chez le chat, le *hennissement* chez le cheval, etc. Quelques reptiles ne peuvent que siffler. Parmi les oiseaux, il en est, au contraire, qui peuvent moduler leurs sons, c'est-à-dire chanter; ce qui tient à un organe particulier appelé le larynx inférieur. Quant au prétendu cri de certains insectes, il est le résultat du mouvement rapide de leurs ailes ou du frottement de quelques autres parties de leur enveloppe tégumentaire.

La vue. — L'organe de la *vue* est l'*œil*, dont la structure est aussi très compliquée.

En étudiant du dehors en dedans le globe de l'œil, on trouve d'abord une enveloppe extérieure se décomposant en deux parties : la *sclérotique*, blanche, opaque et fibreuse, et en avant la *cornée*, membrane transparente qui s'enchâsse dans la sclérotique. Au point de suture circulaire entre ces deux parties de l'enveloppe, vient s'attacher une autre membrane tendue transversalement et diversement colorée : c'est l'*iris;* elle est percée en son milieu d'une ouverture : c'est la *pupille*. L'espace compris entre la cornée et l'iris forme la chambre antérieure de l'œil. Derrière la pupille est placé le *cristallin*, espèce de lentille transparente, se composant de couches concentriques plus dures au centre qu'à la surface. Le cristallin donne accès dans une seconde chambre formée par une membrane mince, la *choroïde*, imprégnée d'une liqueur noire. Le nerf optique tapisse, sous le nom de *rétine*, la surface intérieure de la choroïde. Tout l'espace est rempli par une substance gélatineuse et diaphane que l'on compare à du blanc d'œuf et que l'on appelle *humeur vitrée;* en avant du cristallin, la cavité est pleine d'un liquide transparent qui porte le nom d'*humeur aqueuse*. Des nerfs moteurs permettent à l'œil les différentes directions qu'il doit prendre.

Le globe de l'œil, entouré d'un coussin de graisse, est logé dans une cavité profonde appelée *orbite;* il est défendu par les *sourcils* et par les *paupières :* ce sont ses trois organes protecteurs.—Les sourcils sont des saillies de la peau qui sont garnies de poils, ce qui arrête la sueur et garantit d'une lumière trop vive, surtout quand elle vient d'en haut. — Les paupières recouvrent la surface antérieure de l'œil comme d'un voile soit pendant le sommeil, soit à volonté pendant l'état de veille; elles sont garnies de cils qui se croisent quand elles se ferment. D'une mobilité extrême, elles protégent l'œil contre le contact trop prolongé de l'air et contre les corps étrangers; elles tamisent aussi la lumière en se rapprochant et ne lui permettent de pénétrer que dans la quantité convenable. Le mouvement des paupières est facilité : 1° par la sécrétion d'un liquide provenant des glandes de Meibonius, lequel, en se desséchant, se change en chassie; 2° par les larmes, humeur légèrement alcaline que sécrètent les glandes lacrymales, et que plusieurs petits canaux distillent, dans l'état ordinaire, sur la membrane muqueuse, nommée *conjonctive*, à la surface interne de la paupière; le superflu glisse et se perd intérieurement dans les fosses nasales. Sous le coup d'une émotion vive, les larmes coulent abondamment au dehors sur les joues, et au dedans par le nez, ce qui oblige à se moucher souvent.

La description de l'œil fait comprendre que l'on ait comparé cet organe à une chambre noire dont le cristallin serait la lentille. Les rayons lumineux qui partent de tous les points d'un objet éclairé et qui tombent sur l'œil sont, les uns réfléchis par la sclérotique, les autres introduits par la cornée dans la chambre antérieure. Parmi ceux-ci, il en est qui se perdent; mais les autres traversent la pupille, l'humeur aqueuse, le cristallin, l'humeur vitrée, et sont enfin reçus sur la rétine. L'humeur aqueuse est plus dense que l'air, le cristallin que l'humeur aqueuse, l'humeur vitrée que le cristallin : en traversant ces divers milieux chaque rayon lumineux se brise en se rapprochant de plus en plus du rayon central, de manière que le foyer, point où les rayons se réunissent, tombe exactement sur la rétine. Là se forme une petite image de l'objet, qui est renversée parce que les divers rayons se sont croisés, mais que nous percevons droite par l'habitude.

Les maladies des yeux et les causes de cécité sont dues à l'altération de quelqu'une des parties de l'organe. Ainsi la cornée ou le cristallin peut devenir opaque, et la lumière ne pénètre plus. Quand la matière noire de la choroïde vient à manquer, la lumière, qui n'est plus absorbée par elle après avoir traversé le cristallin, est réfléchie à l'intérieur et éblouit la vision : c'est la maladie des albinos, chez qui l'œil paraît rouge, et elle leur permet à peine de se conduire pendant le jour. Si la rétine est paralysée, ce que l'on appelle *goutte sereine*, la vision devient impossible. Si la cornée ou le cristallin devient trop aplati, le rayon lumineux n'est plus assez réfracté, et la vision ne reste nette que pour les objets éloignés : c'est le *presbytisme,* maladie ordinaire chez les vieillards. Si au contraire la cornée ou le cristallin a une convexité trop grande, les rayons se croisent avant de frapper la rétine, et l'œil n'aperçoit distinctement que les objets très rapprochés : c'est la *myopie,* qui se change quelquefois en presbytisme avec l'âge, parce que les humeurs, devenant moins abondantes, corrigent la convexité de la cornée. La nature remédie jusqu'à un certain point à ce double défaut en permettant certaines contractions ou dilatations de la pupille, et probablement un léger déplacement du cristallin en avant ou en arrière. L'industrie humaine a fait le reste par l'invention des lunettes biconvexes pour les presbytes, biconcaves pour les myopes : les premières réfractent plus fortement les rayons lumineux, les secondes augmentent leur divergence, en sorte que l'image de l'objet se forme sur la rétine elle-même, et non plus au delà ou en deçà de la rétine.

L'œil est simple chez l'homme et chez tous les vertébrés. Certains insectes ont des yeux composés chacun d'une multitude de petits yeux ou *ocelles* ayant chacun sa cornée hexagonale et son filament nerveux : ce sont les yeux à réseau ou à facettes. Il en est de même chez les crustacés et chez quelques mollusques. Il est des insectes qui ont à la fois des yeux composés et des yeux simples. Les arachnides ont huit yeux simples, dans chacun desquels on distingue la cornée, le cristallin, l'humeur vitrée, et enfin la rétine enveloppée d'une matière colorante.

CHAPITRE V.

De l'instinct. — Instinct chez l'homme et les animaux. — Instinct de conservation individuelle. — Instinct de conservation de l'espèce. — Instinct d'association et de sociabilité.

De l'instinct chez l'homme et les animaux. — On appelle *instinct* une impulsion aveugle, qui ne dépend ni de l'imitation ni de l'expérience, qui porte l'animal à exécuter certains actes sans notion de leur but et par des moyens toujours les mêmes. Ainsi le ver à soie construit son cocon sans modèle, et le canard couvé par une poule se jette à l'eau malgré elle, dès qu'il est sorti de sa coquille. L'abeille pétrit de la même manière ses rayons en cellules hexagones, qu'elle charge de miel. Une foule d'insectes pourvoient longtemps d'avance aux besoins de leurs larves qu'ils ne verront point éclore. Enfin on a observé que certains animaux continuent quelquefois leurs travaux, bien que les circonstances doivent les rendre inutiles, ce qui suffit à prouver combien leur instinct est aveugle.

L'homme même agit souvent d'instinct; mais son action est ordinairement réfléchie. Plus les autres animaux se rapprochent de l'homme, plus leur instinct est parfait. A mesure que l'on descend dans la série des animaux, l'instinct s'obscurcit de plus en plus en même temps que les fonctions de relation. Tout se réduit à savoir tourner l'obstacle qui arrête la marche.

On a rangé heureusement sous trois classes les actions instinctives, suivant qu'elles se rapportent à la conservation de l'individu, à celle de l'espèce, et aux relations entre eux des individus de certaines espèces.

Instinct de conservation individuelle. — L'huître, attachée à son banc, ne peut aller au-devant de sa nourriture; mais, par la vibration des cils de son manteau, elle détermine un mouvement de l'eau vers sa bouche et elle saisit les aliments que l'eau apporte. Ainsi font les actinies ou étoiles de mer, et en général tous les zoophytes.

L'instinct se révèle à un assez haut degré dans les piéges que tendent certaines espèces à la proie dont elles se nourrissent. Est-il besoin de rappeler la toile si élégante que tend l'araignée des jardins pour arrêter au vol les insectes? On connait les ruses du chat, de la panthère, du lynx, pour épier leur proie. Que dire de ce poisson du Gange, l'archer, qui lance des gouttes d'eau sur les herbes aquatiques, afin d'en faire tomber les insectes qui lui servent de pâture? Mais ce que l'on cite toujours comme exemple, c'est l'industrie du fourmi-lion, qui habite nos climats. La larve se creuse une fosse en entonnoir de huit centimètres de diamètre sur cinq de profondeur; elle se cache au fond, attend patiemment qu'un insecte roule dans le précipice, lui facilite au besoin la chute en lui lançant du sable, et répare ensuite les dégâts qui ont pu résulter de tous ces mouvements. Remarquons encore que la grenouille, par exemple, est herbivore quand elle est têtard, qu'ensuite elle devient carnassière, que le contraire a lieu pour d'autres espèces, et que les instincts changent en même temps que s'accomplit la métamorphose.

Quand le castor construit sa hutte, que le lapin et le hamster creusent leur terrier, que l'espèce d'araignée appelée *mygale* se fait avec de la terre argileuse et ses fils une demeure en forme de puits cylindrique, exactement fermée par un couvercle que retient une charnière, on pourrait croire que l'instinct s'est développé par les enseignements de famille. Il n'en est plus de même du ver à soie qui file la coque où il deviendra chrysalide, de la chenille qui roule une feuille et l'attache avec ses fils pour s'y renfermer, de la teigne des draps qui se fait un fourreau avec les débris de la laine qu'elle ronge, qui la fend dans la longueur et l'élargit, quand elle devient trop étroite pour ses développements successifs ; l'animal ne doit rien à l'expérience des générations qui l'ont précédé. La marmotte sait même boucher l'entrée de sa demeure, dès que l'hiver approche, afin de passer en sûreté la saison pendant laquelle elle demeure engourdie.

Mais où l'instinct de la conservation individuelle se montre avec évidence, c'est la précaution de certains animaux qui recueillent pendant l'été des provisions pour l'hiver, ou qui vont chercher sous d'autres cieux, à des époques périodiques, la température qui convient à leur espèce. L'écureuil cache dans les trous des arbres des glands, des noisettes, des amandes, etc., et vit tout l'hiver en puisant dans ses magasins. Le lagomys de Sibérie coupe ses foins, les fait sécher, les met en meule, les enserre dans ses greniers souterrains comme un agriculteur. Le miel, dont l'abeille garnit ses alvéoles, est encore une provision d'hiver, alors qu'elle ne trouverait plus à butiner dans la campagne et que le froid ne serait pas encore ou ne serait plus assez vif pour l'engourdir. Que dire des espèces voyageuses, qui partent avant même que la saison ait changé pour arriver à temps dans les contrées où elles retrouvent le même climat? L'hirondelle arrive en France au printemps et elle part en troupe à la fin de l'été; le canard, au contraire, apparaît aux premiers froids de l'automne et retourne vers le nord dès les premiers beaux jours. On comprend mieux l'instinct chez les singes qui, après avoir dévasté un canton, vont en troupe s'abattre ailleurs pour y trouver leur nourriture. C'est probablement pour la même cause qu'à des époques indéterminées des nuées de sauterelles viennent couvrir un pays et en dévastent toutes les cultures. On sait moins pourquoi les lemmings descendent une fois environ en dix ans des montagnes de la Suède et de la Laponie, détruisant tout sur leur passage. Le campagnol du Kamtchatka s'avance périodiquement chaque année à plus de vingt-cinq degrés vers l'ouest en épaisses colonnes. Il est plusieurs espèces de poissons dont on a constaté les émigrations périodiques de chaque année : tels sont les maquereaux, les thons, les saumons, les sardines, les anchois, mais surtout les harengs. Au printemps, on voit paraître les harengs autour des îles Shetland, d'où ils descendent jusque vers l'embouchure de la Seine en bancs serrés qui couvrent souvent une superficie de plusieurs kilomètres; après s'être éloignés des côtes pendant l'été, ils s'en rapprochent en automne pour déposer leur frai; puis ils disparaissent jusqu'à l'année suivante. Le saumon vient des mers arctiques au printemps, remonte les fleuves et les rivières en deux longues files, redescend en automne et regagne les mers arctiques où il passe l'hiver.

Instinct de conservation de l'espèce. — L'instinct, déjà si merveilleux pour la conservation de l'individu, le devient encore plus pour la conservation de l'espèce. Les migrations des poissons ont pour but principal la ponte. Les animaux vivipares, comme les lions, déploient une sagacité remarquable pour soustraire aux attaques leurs petits encore jeunes; le sarigue les rappelle au moment du danger, les cache dans une espèce de poche abdominale et s'enfuit avec sa progéniture. Mais c'est surtout chez les ovipares, comme les oiseaux, que l'instinct se développe. Qui n'a admiré l'art avec lequel les oiseaux construisent leurs nids en les dérobant aux regards? Chaque espèce a ses matériaux, sa forme, son mode de structure déterminé. L'hirondelle maçonne son nid avec de la terre qu'elle délaye. La plupart se servent de brins d'herbe qu'ils tressent serrés avec une certaine épaisseur. Le baya, dans les Indes, place son nid, en forme de poire, à l'extrémité d'une branche flexible, et l'ouverture est par en bas pour empêcher qu'on n'y pénètre. Le sylvia sutoria de l'Orient file le coton avec son bec et ses pattes, et coud les feuilles où il déposera sa nichée. Tous ont soin de tapisser l'intérieur avec de la mousse, du coton, du duvet, même avec les plumes qu'ils s'arrachent, et afin d'obtenir une chaleur convenable pour faciliter l'éclosion des œufs, la femelle s'accroupit immobile et les couve pendant des semaines, tandis que le mâle lui apporte sa nourriture, la remplace au besoin et chante pour la distraire. L'insecte sera mort depuis longtemps quand les œufs écloront l'année suivante; mais l'instinct lui a fait prévoir ce qu'il faut à sa larve. D'abord, il dépose généralement son œuf dans les corps, toujours les mêmes, où les larves pourront trouver leur premier aliment : la chenille, sur l'arbre dont elles dévoreront les jeunes feuilles; le cynips, dans la feuille du chêne, où il creuse un trou avec sa tarière et détermine, aux dépens des sucs de la plante, l'excroissance appelée *noix de galle,* dont sa larve devra se nourrir; le nécrophore, dans quelque cadavre qu'il enterre; le pompyle, qui vit sur les fleurs, dans une espèce de nid à côté du cadavre de quelque araignée ou de quelque chenille morte, parce que sa larve est carnassière. L'abeille ne songe pas seulement à elle en composant son miel; elle dépose un œuf par alvéole et à côté le miel nécessaire à la larve qui doit en naître. De même le xylocope, qui se creuse dans le bois des espaliers et des échalas une espèce de tanière, coupe avec les râpures sa galerie par des cloisons transversales, et dépose dans chaque compartiment un œuf et une provision de pollen.

Instinct d'association et de sociabilité. — L'instinct d'association et de sociabilité se révèle dans une foule de circonstances. Quelquefois l'association n'est que momentanée, comme celle des loups et des hyènes pour chasser en commun leur proie. Les migrations réunissent les individus. A l'automne, les hirondelles s'appellent pour partir ensemble. Les canards forment des groupes peu nombreux, qui se disposent toujours en triangle pour mieux fendre l'air, et celui qui est en tête au départ cède la place à un autre et va prendre la queue lorsqu'il est fatigué. Les castors, obéissant à l'instinct de sociabilité, construisaient des espèces de villages. Au cap de Bonne-Espérance, le moineau Républicain se rassemble en une colonie, dont les nids s'abritent sous une toiture commune. Il sera question, à propos des insectes, des travaux qu'exécutent en commun les abeilles et les fourmis, les premières pour s'approvisionner de miel, elles et leurs larves, les secondes sans faire de provisions ni pour leurs nourrissons ni pour elles-mêmes.

L'homme s'est servi de l'instinct des animaux et l'a même quelquefois développé dans son intérêt. Le pigeon, transporté à plusieurs centaines de kilomètres de son pigeonnier, y revient dès qu'il est libre et apporte le message attaché sous son aile. Le cheval obéit à la voix et se montre sensible à la manière dont on le traite. Le singe, l'éléphant, sont susceptibles d'une certaine éducation. Le chien aime son maître, comprend sa tristesse et sa colère, apprend à l'aider et à le secourir au besoin. On sait qu'on peut enseigner à certains oiseaux à parler ou à redire les airs qu'on leur chante, témoin le merle et le perroquet.

En présence de tels résultats, on s'est demandé souvent si l'animal n'avait pas une certaine raison. On ne saurait refuser à plusieurs espèces ni la mémoire, ni la prévoyance, ni une intelligence qui paraît de plus en plus remarquable à mesure que l'on remonte la série des animaux jusqu'à l'homme. Ce serait nier les faits que de leur refuser la volonté, mais dans une certaine mesure; car cette volonté est plutôt instinctive que réfléchie et libre. Toutefois, ce qui constitue surtout la raison, c'est le jugement, c'est la comparaison, c'est l'abstraction, c'est la généralisation, c'est enfin le progrès qui est la conséquence de toutes ces facultés. Or, depuis qu'on observe et qu'on étudie les animaux, on les voit toujours faire les mêmes actes, dans les mêmes conditions et de la même manière. S'ils n'ont rien perdu, ils n'ont rien gagné; leurs mœurs sont aujourd'hui ce qu'elles étaient il y a deux mille ans. Enfin, ils n'ont pas la parole, et là où elle n'existe pas, on ne saurait prouver l'existence de la raison.

CHAPITRE VI.

Classification des animaux.

Classification : l'espèce, les variétés, les races. — Caractères distinctifs de classification. — Classification actuelle des animaux. — Tableau des animaux utiles à l'homme.

Classification : l'espèce, les variétés, les races. — La classification, en général, est la distribution régulière de toutes les parties d'un vaste ensemble d'après leurs ressemblances et leurs différences.

La science compte aujourd'hui quatre cent mille espèces d'animaux existants et deux cent mille d'animaux fossiles. Pour se retrouver dans cette multitude d'êtres, il a fallu les classer d'après certains caractères qui permissent de les ranger en une longue série, allant des plus composés aux plus simples par une gradation successive. Le point de départ de toute bonne classification, en histoire naturelle, est l'*espèce*.

On entend par *espèce* un ensemble d'êtres vivants ayant les mêmes formes, qui proviennent d'êtres semblables à eux et qui sont capables de produire à leur tour de nouveaux individus possédant les mêmes caractères principaux.

Par cette définition se trouve repoussée l'opinion que toutes les espèces descendent d'une souche commune, dont elles ne seraient que des variétés accidentelles dans l'origine et multipliées ensuite par le croisement des premières espèces qui se seraient développées. En zoologie plus encore qu'en botanique le croisement, s'il est fécond, ne produit que des *hybrides* qui ne peuvent se reproduire, ou qui, s'ils se reproduisent, tendent à revenir vers l'une des espèces primordiales après un très petit nombre de générations.

Il y a une observation importante à faire sur la définition de l'espèce. Il n'est pas nécessaire qu'il y ait entre les individus une identité constante et absolue. Autre est le coq, autre est la poule, et par certains caractères l'enfant diffère de l'homme et du vieillard. Quelques genres subissent pendant la vie de singulières métamorphoses, et tant que la science ne les eut pas constatées, on crut voir dans le même individu des espèces différentes : ainsi la chenille devient papillon; le têtard, qui respire par des branchies, devient une grenouille, qui a la respiration pulmonaire; la méduse, comme plusieurs animaux inférieurs, se reproduit alternativement par œufs libres et par bourgeons. Mais les caractères génériques sont toujours les mêmes, ce qui établit la constitution de l'espèce.

La fixité de l'espèce, que l'homme ne peut ni créer ni détruire, est cependant soumise à une certaine variabilité relative, mais limitée, les différences ne consistant que dans les caractères secondaires. De là viennent les *variétés;* et quand les variétés deviennent fixes à leur tour et se reproduisent, elles constituent les *races,* que l'homme peut perfectionner à force de soins comme dans les espèces domestiques ; mais il ne saurait former des espèces nouvelles.

Les espèces qui ont des caractères communs forment les *genres,* qui se groupent eux-mêmes en *tribus*, en *familles* et en *ordres,* au-dessus desquels on trouve les *classes* et les *embranchements*.

Caractères distinctifs de classification. — Le squelette sert à établir d'abord le grand embranchement des vertébrés, ainsi appelé parce que les animaux qui le composent ont tous une colonne vertébrale. Le nombre des doigts ou leur disposition, le nombre des dents et la présence ou l'absence des canines, des incisives ou des molaires, ainsi que leur forme, la conformation du cerveau, les diverses modifications des membres suivant le milieu où l'animal doit vivre, les variations des organes respiratoires, les différents développements du système nerveux, quelquefois la taille, quelquefois la couleur des poils, des plumes ou de la peau, sont autant de caractères qui permettent d'établir les classes, les ordres, les familles et les genres. Tous ces caractères n'ont pas d'ailleurs la même valeur. Il en est de dominants, il en est d'une importance moins grande. Savoir les apprécier et les subordonner les uns aux autres, de manière à suivre dans la description des espèces les affinités suivant lesquelles la Providence les a rangées en une longue série, ce que l'on appelle la subordination des caractères, c'est le mérite d'une bonne classification naturelle. Les caractères dans les animaux sont si évidents, qu'on ne peut pas dire qu'il y ait vraiment eu de classification artificielle dans la zoologie comme on en trouve en botanique; mais leur étude de plus en plus approfondie a naturellement amené des modifications dans le nombre et la disposition des embranchements, des classes et des ordres.

Classification actuelle des animaux. — Parmi les classifications modernes, celles qui ont été successivement admises dans la science sont celles de Linné, de Cuvier, de Blainville; la classification actuelle n'est que le perfectionnement des deux dernières.

Linné divisait le règne animal en six classes: 1° les mammifères; 2° les oiseaux; 3° les amphibies (reptiles et batraciens); 4° les poissons; 5° les insectes, comprenant comme ordres les myriapodes, les arachnides et les crustacés; 6° les vers, où l'on trouvait les mollusques, les testacés, les zoophytes, etc.

Déjà Lamark avait indiqué la division si naturelle en vertébrés et invertébrés. Cuvier, qui venait de créer l'anatomie comparée et de reconstituer par son génie les animaux fossiles, en même temps qu'on avait mieux étudié les animaux inférieurs, admit quatre embranchements et dix-neuf classes.

La classification de Blainville se rapprochait beaucoup de celle de Cuvier. Il admettait cinq embranchements : 1° les ostéozoaires, ainsi appelés de leur squelette; 2° les entomozoaires ou articulés, du mot grec *entomon*, insecte; 3° les malacozoaires, qui ont le corps mou; 4° les actinozoaires ou rayonnés, dont les parties similaires sont groupées autour d'un axe central; 5° les amorphozoaires, qui n'ont pas de forme constante. Blainville remarquait que les trois premiers embranchements comprenaient les animaux qui pouvaient être divisés longitudinalement en deux parties symétriques, tandis que ceux du quatrième, comme l'astérie, pouvaient se partager, à partir du centre, en plusieurs parties similaires. Il plaçait en première ligne les organes de relation, et non pas ceux de la nutrition, comme l'avait fait Cuvier. De plus, l'homme restait en dehors de toute classification, comme ne pouvant se rapporter à aucune autre espèce.

C'est en s'inspirant et en tenant compte de tous les travaux modernes, que l'on est arrivé à la classification actuelle, où des travaux postérieurs pourront encore amener des modifications.

On a admis cinq embranchements : les *Vertébrés,* les *Articulés,* les *Mollusques,* les *Rayonnés* et les *Protozoaires.*

Les *Vertébrés* se divisent en deux sous-embranchements, les *Allantoïdiens* et les *Anallantoïdiens,* suivant qu'ils ont ou n'ont pas une vésicule nommée *allantoïde,* et qu'ils respirent par des poumons ou, du moins dans le premier âge, par des branchies.

Les *Articulés* ont également deux sous-embranchements,

les *Arthropodes*, qui ont des pattes articulées, et les *vers*, qui n'ont pas de pattes.

Les *Rayonnés* se subdivisent aussi en deux sous-embranchements, les *Échinodermes*, dont le corps est protégé par des parties dures en forme de piquants, et quelquefois par un test calcaire, et les *Polypes*, qui ont le corps mou et la bouche garnie de tentacules circulaires.

Les *Mollusques* et les *Protozoaires* n'ont pas de sous-embranchements.

Les cinq embranchements se divisent en vingt-sept classes, dont voici le tableau :

Embranchements.	Sous-embranchements.	Classes.	Exemples.
VERTÉBRÉS	ALLANTOÏDIENS	*Mammifères*,	Lion.
		Oiseaux,	Aigle.
		Reptiles,	Serpent.
	ANALLANTOÏDIENS	*Batraciens*,	Grenouille.
		Poissons,	Maquereau.
ARTICULÉS	ARTHROPODES	*Insectes*,	Papillon.
		Myriapodes,	Scolopendre.
		Arachnides,	Araignée.
		Crustacés,	Écrevisse.
		Systolides,	Brachion.
	VERS	*Annélides*,	Lombric.
		Helminthes,	Ténia.
MOLLUSQUES		*Céphalopodes*,	Seiche.
		Céphalidiens,	Limaçon.
		Lamellibranches,	Huître.
		Brachiopodes,	Térébratule.
		Tuniciers,	Ascidie.
		Bryozoaires,	Alcyonelle.
RAYONNÉS	ÉCHINODERMES	*Échinides*,	Oursin.
		Astérides,	Astérie.
		Holothurides,	Holothurie.
	POLYPES	*Acalèphes*,	Hydre.
		Zoanthaires,	Actinie.
		Coralliaires,	Corail.
PROTOZOAIRES		*Foraminifères*,	Calcarine.
		Infusoires,	Noctiluque.
		Spongiaires,	Éponge.

Tableau des animaux utiles à l'homme. — Ouvrons la Genèse, ce magnifique récit du monde naissant. « Quand Dieu eut créé l'homme, dit l'historien sacré, il lui donna la puissance sur les poissons de la mer, les oiseaux du ciel, les troupeaux, la terre entière et les reptiles qui rampent sur la terre. »

L'homme a utilisé pour ses divers besoins les animaux, qui étaient son domaine. Quelques-uns ne s'éloignèrent pas de lui après sa chute; il put les grouper autour de ses demeures : par une admirable loi de la Providence, ce furent ceux qui pouvaient lui rendre le plus de services. Tels sont le bœuf, le mouton, la chèvre, le cheval, l'âne et tous les oiseaux de basse-cour. L'homme s'est fait leur protecteur intéressé; il veille à tous leurs besoins, il les défend contre leurs ennemis, il est même parvenu à améliorer les races. Les uns servent à son alimentation journalière; les autres l'aident dans ses travaux; d'autres, comme le chien et le chat, sont les hôtes utiles du foyer. D'autres animaux fournissent à son industrie de précieuses matières, la laine qu'il tisse, les peaux qu'il approprie à divers usages, etc.; d'autres enfin, et ce sont surtout les oiseaux, l'égaient par leur chant ou leurs riches couleurs. Quant aux espèces nombreuses qui sont restées sauvages, il leur fait une chasse assidue, soit pour se nourrir de leur chair, soit pour s'en garantir, et alors même il en a tiré profit par leurs pelleteries et leurs fourrures. La profondeur des eaux n'a pu soustraire à son action les tribus variées qui les habitent. Par la pêche, l'homme se crée de nouveaux aliments et d'utiles produits. La baleine, vaincue malgré sa force par une poursuite habile et opiniâtre, lui donne son huile et ses fanons. C'est ainsi qu'à tous les degrés de la série animale, l'homme rencontre des animaux qui lui offrent quelque avantage. Voici le tableau des principales utilités que l'homme a su tirer du règne animal :

ALIMENTATION. . .	Mammifères.	domestiques : bœuf, vache, veau, mouton, chèvre, porc, etc. sauvages : chevreuil, sanglier, lièvre, lapin, etc.
	Oiseaux. . .	domestiques : poule, canard, oie, dindon, pintade, pigeon, etc. sauvages : faisan, perdrix, caille, râle, bécasse, grive, alouette, etc.
	Reptiles :	tortues.
	Batraciens :	grenouilles.
	Poissons. . .	d'eau douce : brochet, carpe, anguille, truite, perche, goujon, etc. de mer : morue, turbot, saumon, sole, raie, maquereau, merlan, hareng, esturgeon, thon, sardine, anchois, etc.
	Insectes :	abeille (miel).
	Crustacés :	homard, langouste, écrevisse, crabe, crevette.
	Mollusques :	huitre, moule, escargot, etc.
TRAVAUX	Traction :	cheval, mulet, âne, bœuf, renne, etc.
	Transport :	chameau, dromadaire, lama, éléphant.
INDUSTRIE.	Laines : mouton, chèvre, vigogne, alpaca, etc.	
	Cuirs et peaux : bœuf, veau, cheval, mouton, renne, chevreuil, chamois, âne, etc.	
	Pelleteries : lion, tigre, panthère, renard, ours, castor, martre, chinchilla, loutre, écureuil, etc.	
	Plumes : autruche, cygne, oie, héron, eyder, casoar, oiseau de paradis, etc.	
	Parures : soie (bombyx), perle et nacre (huitre perlière), ivoire (éléphant, morse), corail (polypes), etc.	
UTILITÉS DIVERSES.	Médecine : cantharide (insectes), sangsue (annélides), huile de foie de morue, etc.	
	Usages domestiques : graisses (bœuf, porc), huile et baleines (cétacés, baleines), cire (abeilles), cornes (bœuf, cerf), écaille (tortue), poils (cheval, blaireau), éponge (spongiaires), teinture (cochenille), musc (chevrotain), etc.	
	Gardiens du foyer : chat, chien.	
	Chant : rossignol, fauvette, serin, chardonneret, sansonnet, merle, etc. ; perroquet, pie.	

CHAPITRE VII.

De l'homme.

Classification de l'homme. — Caractères spécifiques. — Caractères organiques — Supériorité de l'homme sur le reste des êtres organisés. — Les races humaines. — Unité de l'espèce humaine. — Migrations de l'homme. — Les sociétés humaines.

Classification de l'homme. — Les anciens naturalistes plaçaient l'homme à la tête de la série zoologique, sans cependant qu'il fût confondu par eux avec les autres espèces ; il formait, parmi les vertébrés, le premier ordre, celui des *bimanes*. Les plus éminents zoologistes des temps modernes ont fait de l'homme un règne à part, qu'on appellerait le *règne humain;* car, disent-ils avec saint Grégoire, le minéral existe, le végétal existe et vit, l'animal existe, vit et se meut, l'homme existe, vit, se meut et pense.

Caractères spécifiques. — Par son organisation physiologique, l'homme a de grandes ressemblances avec les autres animaux. Il en diffère par des caractères essentiels qui ne permettent pas de le confondre avec eux : la *raison,* qui lui permet de réfléchir, d'abstraire, de généraliser, de tirer des principes leurs conséquences, d'inventer, de perfectionner ce qu'il doit à la nature ou à l'art ; le *langage,* auquel il doit de fixer ses pensées, de les analyser, de les combiner, de les communiquer à ses semblables ; la *moralité,* qui résulte du libre arbitre, en vertu duquel il se propose, d'après la notion du bien et du mal, un but, une fin à atteindre, et choisit les moyens qui paraissent devoir l'y conduire, tandis que l'animal n'est dirigé dans ses actes que par un instinct fatal et toujours le même ; la *religiosité,* qui lui permet d'élever sa pensée en même temps que son regard vers le ciel, de reconnaître un pouvoir supérieur, cause de tout ce qui existe, d'admettre la certitude d'une âme immortelle distincte du corps, et de croire à une vie future dans laquelle il sera puni ou récompensé suivant ses œuvres.

Même au point de vue physiologique, l'homme se distingue des animaux par un caractère bien remarquable : il peut vivre et se perpétuer sous tous les climats et sous toutes les latitudes, de l'équateur au pôle. Chacune des autres espèces animales est, au contraire, cantonnée dans des limites relativement restreintes et ne peut se développer au delà. L'éléphant, le lion, ne sauraient vivre dans les glaces du nord ; le renne devient d'autant plus rare qu'on approche davantage de l'équateur.

Caractères organiques. — A ne considérer que les caractères organiques, l'homme est un être à part. Sa taille est droite : elle varie en général de 1m,73 à 1m,31, ce qui donne pour moyenne 1m,52 ; mais par exception elle peut atteindre 1m,90, comme chez les Patagons de l'Amérique méridionale, ou descendre à 1m,18, comme chez les Boschimans de l'Afrique australe. Entre tous les membres règne une admirable proportion. La peau est lisse, généralement couverte d'un fin duvet, sauf toutefois la chevelure qui orne en même temps qu'elle protége la tête, la barbe qui revêt le menton, mais non pas chez la femme, etc. Le teint est coloré, tantôt noir, jaune ou rouge, tantôt blanc, et il se fond alors en couleurs harmonieuses. Les yeux ont aussi plusieurs teintes, mais ils sont remarquables surtout par une mobilité qui révèle la pensée. La face est ovale, le front proéminent, de telle sorte qu'en menant deux lignes, l'une du milieu du front à la base du nez, l'autre de la base du nez à l'oreille, on a ce qu'on appelle l'*angle facial*, qui est plus ou moins ouvert, mais toujours plus ouvert que chez les autres mammifères. Les traits du visage sont mobiles et reflètent par leur mobilité toutes les passions de l'âme. Les mâchoires ont trente-deux dents, seize à chacune, dont quatre incisives, deux canines, quatre petites molaires et six grosses molaires, ce qui montre que l'homme est à la fois carnivore et frugivore. Le cerveau forme une série de circonvolutions toujours la même; toutefois, il est utile de remarquer que l'intelligence ne dépend pas, comme on l'a souvent dit, de son développement plus ou moins grand, et les recherches qui ont été faites prouvent que le cerveau de certains hommes de génie le cédait en poids au cerveau d'hommes qui n'étaient doués que d'une intelligence très ordinaire.

Un caractère distinctif de l'homme, c'est l'appropriation des membres antérieurs et postérieurs à des fonctions bien différentes. Les membres postérieurs sont destinés à soutenir et à mouvoir le corps : aussi la plante des pieds est large et les doigts sont courts. Les membres antérieurs, instruments de la préhension et du toucher, ont les doigts longs et effilés et le pouce opposable aux autres doigts : de là le nom de *bimane* qui a été donné à l'homme. Les autres mammifères n'ont pas de mains; car leurs membres, aussi bien ceux du thorax que ceux de l'abdomen, servent exclusivement à la marche. Il faut en excepter les singes, qui forment l'ordre des quadrumanes, parce que le pouce est opposable aux autres doigts dans les quatre membres; mais l'homme a les jambes plus longues, le mollet plus musculeux, le bassin et ses muscles plus développés, parce qu'il ne peut marcher que droit; les singes, au contraire, ne se tiennent debout qu'accidentellement, toujours dans une position inclinée, et marchent sur leurs quatre membres en appuyant sur le sol la partie dorsale des doigts, qui se replient comme des crochets. Remarquons encore que dans certaines espèces, comme les ouistitis, le pouce, dans les membres antérieurs, n'est même plus opposable.

Supériorité de l'homme sur le reste des êtres organisés. — Tous ces caractères, spécifiques ou organiques, constituent la supériorité de l'homme sur le reste des êtres organisés. Buffon, en comparant l'homme aux animaux, montre qu'il l'emporte sur eux, même à ne considérer que les sens. « Le sens, dit-il, le plus relatif à la pensée et à la connaissance est le toucher : l'homme a ce sens plus parfait que les animaux. Le sens de la vue ne peut avoir de sûreté et ne peut servir à la connaissance que par le secours du sens du toucher : aussi le sens de la vue est-il plus imparfait, ou plutôt acquiert moins de perfection dans l'animal que dans l'homme. L'oreille, quoique peut-être aussi bien conformée dans l'animal que dans l'homme, lui est cependant beaucoup moins utile, par le défaut de la parole, qui dans l'homme est une dépendance du sens de l'ouïe; mais comme l'odorat est relatif à l'instinct, et le goût un odorat intérieur, encore plus relatif à l'appétit qu'aucun des autres sens, on peut croire que l'animal a ces deux sens plus sûrs et peut-être plus exquis que l'homme. En effet, les animaux choisissent, sans se tromper, les aliments qui leur conviennent, au lieu que l'homme, s'il n'était averti, mangerait le fruit du mancenilier comme la pomme et la ciguë comme le persil. »

Les races humaines.—Linné avait classé l'espèce humaine, d'après les contrées qu'elle habite, en européenne, asiatique, américaine et africaine. Buffon distinguait quatre races d'après la couleur : la blanche, la jaune, la rouge et la noire. Blumenbach, médecin et naturaliste du dix-huitième siècle, éclairant par l'anatomie les études sur l'homme, comptait cinq races principales : la caucasique, la mongolique, l'éthiopique, l'américaine et la malaise; la première, par exemple, contenait des blancs et des nègres, le Patagon ne différant de l'Européen par aucun autre caractère que par la couleur. La science moderne a réduit ces divisions à trois races principales : la *race blanche* ou *caucasique*, la *race jaune* ou *mongolique*, la *race noire* ou *éthiopique*, chacune d'elles se subdivisant en un certain nombre de familles.

La *race blanche* (*fig.* 4) occupe toute l'Europe, l'Asie jusqu'au Gange et le nord de l'Afrique. Elle se distingue par le développement du front, la position horizontale des yeux, l'ovale régulier de la figure. les cheveux lisses et la couleur blanche de la peau.

Fig 4. — *Race blanche.*

Fig. 5. — *Race jaune.*

Fig. 6. — *Race noire.*

La *race jaune* (*fig.* 5) occupe toute l'Asie orientale, notamment la Chine et le Japon, la Malaisie, les Carolines et les régions hyperboréennes des deux hémisphères. Elle a le front bas et carré, les yeux obliques, les pommettes saillantes, la barbe grêle, les cheveux droits et noirs, et la peau olivâtre.

La *race noire* (*fig.* 6) est confinée dans l'Afrique centrale et méridionale, en Australie et dans la plupart des archipels de l'Océanie. Ses caractères distinctifs sont un crâne comprimé, des mâchoires saillantes, de grosses lèvres, un nez écrasé, des cheveux crépus, excepté en Océanie, et une peau plus ou moins noire.

Quant à la race malaise et quant à la race américaine, rouge ou cuivrée, on les regarde comme des races mixtes, la première provenant du mélange des Hindous avec les Chinois; la seconde, d'un autre mélange, dans lequel intervient toujours un élément blanc.

Unité de l'espèce humaine. — L'espèce humaine est-elle une, comme l'enseignent les livres saints, ou bien est-elle multiple, comme l'ont prétendu certains naturalistes d'après la différence des caractères qui distinguent les races? C'est une question qui a été fort agitée de nos jours; les plus savants et les plus sages ont fait prévaloir la doctrine de l'unité. Quoi de plus opposé que le blanc et le nègre? et cependant le jeune nègre est blanc quand il vient au monde; seulement la couleur noire s'accuse assez promptement, quelque précaution que l'on prenne. M. de Quatrefages définit l'espèce « l'ensemble des individus, plus ou moins semblables entre eux, qui sont descendus ou qui peuvent être regardés comme descendus d'une paire primitive unique par une succession ininterrompue de familles. » Les individus qui s'écartent du type général d'une manière assez prononcée sont des variétés, et la race est une variété qui se transmet par génération. Le blanc et le nègre peuvent être regardés comme les modifications extrêmes d'un type primitif qui a disparu et que par conséquent nous ne pouvons connaître. L'étude des langues fournit une preuve en faveur de l'unité de l'espèce. Plus on les approfondit, plus on les compare, et plus on trouve entre elles une filiation qui indique une langue mère commune, dont les langues des différents peuples ne sont que les diverses variétés. La science est donc ici d'accord avec les saintes Écritures.

Migrations de l'homme. — Suivant les récits de la *Genèse*, corroborés par les recherches modernes, l'homme est parti de l'Asie centrale pour coloniser tout le globe. Tantôt il s'avançait par terre de proche en proche et couvrait ainsi tout l'ancien continent; tantôt il arrivait par mer en Amérique et dans l'Océanie, émigrations dues parfois à quelque naufrage et qui n'ont été connues en partie que par suite des découvertes modernes. L'homme s'est acclimaté et naturalisé partout avec plus ou moins de peine. L'influence du milieu a fait naître les races, puis les races ont donné par leur croisement les différentes familles qui peuplent le monde.

Les sociétés humaines. — L'homme, dans les sociétés qu'il forme, se présente sous trois états, comme chasseur ou pêcheur, comme pasteur, comme agriculteur. Les sociétés qui vivent uniquement de la chasse et de la pêche ne comptent qu'un petit nombre d'individus, parce qu'il leur est difficile de suffire aux besoins de la vie; elles sont souvent barbares, parce qu'elles vivent dans des conditions défavorables au développement de l'intelligence; cruelles, quelquefois même anthropophages, parce que dans leurs guerres elles tueront leurs prisonniers, vu la difficulté de les nourrir. Les peuples pasteurs, qui mettent leur richesse dans la possession de nombreux troupeaux, se sont soumis les animaux herbivores, ce qui assurait leur subsistance et ce qui leur a permis de réfléchir et de penser davantage; mais il leur faut de vastes pâturages, ce qui fait de la plupart d'entre eux des peuples nomades. Enfin les agriculteurs forment une population dense et continue, qui est toujours sédentaire, qui s'adonne d'abord aux industries nécessaires pour se nourrir, se vêtir et se loger, et qui bientôt recherche le superflu après l'utile, afin d'embellir la vie après avoir pourvu à ses besoins. On peut admettre que tous les peuples ont successivement passé par ces trois états. Les races humaines sont loin d'être arrivées toutes au même degré de civilisation; mais quoi qu'on ait pu dire pour motiver et défendre l'esclavage des nègres, on ne saurait accorder une impossibilité radicale, pour quelque race que ce soit, de s'élever avec les progrès du temps jusqu'au plus parfait développement des facultés intellectuelles. Nous comptons de nos jours plusieurs États nègres où fleurit la civilisation de l'Europe, et les nègres des États-Unis, admis à la vie politique, en accomplissent sans infériorité tous les devoirs.

CHAPITRE VIII.

Embranchement des Vertébrés; les Mammifères.

Caractères et classification des vertébrés. — Les mammifères. — Ordre des quadrumanes. — Ordre des carnassiers. — Ordre des amphibies. — Ordre des chéiroptères. — Ordre des insectivores. — Ordre des rongeurs.

Caractères et classification des Vertébrés. — Les *animaux vertébrés* ont pour caractères distinctifs un squelette intérieur, ce qui les a fait appeler par de Blainville *ostéozoaires,* toutes les parties du corps symétriquement disposées des deux côtés, le système nerveux très développé, les organes des sens, excepté le tact, logés dans la tête, le sang rouge et la circulation généralement complète.

La présence ou l'absence d'une poche membraneuse nommée *allantoïde,* qui sécrète un liquide appelé de son nom *liqueur allantoïque,* donne les deux sous-embranchements des *allantoïdiens* et des *anallantoïdiens*. Le premier comprend trois classes : les *mammifères,* les *oiseaux* et les *reptiles;* le second, deux classes : les *batraciens* et les *poissons*.

Les mammifères. — La classe des *mammifères* comprend les genres vivipares, à respiration pulmonaire, à sang chaud, à circulation complète, dont le corps est ordinairement garni de poils, chez qui la mâchoire inférieure mobile s'articule directement avec le crâne, et qui ont des organes de lactation.

L'homme, qui constituait anciennement l'ordre des *bimanes,* étant placé en dehors de la série zoologique à cause de ses caractères particuliers, la classe des mammifères ne se divise plus qu'en douze ordres, savoir : les *quadrumanes*, les *carnassiers*, les *amphibies,* les *chéiroptères,* les *insectivores,* les *rongeurs,* les *édentés,* les *pachydermes,* les *ruminants,* les *cétacés*, les *marsupiaux* et les *monotrèmes*.

Ordre des quadrumanes. — Les *quadrumanes* se rapprochent de l'homme par de nombreuses analogies d'organisation et de forme; mais il leur manque la raison, et leur intelligence tant vantée le cède souvent à celle de plusieurs genres des autres classes. Ils ont les trois sortes de dents, incisives, canines et molaires; leur régime est essentiellement frugivore. Le pouce des membres postérieurs est opposable aux autres doigts : de là le nom de *quadrumanes* ou *animaux à quatre mains*. Ils sont grimpeurs par excellence et s'aident quelquefois de leur queue; s'ils peuvent se tenir droits et marcher comme l'homme, c'est pour eux une attitude fatigante qu'ils ne sauraient conserver longtemps. Ils vivent en général dans les régions tropicales de l'Asie, de l'Afrique et de l'Amérique; transportés dans nos climats, presque tous y meurent bientôt de consomption. Ce sont des animaux qui aiment la liberté et que tous les soins de l'homme n'ont jamais pu apprivoiser.

On peut diviser les quadrumanes en quatre familles : les *singes*, les *ouistitis*, les *makis* et les *chéiromiens*.

Les *singes* sont des animaux de moyenne ou de petite taille, au crâne arrondi, au museau médiocrement prolongé, aux membres grêles et longs. On en distingue deux groupes, suivant qu'ils appartiennent à l'ancien ou au nouveau continent.

Dans le groupe des singes de l'ancien continent, les genres principaux sont : le *chimpanzé*, qui se rapproche le plus de l'homme, mais qui est couvert de poils noirs; on ne le trouve qu'en Afrique; sa force est prodigieuse; il peut se défendre avec un bâton et lancer des pierres avec une grande adresse; — l'*orang-outang*, au poil roux, aux mœurs plus douces, susceptible de quelque éducation; il habite Bornéo et Sumatra; — le *gibbon*, des Indes et de la Malaisie, à la bouche proéminente, timide et inoffensif; — le *nasique*, au long nez; — le *semnopithèque*, à la queue plus longue que le corps; la *guenon* ou *cercopithèque*, à la face grimacière, aux larges abajoues, d'une pétulance extraordinaire et vivant en troupes nombreuses; — le *ma-*

caque, au museau plus large et plus prolongé que les guenons et vivant pareillement en troupes; — le *magot*, qui n'a point de queue, docile, soumis, intelligent, le singe des bateleurs; — le *cynoscéphale*, à tête de chien, dont le *babouin* et le *mandrill* sont des espèces, animal de la taille d'un grand chien, au pelage varié, à la face quelquefois colorée, au caractère féroce et brutal, tuant sans nécessité et passant sans motif de l'affection à la colère.

Les singes du nouveau monde ont la tête ronde, le museau court, les narines s'ouvrant latéralement, et n'ont jamais d'abajoues; les principaux genres sont: le *hurleur*, qui fait retentir les forêts de l'Amérique intertropicale de ses cris effrayants et prolongés; — le *sapajou* (*fig.* 7), vif et remuant, plein d'adresse et d'intelligence, doux, docile et facilement éducable, qui repose souvent sur sa queue enroulée; — le *sagouin*, qui vit plutôt à terre que sur les arbres et qui se nourrit en partie d'insectes; — le *brachiure*, à queue courte et touffue, appelé encore *chéiropote*, parce qu'il boit dans le creux de sa main.

Fig. 7. — *Sapajou.*

La famille des *ouistitis* comprend de petits singes américains, au corps grêle, à la tête arrondie, à la queue longue et velue, qui se rapprochent en apparence des rongeurs et que l'on appelle quelquefois *singes écureuils*. Ils vivent de fruits et d'insectes, sont très intelligents et s'apprivoisent avec facilité. Les genres de cette famille sont le *ouistiti* proprement dit et le *tamarin*, au pelage varié et de taille plus petite.

Les *makis* ou *lémuriens* sont reconnaissables à leur museau de renard. Ils sont frugivores, insectivores, et quelquefois carnassiers. Certaines espèces dorment le jour et chassent au crépuscule ou la nuit. Les principaux sont : les *makis*, tous de Madagascar, de formes élégantes et de couleurs variées; et le *lori*, de Ceylan.

La famille des *chéiromiens* se compose de deux genres: l'*aye-aye*, de Madagascar, aux doigts très allongés, servant de transition des singes aux rongeurs; — le *galéopithèque*, des Indes et de Java, qui se rapproche des chauves-souris par la membrane partant de la tête et recouvrant les membres antérieurs et postérieurs.

Les quadrumanes ne sont d'aucune utilité pour l'homme. Les singes imitent d'une façon remarquable ce qu'ils voient faire autour d'eux : de là l'usage de montrer leur adresse dans les foires publiques.

Ordre des carnassiers.—L'ordre des *carnassiers* est formé d'animaux dont le pouce n'est jamais opposable aux autres doigts, et qui ont au bout des doigts des ongles souvent acérés. Leur estomac est simple et membraneux, leurs intestins sont généralement courts. La mâchoire est puissante, mais ne peut avoir aucun mouvement horizontal. Les dents incisives, au nombre de six à chaque mâchoire, sont petites; les quatre canines sont longues, grosses et écartées; viennent ensuite des molaires pointues et tranchantes, dites *fausses molaires*, une grosse molaire en haut et en bas de chaque côté, dite *carnassière*, et d'autres molaires plus petites, tranchantes ou mousses, jamais à pointe conique, dites *tuberculeuses*.

Les carnassiers se trouvent dans toutes les contrées. On les a subdivisés en deux sous-ordres : les *plantigrades*, qui appuient sur la terre la plante entière du pied, et les *digitigrades*, qui marchent sur les doigts en relevant le tarse, ce qui rend leur course plus rapide.

Le sous-ordre des *digitigrades* est le plus nombreux et le plus intéressant. Presque tous les animaux dont il se compose sont sauvages, ne vivant que de chair et ennemis de l'homme. On les a séparés en plusieurs genres remarquables par leurs caractères et leurs espèces.

Le genre *chat* est caractérisé par un corps médiocrement allongé, un pelage doux et serré, une queue ordinairement longue, une tête large et globuleuse, des membres postérieurs plus développés que les antérieurs, les pattes ayant cinq doigts en avant, quatre en arrière, garnis d'ongles aigus et presque toujours rétractiles, et les molaires très peu tuberculeuses. Ce sont des animaux plus ou moins nocturnes, rusés, hardis, rampant vers leur proie, s'élançant sur elle d'un seul bond et s'attachant à elle de leurs dents et de leurs ongles. Les principales espèces sont : le *lion* (*fig.* 8), au poil fauve et noir, à la queue floconneuse à son extrémité, à la crinière touffue qui revêt le cou et les épaules chez le mâle; d'un coup de patte il peut briser les reins d'un cheval : on l'a appelé le roi des animaux, on lui a accordé courage, noblesse, générosité, clémence; mais les études modernes contredisent ces belles qualités et l'accusent même d'une certaine poltronnerie; — le *couguar* ou *lion d'Amérique*, un peu moins grand que le lion et de pelage plus varié; — le *tigre royal* ou *tigre d'Orient*, remarquable par les bandes noires transversales qui couvrent ses flancs, plus féroce que le lion, tuant sans nécessité, et assez fort pour emporter d'une course rapide le cheval ou le buffle qu'il a tué; — la *panthère*, au beau pelage fauve à taches noires en forme de roses; — le *léopard*, qui ne diffère de la panthère que par la robe; — l'*once*, plus petite et plus rare, qui habite l'Afrique ou les chaudes régions de l'Asie; — le *jaguar*, appelé encore *grande panthère* ou *tigre d'Amérique*, aux proportions lourdes, mais aussi fort que le tigre, vivant de chasse et de pêche et poursuivant

Fig. 8. — *Lion.*

les singes sur les arbres;—le *guépard*, aux ongles courts et non rétractiles, que l'on peut dresser pour chasser la gazelle; — le *lynx*, aux larges oreilles, terminées par un pinceau de poils, animal à la vue perçante, si bien que les anciens croyaient qu'il pouvait voir à travers un mur; — le *chat*, originaire d'Europe, aux variétés nombreuses, tantôt sauvages, tantôt domestiques, mais toujours indépendant, et n'étant jamais, dit Buffon, qu'un domestique infidèle, qu'on garde quelquefois pour sa gentillesse, mais plus souvent pour se délivrer des rats et des souris.

Le genre *hyène* ne compte que deux espèces : le *protèle*, qui a cinq doigts aux membres antérieurs, et l'*hyène*, qui n'en a que quatre. Ce sont des animaux plus redoutés que redoutables, s'affaissant sur leurs jambes de derrière, habitant l'Asie et l'Afrique, et vivant dans des cavernes, qu'ils quittent la nuit pour aller à la recherche des cadavres de bêtes et même pour fouiller les tombeaux. Ils sont doués de mâchoires d'une grande puissance.

Le genre *chien* comprend le *chien*, le *loup* et le *renard*. Tous ont la tête allongée, les oreilles grandes, la langue douce, cinq doigts aux membres antérieurs, mais le pouce trop haut placé pour toucher le sol, les ongles ni rétractiles ni tranchants.

Le *chien*, même sauvage, s'apprivoise aisément et se montre fidèle et affectionné à son maître. Il est courageux, intelligent, d'une finesse d'odorat qui lui permet de suivre une piste sans se méprendre. A l'état sauvage, il vit souvent en troupes. A l'état domestique, on l'emploie pour la garde et pour la chasse; on l'a nommé le fidèle ami de l'homme. Malheureusement il est sujet à une affreuse maladie, la rage, qu'il inocule par sa morsure, ce qui oblige de le surveiller pour éviter le danger d'une contagion presque toujours mortelle. Les principales races ou espèces sont le *mâtin* et le *chien de berger*, aux oreilles droites, aux jambes longues et nerveuses; — le *chien de Terre-Neuve*, qui n'a pas, comme on l'a souvent dit, les pieds palmés, mais qui ne craint pas de plonger dans l'eau; — le *lévrier*, svelte de forme et rapide à la course; — l'*épagneul*, de petite taille, au poil long et soyeux; — le *barbet* ou *caniche*, aux jambes courtes, au poil long et frisé, le plus susceptible d'éducation, ce qui en fait par excellence le chien du bateleur; — le *chien courant*, le *chien d'arrêt*, le *basset*, employés à la chasse; — le *dogue*, au museau gros et court, au nez retroussé, au poil presque ras, qu'on élève pour la garde des maisons; — le *petit danois*, le *chien anglais*, le *roquet*, le *griffon*, de taille très petite.

Le *loup* se distingue du chien par sa queue pendante; il a les oreilles droites et le pelage fauve. Il est très fort, agile, adroit, rusé, mais lâche, n'attaquant les troupeaux, les chiens et surtout l'homme que quand il y est contraint par la faim. Il vit solitaire, mais se réunit au besoin en troupe pour chasser sa proie. Il se repaît de ce qu'il rencontre, même de chairs corrompues, et, quoi qu'en dise le proverbe, les loups se mangent fort bien entre eux. — Le *chacal* ou *loup doré*, commun en Algérie, est une variété du loup. On l'a regardé comme le type sauvage du chien domestique, auquel il ressemble plus que le loup par sa conformation et par ses mœurs.

Le *renard* a le museau plus pointu, la queue plus longue et plus touffue que le chien, et exhale une odeur fétide. Il vit seul dans son terrier et chasse la nuit en se réunissant quelquefois à un autre. C'est l'effroi de nos poulaillers. Il se nourrit de petits mammifères, d'oiseaux, de reptiles, d'insectes, de miel, au besoin même de fruits. Une variété est l'*isatis* ou *renard bleu*, qui vit sur les bords de la mer Glaciale.

Les autres genres des carnassiers digitigrades sont moins importants. — Le genre *putois*, au museau court, au corps allongé, à l'odeur désagréable, comprend le *putois commun*, le *furet*, la *belette*, dévastateurs des basses-cours, des colombiers, des garennes et des vergers, et l'*hermine*, non moins farouche, mais qui nous donne une fourrure d'un beau blanc terminée par un flocon de poils noirs. — Au genre *martre* appartiennent la *martre*, le *vison* du Canada et la *zibeline*, recherchés par leurs fourrures, qui habitent le nord de l'Europe et de l'Asie, et la *fouine*, commune en France, non moins carnassière que le putois et la belette. — Le genre *loutre* se compose d'espèces à la tête déprimée et aux doigts palmés, vivant au bord des eaux et se nourrissant de poissons, de reptiles aquatiques, de crustacés, etc. — Les genres *civette* et *genette*, que l'on réunit souvent en un seul, comprennent des carnassiers de petite taille, qui sécrètent une matière odorante recherchée dans la parfumerie.

Le sous-ordre des *plantigrades* offre comme genres principaux les *blaireaux* et les *ours*. — Le *blaireau*, commun en France, a la taille d'un chien de médiocre grandeur, mais est bas sur pattes, en sorte qu'il paraît ramper; ses poils, dont on fait des brosses, surtout pour la barbe, sont longs et traînent jusqu'à terre; c'est un animal paresseux, défiant, solitaire, vivant dans son terrier que le renard s'approprie souvent, ne chassant que la nuit, assez rusé pour éviter les piéges, se défendant avec courage quand on l'attaque, susceptible de s'apprivoiser quand on le prend jeune, se nourrissant de tout, œufs, fromage, pain, poisson, fruits, racines, mais préférant à tout la viande crue.

L'*ours* (*fig.* 9) est un des carnassiers les plus grands et les plus forts, assez musculeux pour étouffer sa proie en l'embrassant de ses pattes; on le trouve dans toutes les contrées montagneuses. Il a la tête grosse, le museau fin, le corps épais et couvert de longs poils, les pattes épaisses, toutes à cinq doigts armés d'ongles, les molaires plates et tuberculeuses, caractère des animaux frugivores. L'ours a l'allure pesante; cependant il est agile, peut se tenir droit et grimpe facilement aux arbres. Il vit solitaire et dort l'hiver. On peut l'apprivoiser et lui apprendre certains exercices. On le chasse surtout à cause de sa fourrure. Sa chair est estimée dans certains pays; sa graisse, qui sert à la cuisine près des mers polaires, donne à notre parfumerie une pommade assez fine. On distingue comme variétés l'*ours blanc* des mers polaires, qui plonge sous

Fig. 9. — *Ours.*

l'eau et vit de poissons; l'*ours gris* d'Amérique, le plus féroce de tous; l'*ours brun* d'Europe, qui est notre ours commun; l'*ours noir* des États-Unis, qui se loge sur la cime des arbres et dont l'Américain mange la chair.

A part quelques exceptions, les carnassiers n'ont d'autre utilité que leurs fourrures. La peau de l'ours, celle du chat, du loup, du renard commun, de la loutre, du putois, de la fouine, etc., sont les fourrures les plus communes; la martre, la zibeline, l'hermine, sont plus rares et plus estimées. Avec la peau du lion, de la panthère, du jaguar ou grande panthère, etc., on fait de riches tapis de pied.

Ordre des amphibies. — L'ordre des *amphibies* se rapproche des carnassiers. Ce sont des animaux destinés à passer une partie de leur vie dans l'eau, bien qu'ils aient la respiration essentiellement aérienne. Ils ont jusqu'à trois mètres de longueur. Leurs membres antérieurs sont très courts, et leurs cinq doigts engagés dans une membrane sous forme de nageoire; leurs membres postérieurs, engagés sous la peau, ne laissent passer que les pieds formant comme une nageoire horizontale de chaque côté d'une queue très courte. Une telle disposition les rend peu propres à la marche sur la terre : aussi est-il facile au chasseur de les atteindre, pour peu qu'ils soient éloignés du rivage. Ils sont maintenant réfugiés dans les mers du nord, où ils vivent en troupes et se nourrissent de poissons.

Les amphibies comprennent deux genres : les *phoques* et les *morses*. — Les *phoques* (*fig.* 10) ont de nombreuses espèces; quelques-unes ont été appelées *veaux marins*, *lions marins*, *ours marins*, *etc.*, suivant la ressemblance que l'on croyait trouver dans leurs traits avec ceux des mammifères terrestres. — Le *morse* se distingue des phoques par deux dents ou défenses, souvent d'un mètre et demi de longueur, qui descendent de la mâchoire supérieure, ce qui l'a fait nommer *éléphant marin*.

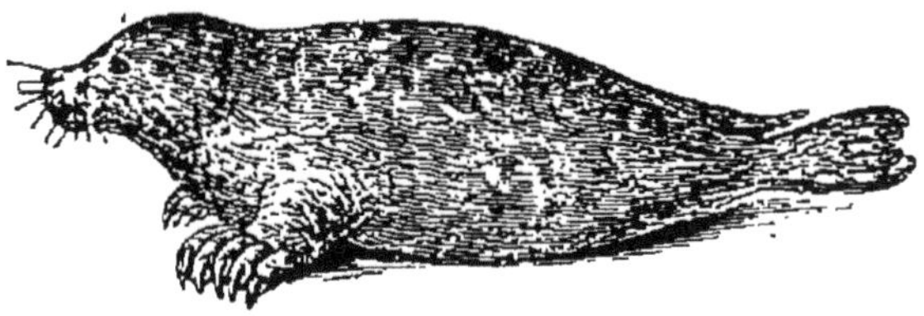

Fig. 10. — *Phoque.*

Les amphibies donnent au commerce l'ivoire du morse et environ une demi-tonne de graisse ou d'huile par individu. Leur peau épaisse fait un bon cuir, et leur chair n'est pas mauvaise à manger.

Ordre des chéiroptères. — L'ordre des *chéiroptères* ou *chauves-souris* (*fig.* 11) comprend des animaux nocturnes, ayant des abajoues comme les singes et pouvant voler comme les oiseaux. Les membres thoraciques et leurs doigts s'allongent singulièrement et supportent un repli de la peau qui va envelopper les membres postérieurs et qui se prolonge même au delà, formant ainsi des espèces d'ailes. Comme cette aile n'est, pour ainsi dire, qu'un parachute, l'animal s'enlève difficilement de terre, mais il peut se suspendre par le pouce, qui est court, recourbé et dégagé du repli membraneux. On voit quelquefois le soir la chauve-souris se maintenir droite et les ailes étendues entre deux arbres.

Fig. 11. — *Chauve-souris.*

Les chéiroptères forment deux genres : les *roussettes*, qui vivent souvent en troupes et qui sont frugivores; on ne les trouve point en Europe; — les *vespertilions* ou *chauves-souris* proprement dites, qui vivent d'insectes et dont quelques espèces habitent la France. — Le *vampire spectre* appartient aux vespertilions. Il suce, il est vrai, le sang des animaux et même de l'homme, mais non pas, comme on l'a dit, jusqu'à les faire périr.

Ordre des insectivores. — L'ordre des *insectivores* se compose d'animaux ayant les pieds courts, cinq doigts à ceux de derrière, presque toujours cinq à ceux de devant, et tous ces doigts armés d'ongles pour fouir la terre. Leurs molaires sont hérissées de tubercules aigus pour pouvoir briser leur proie. Leur vie est généralement souterraine et nocturne; cependant il est parmi eux des espèces qui grimpent aux arbres, et d'autres espèces aquatiques dont les membres sont transformés en rames.

Les principaux genres des insectivores sont : la *taupe*, qui n'est point aveugle, comme on le croit, et qu'on cherche à détruire, parce qu'elle ronge les racines en creusant ses galeries pour se nourrir des insectes et des vers; — la *musaraigne*, qui vit solitaire dans les trous, dans les broussailles, dans les troncs d'arbres, dans les greniers, etc., dont une espèce est la *musette* de nos campagnes; quelques espèces sont aquatiques et vivent dans les ruisseaux; — le *hérisson* (*fig.* 12), qui vit dans des trous au pied des vieux arbres, sous la mousse, sous les pierres, etc., dont le corps est hérissé d'épines acérées, et qui se roule en boule lorsqu'on l'attaque.

Fig. 12. — *Hérisson.*

Ordre des rongeurs. — L'ordre des *rongeurs* est l'un des plus nombreux parmi les mammifères. Ils n'ont point de canines, mais des incisives en biseau à la mâchoire supérieure, en pointe ou en biseau à la mâchoire inférieure, se reproduisant à mesure qu'elles s'usent, et ils font mouvoir la mâchoire inférieure en avant et en arrière, ce que demande leur genre de mastication. Leur taille ordinaire est celle du rat. Ils sont essentiellement herbivores ou frugivores; quelques-uns cependant se nourrissent de matières animales et surtout d'insectes. Il en est qui amassent des provisions pour l'hiver dans les nids qu'ils se font ou dans les trous qu'ils se creusent; d'autres passent l'hiver engourdis, comme plusieurs espèces de l'ordre précédent.

Les principaux genres des rongeurs sont : l'*écureuil*, la *marmotte*, le *castor*, le *campagnol*, le *rat*, le *loir*, la *gerboise*, le *hamster*, le *porc-épic*, le *lièvre*, le *cochon d'Inde* et le *chinchilla*.

L'*écureuil*, au corps svelte et allongé, à la tête petite, aux oreilles droites, à la queue longue et bien fournie de poils, est un animal léger et gracieux, qui vit seul ou en troupes sur le sommet des arbres, qui entasse des noisettes pour l'hiver dans les trous ou les fentes de plusieurs troncs, qui s'élance de branche en branche, et dont une espèce du nord donne la fourrure appelée *petit-gris*. L'*écureuil volant* ou *polatouche* a de chaque côté un repli de la peau d'un membre à l'autre, ce qui lui permet de se soutenir dans l'air. — La *marmotte*, lourde et trapue, se trouve dans les Alpes et dans les Pyrénées. Elle se creuse un terrier où elle reste engourdie tout l'hiver. Elle s'apprivoise aisément et apprend à saisir un bâton, à danser, à obéir à la voix de son maître.

Le *castor* (*fig.* 13) vivait en troupes et se construisait sur l'eau, à l'aide de ses incisives, de ses pieds de devant et de sa queue en spatule, des cabanes en bois maçonnées avec solidité; mais, poursuivi par l'homme, il vit aujourd'hui solitaire dans un terrier. C'est un animal aquatique, nageant et plongeant pour trouver le poisson et les écrevisses qui font en partie sa nourriture.

Le *campagnol* est quelquefois aquatique et s'appelle *rat*

d'eau; mais il vit ordinairement en troupes dans les champs, coupant les blés pour avoir l'épi et dévastant nombre de cultures. Il pullule au point qu'on pourrait craindre pour les récoltes si la buse, le héron et d'autres ennemis ne lui faisaient une guerre de tous les instants.

Fig. 13. — *Castor.*

Le *rat* est de petite taille et omnivore. Parmi ses espèces on distingue le *rat ordinaire* ou *rat noir*, importé d'Amérique, qui se loge dans les greniers, d'où il ronge tout, n'épargnant ni le colombier, ni la basse-cour, ni les clapiers; — le *surmulot*, brun ou gris, importé de l'Inde en Angleterre et en France vers le milieu du dernier siècle, qui a fait au rat noir une guerre cruelle et s'est multiplié outre mesure, craignant peu les chats et n'ayant à redouter que certaines races de chiens; — la *souris*, gris-brun, quelquefois blanche ou tachetée, à l'odeur fétide, qui se creuse des galeries dans les vieux murs et ronge tout ce qu'elle rencontre; — le *mulot*, qui réside dans les champs et les forêts, où il fait d'énormes dégâts.

Le *loir* est un rongeur nocturne de petite taille, à forme svelte, au pelage soyeux d'un brun clair, et qui niche dans les forêts, où il se nourrit de faînes, de châtaignes, de noisettes, mais qui dévaste aussi les fruits de nos vergers. Il dort tout le jour et s'engourdit l'hiver. — Le *lérot*, une de ses espèces, habite nos jardins et nos maisons et se fait des magasins dans son terrier ou dans les trous des vieux arbres.

La *gerboise* ne se trouve pas en France; elle habite l'Égypte, la Syrie, l'Arabie et même les bords du Volga. Elle vit en troupes dans les terriers. Ses pieds de devant sont très courts; elle fuit avec rapidité en sautant sur les pieds de derrière et en s'appuyant sur sa queue. — Le *hamster* ou *marmotte de Strasbourg* vit l'hiver, dans son terrier, des provisions amassées et ne s'engourdit que par les froids rigoureux. Il se nourrit de substances végétales, de petits mammifères et d'oiseaux. — Le *porc-épic,* qu'on trouve en Italie dans les lieux déserts ou les coteaux pierreux, doit son nom aux piquants plus ou moins longs dont il est armé pour sa défense. Il dort l'hiver jusqu'au printemps. Sa chair n'est point mauvaise à manger.

Le *lièvre* est un animal doux et timide, qui saute plutôt qu'il ne marche, qui s'abrite dans les sillons et change souvent de gîte. La femelle s'appelle *hase*, et le jeune lièvre *levraut*. Ce rongeur dort le jour, prend ses ébats la nuit, et ne se nourrit que de feuilles, de racines, de fruits, de grains et de l'écorce des arbres. On le chasse pour sa chair ét aussi pour sa fourrure. — Le *lapin*, variété du lièvre, a le pelage moins fauve et plus varié, se creuse des terriers surtout dans les terrains sablonneux, a une nourriture identique à celle du lièvre, est recherché pour sa chair, qui est blanche, vit très bien dans les garennes ou en domesticité, et se multiplie en peu de temps au point d'obliger à le détruire.

Le *cochon d'Inde*, court et trapu, a été importé de l'Amérique méridionale en Europe, où il s'est naturalisé en domesticité. Il a une odeur fétide. On le mange, mais la chair en est fade. — Le *chinchilla,* petit rongeur qui habite en nombreuses familles certaines montagnes du Chili et du Pérou, est recherché pour sa peau d'un beau gris ondulé de blanc, l'une de nos plus belles fourrures.

Les rongeurs nous sont plus nuisibles qu'utiles. Cependant le lièvre et le lapin servent à l'alimentation; le castor donne sa peau pour faire des chapeaux et des gants, et quelques espèces, comme le chinchilla, sont recherchées pour leur fourrure.

CHAPITRE IX.

Embranchement des Vertébrés; suite des Mammifères.

Ordre des pachydermes. — Ordre des ruminants. — Ordre des édentés. — Ordre des cétacés. — Ordre des marsupiaux. — Ordre des monotrèmes.

Ordre des pachydermes. — L'ordre des *pachydermes* doit son nom à l'épaisseur de la peau chez les animaux qui le composent. Tous sont plus ou moins complétement frugivores : aussi la couronne des molaires est plate. Ce sont les plus grands animaux terrestres connus; mais si l'on en excepte le cheval, ils sont peu élégants dans leurs formes, parfois très singulières. La tête est grosse, les yeux petits, la gueule largement ouverte, le corps trapu et bas sur pattes, la peau nue, fendillée ou couverte de poils grossiers. Les uns ont un nez prolongé en une longue trompe préhensile; les autres ont le pied terminé par un doigt unique qu'enveloppe une substance cornée appelée *sabot;* d'autres enfin ont de deux à quatre doigts, parmi lesquels il en est souvent qui paraissent à peine : de là vient la division en trois sous-ordres, les *proboscidiens,* les *solipèdes,* les *pachydermes ordinaires.*

On range dans les *proboscidiens* les *mastodontes* et les *dinothériums,* genres fossiles dont on a réuni les squelettes complets, mais que l'on ne trouve plus vivants sur le globe.

Le seul genre qui existe encore est l'*éléphant* (*fig.* 14), le plus grand animal de nos jours, mesurant trois mètres et plus de hauteur et, de la tête à la queue, quatre mètres. Les doigts du pied sont engagés dans une peau épaisse et ne se distinguent que par les ongles qui ressortent. L'animal a huit molaires, qui servent à la mastication; elles s'usent en grosseur et en longueur et se remplacent jusqu'à huit fois. Les incisives manquent à la mâchoire inférieure; à la mâchoire supérieure, elles se développent au dehors

Fig. 14. — *Éléphant.*

et forment deux défenses qui ont jusqu'à trois mètres de longueur et dont la matière constitue l'ivoire. Entre les deux défenses, le nez se prolonge en une trompe cylindrique de trois mètres, garnie à son extrémité d'un petit appendice faisant les fonctions d'un doigt; l'animal peut attirer par aspiration les objets les plus petits, les saisir au moyen de l'appendice et en faire ce qu'il lui plaît. Avec sa trompe il peut aussi bien déraciner un arbre que défaire les nœuds d'une corde ou même écrire avec une plume. L'éléphant est essentiellement herbivore. Il vit en troupes de quarante à cent individus. Il se plonge volontiers dans l'eau, nage bien et se roule dans les endroits marécageux. Malgré sa taille et sa grosseur, il peut courir assez vite. Il est d'un caractère doux et ne luttant contre l'homme que pour se défendre. L'intelligence est chez lui aussi développée que les sens. Il est facile à apprivoiser : les anciens s'en servaient pour la guerre; de nos jours, les princes indiens s'en servent comme de monture ou de bête de trait et de somme; il peut porter mille kilogrammes l'espace de soixante kilomètres. On distingue l'***éléphant des Indes,*** à la tête oblongue, au front concave, ayant quatre doigts aux pieds de derrière, et l'***éléphant d'Afrique,*** à la tête ronde, au front convexe, n'ayant que trois doigts aux pieds de derrière et dont les défenses sont généralement plus longues. On trouve plusieurs autres espèces d'éléphants fossiles, parmi lesquelles l'*éléphant primigenius* de Cuvier.

Le sous-ordre des *solipèdes* comprend des animaux qui ont le pied enfermé dans un sabot corné, la jambe longue et fine, ce qui les rend propres à la course, le corps bien proportionné, musculeux et couvert de poils, la queue médiocrement longue et garnie de longs crins ou terminée par un flocon de poils, l'œil grand et saillant, l'oreille droite, pointue et mobile, six incisives à chaque mâchoire, six molaires de chaque côté, les canines nulles ou rudimentaires, et avant la première molaire un espace vide appelé *barre* où l'on met, dans les espèces apprivoisées, le mors destiné à les conduire. Tous sont frugivores; tous ont les sens très fins et l'intelligence très développée.

Les solipèdes n'ont qu'un genre, le *cheval*, qui comprend trois espèces principales : le *cheval*, l'*âne* et le *zèbre*.

Le *cheval* passe pour être originaire des grandes plaines du centre de l'Asie, d'où il a été importé comme animal domestique dans les contrées de l'ancien monde et plus tard du nouveau continent. La femelle s'appelle *jument* et le petit *poulain*. Les races de chevaux se sont singulièrement multipliées suivant l'éducation, le climat, la nourriture, etc. On se sert de ces animaux pour la course, le trait ou les transports. Leur rôle dans les armées est très connu.

L'*âne* vit encore à l'état sauvage ; on l'appelle *onagre* et il est un peu plus grand que l'âne domestique. Il a de longues oreilles et une croix noire sur les épaules. C'est un animal très patient, très sobre et très utile, moins léger à la course que le cheval, mais servant comme lui de monture et de bête de somme, et se fatiguant moins vite. — Le *mulet*, produit d'une jument et d'un âne ou d'un cheval et d'une ânesse, est plus svelte que l'âne et plus dur à la fatigue que le cheval ; il a aussi le pied plus sûr, ce qui le fait employer de préférence dans les courses à travers les montagnes. — Le *zèbre* (*fig.* 15), de la taille du cheval, est symétriquement rayé de bandes noires sur un fond blanc.

On le trouve dans l'Afrique orientale; on n'a jamais pu le rendre domestique.

Fig. 15. — *Zèbre.*

Le sous-ordre des ***pachydermes ordinaires*** a la peau épaisse, couverte de poils grossiers formant ce que l'on appelle des ***soies***, les membres courts et roides, les doigts enveloppés dans une sorte de sabot, deux caractères qui rendent la marche pesante, la mâchoire garnie de molaires nombreuses et d'incisives, mais pas toujours de canines, quelquefois une espèce de trompe, comme le tapir, ou bien un boutoir ou groin, comme le cochon. Ces animaux sont herbivores ou frugivores; le cochon seul est omnivore.

Les principaux genres des pachydermes ordinaires sont: l'***hippopotame***, grande et petite espèce, qui vit dans les rivières du centre et du midi de l'Afrique, ravage la nuit les plantations, se fait craindre par sa férocité, et est remarquable par sa masse informe et son cuir épais dépourvu de poils; — le *cochon*, à la tête longue et lourde, au cou ramassé, au corps couvert de soies, dont une espèce est le ***sanglier*** sauvage, qui s'appelle successivement, selon son âge, ***marcassin, ragot, solitaire***, et dont la femelle se nomme ***laie;*** une autre espèce est le ***porc*** ou ***cochon*** domestique, dont la femelle se nomme ***truie;*** le porc est employé à la recherche des truffes; — le ***rhinocéros*** (*fig.* 16), des contrées marécageuses de l'Asie et de l'Afrique, au naturel farouche et indomptable, et qui tire son nom de la corne solide qu'il porte sur le nez; — le ***tapir***, de l'Amérique méridionale, mais que l'on trouve aussi dans les Indes, de la taille d'un âne et remarquable par sa petite trompe.

Les pachydermes sont particulièrement utiles à l'homme pour la traction. Le cochon sert à l'alimentation; mais ce n'est point une nourriture toujours saine. La viande de cheval tend lentement à paraître dans nos marchés à côté de celle du bœuf. Le plus bel ivoire employé dans les arts provient des dents d'éléphant.

Fig. 16. — *Rhinocéros.*

Ordre des ruminants. — L'ordre des *ruminants*, très répandu dans l'ancien et dans le nouveau continent, comprend des animaux bien caractérisés par leurs quatre estomacs ou, pour mieux dire, par leurs quatre poches stomacales, ce qui leur permet de ruminer leur nourriture. D'autres caractères sont plus apparents et non moins marqués. Ainsi ils manquent ordinairement d'incisives supérieures et souvent aussi de canines supérieures; ils ont communément deux cornes à axes osseux ou deux bois qui se ramifient; le bras et la jambe ont les mêmes os que chez les autres mammifères, mais ce que l'on appelle vulgairement la jambe de l'animal est formé par l'os du métacarpe ou du métatarse allongé; les pieds n'ont que deux doigts engagés chacun dans un sabot, ce qui les a fait appeler fissipèdes, et derrière le sabot deux doigts rudimentaires. Tous sont herbivores et vivent en troupes. Si l'on en excepte le bœuf, tous sont légers de forme, grêles de jambes et par conséquent excellents coureurs.

On les divise en plusieurs sous-ordres: les *bovidés*, à cornes persistantes; les *cervidés*, à bois caducs; les *chevro-*

tains, qui n'ont pas de prolongements; les *caméliens*, qui ont sur le dos une ou deux bosses.

Les principaux genres du sous-ordre des *bovidés* sont : le *bœuf*, la *chèvre*, le *bouquetin*, le *mouton*, le *mouflon* et l'*antilope*.

Le *bœuf* a le corps et les membres épais, la queue terminée par un flocon de grands poils, un fanon ou repli de la peau inférieure du cou plus ou moins lâche, des cornes simples et coniques et un pelage généralement court. Tous les bœufs sont herbivores et vivent en troupeaux. On les rencontre également dans les différentes parties du globe. — Les principales espèces sont le *bœuf musqué*, à poils longs, à la chair d'un goût musqué, que l'on trouve près de la baie d'Hudson; — l'*aurochs* ou *ure*, qui n'existe aujourd'hui que dans les forêts de la Lithuanie, des Krapacks et du Caucase; — le *bison*, dont la tête, le cou et les épaules sont couverts de poils assez longs, et qui vit en troupes immenses dans les savanes de l'Amérique; — le *buffle*, aux cornes se portant sur les côtés et en arrière, qui habite l'Hindoustan et le Cap et qui cherche dans les rivières et les étangs un asile contre les chaleurs; — le *zébu*, qui se distingue par la bosse graisseuse ou les deux bosses qu'il porte sur le garot; — le *bœuf domestique* ou *taureau*, dont la femelle s'appelle *génisse* et *vache*, et les petits des *veaux*, dont les variétés peuplent les diverses contrées de l'Europe et de l'Asie. — L'homme s'est assujetti presque toutes ces espèces; mais partout où lui-même n'a pas multiplié, elles sont restées à l'état sauvage. Le bœuf est sans contredit le plus utile de tous les animaux; il sert comme bête de trait, et notamment pour le labourage. L'engrais qu'il fournit est le plus abondant de tous. Sa chair est un de nos aliments journaliers; son cuir alimente les tanneries; son poil donne la bourre employée par les bourreliers, les tapissiers, et par les maçons dans les crépis; sa graisse mêlée au suif du mouton se transforme en chandelles; sa corne sert à faire des peignes, des écritoires et autres ustensiles; son sang entre dans la préparation du bleu de Prusse et est employé à raffiner le sucre et l'huile de poisson; ses pieds fournissent de l'huile; la membrane intestinale desséchée constitue ce que l'on appelle la *baudruche;* enfin on tire de la colle forte de ses cartilages, de ses nerfs, des rognures de sa peau, etc. La vache nous donne son lait, dont on fait le beurre et le fromage.

La *chèvre,* dont le mâle s'appelle *bouc* et le petit *chevreau,* a le corps assez svelte, les jambes robustes, les oreilles généralement pointues, droites et mobiles, le menton ordinairement garni d'une barbe longue et épaisse et les cornes dirigées en haut et en arrière. On la redoute parce que, se dressant sur les jambes de derrière, elle ronge l'écorce des arbres et broute les jeunes bourgeons; mais en revanche elle nous donne sa chair, son lait, son suif, sa peau pour les gants et son poil pour certaines étoffes. — Les principales espèces sont l'*ægagre* ou *chèvre sauvage,* qui se tient sur les plus hautes montagnes de Perse; la *chèvre domestique,* qui vient de l'ægagre et qui constitue, suivant les pays, un assez grand nombre de variétés.

Le *bouquetin* vit à l'état sauvage dans les Alpes piémontaises, dans les Pyrénées, sur les cimes de l'Himalaya et de l'Altaï, sur celles du Caucase et des montagnes de la haute Égypte et de l'Abyssinie; il peut s'apprivoiser quand il est pris jeune. On le chasse pour sa chair, qui est estimée.

Le *mouton* ou *bélier* a des cornes qui s'abaissent en demi-cercle des deux côtés de la tête; la femelle, qui n'a pas de cornes, se nomme *brebis,* et ses petits sont les *agneaux.* La domestication du mouton se perd dans la nuit des premiers âges. On l'élève partout pour l'alimentation, mais aussi pour sa laine, plus ou moins belle selon les races, que l'on tond chaque année et que l'on tisse après l'avoir débarrassée par le lavage d'une sueur grasse appelée *suint,* destinée à la protéger contre les insectes. Sa fiente est un excellent engrais : aussi, après la récolte, on tient les troupeaux dans des parcs de bois en pleine campagne. Sa graisse, blanche et cassante, nous donne le suif; des intestins on fait des cordes à boyau, et les os ont les mêmes usages que ceux du bœuf. — Parmi les nombreuses races de moutons, on distingue la *brebis mérinos,* à laine longue et fine, originaire d'Espagne et importée dans presque toute l'Europe.

Le *mouflon,* connu des anciens, serait la souche de nos moutons domestiques; cependant il en diffère par ses cornes plus relevées au-dessus de la tête, par sa queue plus courte, par son pelage plus fauve, mais surtout par ses poils laineux et courts qui ne sont plus de la laine. Il ne quitte jamais les sommités des montagnes. — Les espèces sont : le *mouflon ordinaire,* qui habite la Sardaigne, la Corse et les montagnes de Turquie; — le *mouflon d'Afrique,* remarquable par une espèce de longue barbe; — le *mouflon d'Amérique,* aux formes plus sveltes, qui vit par troupes de vingt à trente individus; — le *mouflon d'Asie* ou *argali,* grand quelquefois comme un daim, très agile, vivant surtout dans les montagnes centrales de l'Asie et de la Barbarie.

L'*antilope* a le corps svelte, la jambe fine et déliée, les cornes relevées et droites, plus ou moins longues, quelquefois bifurquées, le pelage ordinairement ras et orné de couleurs assez vives. On en connaît de nombreuses espèces qui vivent les unes en troupes, les autres solitaires; les unes dans les plaines ou sur le bord des fleuves, les autres sur les cimes les plus hautes des montagnes. — Les espèces principales sont : la *gazelle,* à la taille élégante, aux yeux grands et doux, qui vit dans tout le nord de l'Afrique, en Arabie et dans le centre de l'Asie; — le *saïga* et le *chamois* ou *isard,* seules espèces européennes, la première qui se trouve dans les landes de la Pologne, de la Russie et de la Sibérie, la seconde, qui devient de plus en plus rare dans les Pyrénées et les Alpes, où on la chasse de crête en crête, malgré bien des dangers, pour sa graisse, sa chair et surtout pour sa peau, dont on fait des gants.

Le sous-ordre des *cervidés* se compose de ruminants à bois caducs ordinairement ramifiés; mais les femelles n'en ont pas. Ils sont herbivores, de taille généralement grande ou moyenne, paisibles et timides, vivant en troupes dans les forêts, les plaines, les contrées marécageuses. Il en est qui vivent en domesticité; il en est de sauvages; d'autres sont élevés pour la chasse. Tous ont une chair estimée.

Les principaux genres sont : l'*élan* ou *orignal*, dont le bois se termine par une vaste empaumure, animal de la taille d'un cheval, d'un pelage brun, qui ne se trouve que dans les contrées septentrionales de l'ancien et du nouveau continent; — le *renne*, qui se trouve surtout dans les contrées polaires, et que le Lapon élève en grands troupeaux comme animal de trait, se nourrissant de son lait et se servant de sa peau comme cuir ou comme fourrure; — le *cerf*, remarquable par l'élégance de ses proportions et la légèreté de ses formes, qui a pour espèce principale : le *cerf commun*, dont la femelle s'appelle *biche* et les petits des *faons*; — le *daim*, d'une taille plus petite; — l'*axis*, dont l'andouiller supérieur se développe en dedans, tandis qu'il se développe en arrière dans les espèces précédentes; — le *chevreuil*, encore plus petit que le daim, avec sa femelle la *chevrette*; — la *girafe* (*fig.* 17), des pays chauds de l'Afrique, qui se distingue des autres cervidés par la longueur de son cou et par ses cornes petites et fines qui ne tombent pas; mais d'autres caractères permettent de la ranger dans la même famille.

Fig. 17. — *Girafe.*

Les *chevrotains* forment un petit sous-ordre qui se distingue par l'absence complète de cornes. Ce sont les plus petits de tous les ruminants. On cite comme principaux genres : le *chevrotain*, d'une légèreté extraordinaire, qui habite les contrées les plus chaudes de l'Asie et de l'Afrique ; — le *musc*, qu'on trouve en Chine et dans l'Hindoustan, et qui sécrète à l'état solide le parfum qui porte son nom.

Le sous-ordre des *caméliens* renferme des animaux au pied fourchu, mais garni d'une semelle calleuse, ce qui leur permet la marche au milieu des sables. — Ce sous-ordre n'a que deux genres : le *chameau* et le *lama*.

Fig. 18. — *Chameau.*

Le *chameau* (*fig.* 18), le cheval, ou, comme disent les Arabes, le navire du désert, que Buffon appelle le trésor de l'Asie, est un animal domestique qui sert à l'Arabe de bête de somme. Il peut faire jusqu'à cinquante kilomètres par jour sous un soleil brûlant en portant cinq cents kilogrammes. On en distingue deux espèces : le *chameau*, qui porte sur le dos deux bosses, et le *dromadaire*, qui n'en a qu'une : ce sont deux pelotes énormes de graisse, que l'animal absorbe pour vivre quand il n'a pas sa ration ordinaire. Une cinquième poche stomacale lui permet de conserver ou de sécréter de l'eau : aussi peut-il rester jusqu'à dix jours sans boire. — Le *lama*, plus petit que le chameau, herbivore comme lui, mais n'ayant pas de bosses, et dont les doigts sont mieux séparés, se trouve surtout au Pérou et au Chili. Les espèces sont : le *lama*, la seule bête de somme des anciens Péruviens, dont la chair, le cuir et le poil sont estimés; l'*alpaca*, qui donne une laine fine et longue; la *vigogne*, qu'il faut poursuivre sur les crêtes des Andes et dont la laine sert à fabriquer des tissus recherchés.

En résumé, l'ordre des ruminants est le plus utile à l'homme. Presque tous servent à sa nourriture par leur chair et quelques-uns par leur lait. Beaucoup d'entre eux sont des bêtes de trait ou de somme. Leur laine, leur peau est souvent recherchée. On en tire encore d'autres produits précédemment énoncés qui fournissent aux besoins journaliers de la vie.

Ordre des édentés. — L'ordre des *édentés* doit son nom à ce que les animaux qui le composent ou n'ont point de dents ou manquent tantôt d'incisives, tantôt d'incisives et de canines. Ils vivent de végétaux, d'insectes ou de chair putréfiée.

Les principaux genres sont : le *paresseux*, aux deux espèces, l'*unau* et l'*aï*, que l'on a rangés souvent parmi les singes; — le *tatou* (*fig.* 19), dont le dos est garni d'une mosaïque de derme endurci et ossifié en forme de cuirasse; — le *fourmilier* d'Amérique, qui n'a pas de dents, mais qui plonge dans les fourmilières sa langue enduite d'un suc visqueux et la retire chargée de fourmis dont il fait sa proie; — le *pangolin*, qui vit aussi de fourmis, mais dont le corps est revêtu d'écailles fortes et nombreuses. — A cet ordre se rattache le *mégathérium* fossile.

Fig. 19. — *Tatou.*

Ces animaux ne sont d'aucune utilité pour les usages de l'homme.

Ordre des cétacés. — L'ordre des *cétacés* comprend les plus grands animaux que l'on connaisse. Tous vivent dans la mer; mais ils ont la respiration pulmonaire, et il faut qu'ils viennent à la surface respirer l'air nécessaire à leur vie. Ils n'ont que les membres thoraciques, transformés en nageoires; les membres abdominaux se retrouvent à un état rudimentaire dans leur queue toujours horizontale et d'une force à ébranler un navire. Les uns ont des dents et vivent des plantes qui croissent au fond de la mer; chez les autres, qui vivent de petits crustacés, de mollusques, de harengs, etc., les dents sont remplacées par de grandes lames transversales d'une corne fibreuse, élastique et frangée sur ses bords, que l'on appelle *fanons :* ces organes tamisent les poissons engloutis dans leur vaste gueule, et l'eau est rejetée au dehors par une ou deux ouvertures, nommées *évents,* qui se trouvent à la partie supérieure de la tête. Sous la peau est une couche plus ou moins épaisse de graisse, dont on fait de l'huile. Les peuples du nord se nourrissent de la chair des cétacés.

L'ordre des cétacés se divise en deux sous-ordres, les *cétacés herbivores* et les *cétacés proprement dits.*

Le premier a pour genres : le *lamantin*, que l'on croit être le triton, la sirène, la néréide des anciens, mais qu'on ne trouve plus qu'au Sénégal et dans l'Amérique méridionale; — le *dugong,* qui pourrait être aussi la sirène des anciens, d'autant plus qu'on le trouve dans la mer Rouge; — le *stellère,* que l'on rencontrait en grandes troupes près des îles Kouriles et Aléoutiennes; les Américains en mangeaient la chair et employaient la peau pour faire des semelles, des ceintures, même des nacelles.

Le second se subdivise en trois familles, les *dauphins,* les *cachalots* et les *baleines,* qui se distinguent des herbivores par l'absence complète de cou et par leurs évents. — Les principaux genres sont, parmi les dauphins : le *dauphin,* sur lequel les Romains et les Grecs ont raconté tant de fables; le *marsouin,* qui remonte quelquefois nos rivières; le *narval,* qui a jusqu'à six mètres, avec une seule défense presque aussi longue que le corps; — parmi les cachalots : le *cachalot*, qui a jusqu'à vingt-huit mètres de long et dix-sept de circonférence, dont la tête énorme renferme la substance appelée ***blanc de baleine***, et qui sécrète l'ambre gris, employé en médecine ou comme parfum cosmétique; — parmi les baleines, qui ont seules deux évents (*fig.* 20): la *baleine jubarte*, qui vit en troupes dans le Groenland ; — la ***baleine franche***, timide et inoffensive, refoulée aujourd'hui dans les glaces du nord, qui peut avoir vingt-cinq mètres de long et fournir cent vingt tonneaux d'huile.

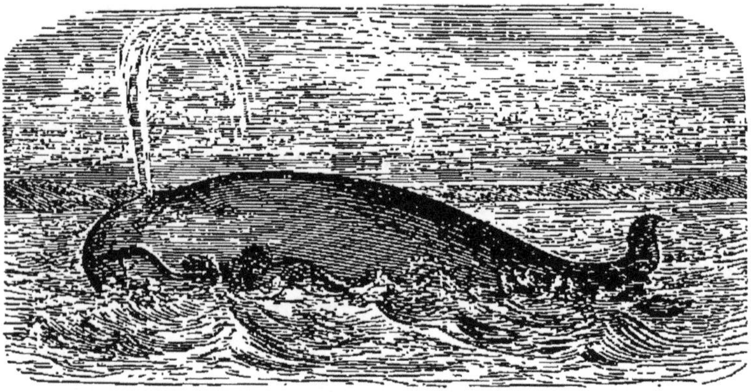

Fig. 20. — *Baleine.*

Les cétacés ont de grandes utilités. De nombreux navires partent chaque année à la pêche de la baleine, du cachalot et des autres cétacés pour avoir leur huile, employée dans l'industrie, les fanons dont on fait les baleines, le blanc de baleine ou spermacéti, l'ambre gris et les défenses du narval. Quand l'eau projetée par les évents a trahi la présence d'une baleine, un pêcheur va avec prudence lui lancer un harpon auquel est attachée une corde qu'elle entraîne, puis un second et un troisième harpon quand elle revient respirer à la surface de l'eau, et enfin on la frappe avec des lances jusqu'à ce qu'elle meure et on l'amarre au vaisseau. Mais tant qu'elle vit, il faut éviter les coups de sa terrible queue. La baleine cherche à échapper par la fuite; au contraire, le cachalot se défend et les autres accourent, pour le secourir, autour du navire de pêche.

Ordre des marsupiaux. — L'ordre des *marsupiaux* comprend des animaux de taille différente, tantôt carnassiers, tantôt herbivores, qui se distiguent par une poche où leurs petits trouvent un asile.

Les principaux genres sont : le *sarigue*, carnassier nocturne, à l'odeur fétide, et le *kangourou*, originaire de l'Océanie, dont les membres antérieurs sont très courts et les membres postérieurs très longs : aussi marchent-ils moins qu'ils ne sautent, et ils peuvent même prendre un point d'appui sur leur queue. Ils ne sont pour l'homme d'aucune utilité.

Ordre des monotrèmes.—L'ordre des *monotrèmes* ne renferme que deux genres de l'Australie : l'*ornithorynque*, à bec de canard, nageant avec facilité, et l'*échidné*, au museau allongé en forme de bec, au corps recouvert de piquants comme le hérisson. Ils ne sont d'aucune utilité pour l'homme.

CHAPITRE X.

Embranchement des Vertébrés : les Oiseaux.

Classe des oiseaux. — Caractères des oiseaux. — Classification des oiseaux. — Ordre des rapaces. — Ordre des passereaux. — Ordre des grimpeurs.

Classe des oiseaux. — Les *oiseaux* sont des animaux vertébrés ovipares, à sang chaud, qui ont la circulation double et complète, la respiration aérienne et double, les membres antérieurs en forme d'ailes et la peau garnie de plumes.

Caractères des oiseaux. — Le *squelette* des oiseaux diffère en bien des points de celui des mammifères. D'abord la mâchoire inférieure, au lieu de s'articuler directement au crâne, est suspendue à un os mobile qui se rattache au temporal, et que l'on nomme *os tympanique* ou *carré*. Le condyle unique qui réunit la tête à la colonne vertébrale est disposé de telle manière que l'animal peut retourner complétement la tête en arrière. Les vertèbres cervicales, très mobiles, peuvent se recourber gracieusement en S et se développer rapidement pour que l'oiseau saisisse sa proie. Les côtes ont chacune une apophyse qui se dirige en arrière comme pour s'appuyer sur la côte suivante. Le sternum est très développé; il constitue au devant du thorax et de l'abdomen une sorte de bouclier auquel s'attachent les muscles des ailes; ordinairement il présente extérieurement sur sa longueur médiane un relèvement nommé *bréchet*, qui ajoute encore à la puissance des mouvements musculaires.

Les *membres postérieurs* ou *pattes* sont destinés à soutenir le corps et à assurer la marche. La hanche, très développée, est soudée avec les vertèbres lombaires; la cuisse est courte et droite; le péroné se soude inférieurement au tibia; le tarse et le métatarse se développent en un seul os qui fait suite à la jambe. Les doigts sont généralement au nombre de quatre, trois en avant, un en arrière; mais chez les grimpeurs ils sont opposables deux à deux. Chez les oiseaux coureurs, la patte est longue et robuste; chez les oiseaux de rivage, longue et grêle; chez les oiseaux de proie, courte mais forte, et le pied, que l'on appelle *serre*, armé d'ongles aigus et recourbés; chez les oiseaux nageurs, la patte est *palmée*, c'est-à-dire que les doigts sont réunis par une membrane de manière à constituer une espèce de rame.

Les *membres antérieurs* de l'oiseau sont les ailes, admirablement disposées pour le vol. L'omoplate est étroite, très allongée parallèlement à l'épine dorsale et s'appuyant fortement sur le sternum, d'une part au moyen de l'*os* dit *coracoïdien*, et ensuite par la *fourchette*, composée des deux clavicules qui se soudent généralement à leur extrémité en forme de V, la pointe s'attachant au bréchet.

L'humérus, le cubitus et le radius n'ont rien de remarquable, si ce n'est que les deux derniers ne peuvent pas tourner l'un sur l'autre et sont d'autant plus longs que le vol doit être plus puissant.

Les poils des mammifères sont remplacés chez les oiseaux par les *plumes*, appendices de nature cornée, naissant chacun d'un organe sécréteur appelé capsule et composé d'une *tige* et de *barbes* qui ont elles-mêmes des rangées de *barbules*. La forme des plumes est variable. Le corps, chez le jeune oiseau, est couvert de plumes très courtes destinées à concentrer la chaleur : c'est le *duvet*, qui persiste pendant toute la vie dans les espèces du nord. A l'extérieur s'imbriquent en forme de tuiles les plumes de la *livrée* ou *robe*, qui brillent souvent des couleurs les plus éclatantes, surtout chez les mâles; il en est d'une souplesse extrême qui ressemblent à un simple duvet comme les marabouts de certaines cigognes; d'autres, mais plus rarement, ressemblent à des piquants de porc-épic, comme certaines plumes du casoar. Quelquefois des plumes s'allongent sur la tête en aigrette, sur les côtés de la tête en oreilles, sous le cou en fanons, sur les flancs en parures. Les grandes plumes des ailes et de la queue s'appellent *pennes* : les pennes caudales servent de gouvernail, ce sont les *pennes rectrices;* les pennes des ailes sont les *rémiges*, parce que ce sont les rames de l'oiseau. La distance entre l'extrémité des rémiges, quand les ailes sont déployées, se nomme *envergure;* elle est d'autant plus grande que l'oiseau est meilleur voilier : chez l'aigle elle est de trois mètres; chez le condor, de plus de quatre mètres.

Chez les oiseaux, les mâchoires se projettent en bec composé de deux mandibules différentes de forme suivant les espèces, et qui n'ont jamais de dents. La langue est tantôt épaisse et charnue, tantôt sèche, triangulaire et cartilagineuse, tantôt armée de crochets ou de dentelures. L'œsophage fait successivement passer les aliments par trois estomacs : le *jabot*, espèce de poche qui n'existe pas toujours, où ils s'accumulent; le *ventricule succenturié*, moins volumineux que le jabot, où ils s'imprègnent de suc gastrique; le *gésier* enfin, appareil masticateur armé, suivant le besoin, de muscles puissants qui les triturent et en déterminent la chymification.

La circulation double de l'oiseau se fait dans les mêmes conditions que chez le mammifère. Des vaisseaux lymphatiques conduisent aussi les produits de la digestion dans deux canaux thoraciques qui les versent à leur tour de chaque côté dans les veines jugulaires. Le sang est plus riche en globules que celui des mammifères.

Les oiseaux sont de tous les animaux ceux qui ont la respiration la plus active. On dit que leur respiration est double; car non-seulement le sang veineux se trouve en contact avec l'air dans les poumons, comme chez les mammifères; mais les poumons sont percés à leur surface inférieure de plusieurs ouvertures qui conduisent l'air dans de grandes cellules membraneuses situées entre les divers organes et notamment vers les ailes : or le sang veineux se trouve ainsi en contact avec l'oxygène, en passant à travers certains vaisseaux capillaires. L'air pénètre même jusqu'à l'intérieur des os, surtout chez les grands voiliers, de manière à diminuer leur pesanteur spécifique et par conséquent à faciliter leur vol.

Le tact et le goût sont peu développés chez les oiseaux. Suivant certains auteurs, l'odorat serait presque nul, l'ouïe, au contraire, assez fine. Quant à la vue, tout le monde convient qu'elle a une sûreté et une étendue plus grande que chez les mammifères, l'appareil en étant plus parfait. L'œil a même une troisième paupière verticale et semi-transparente qui peut le recouvrir en totalité.

Beaucoup d'oiseaux peuvent émettre des sons, et certaines espèces les moduler en forme de chant. L'appareil qui les produit est un second larynx situé à l'extrémité inférieure de la trachée-artère. Il se compose d'une espèce de tambour osseux, divisé intérieurement par une membrane semi-lunaire et communiquant par en bas avec deux glottes qui terminent les bronches et qui sont pourvues de deux lèvres ou cordes vocales. Des muscles s'attachent aux divers anneaux et tendent plus ou moins les membranes de chacun d'eux.

Le système nerveux offre quelques particularités. Dans le cerveau, les hémisphères cérébraux n'ont point de circonvolutions, comme en a le mammifère. La moelle épinière est très longue et se renfle à l'origine des nerfs qui font mouvoir l'aile et la patte. Les muscles que les nerfs mettent en jeu, et qui se rattachent au sternum par une extrémité, ont une énergie considérable : d'un coup d'aile, un cygne pourrait casser la jambe d'un homme. Une disposition particulière permet à l'oiseau de rester debout ou perché sans fatigue pour les muscles. Chez les oiseaux à longues pattes, une saillie du tibia s'emboîte dans un creux inférieur du fémur, en sorte que la patte reste étendue et rigide sans qu'aucun muscle soit contracté, comme chez l'homme et les mammifères. De même l'oiseau reste facilement en équilibre sur une branche. Les muscles fléchisseurs des doigts passent sur les articulations du genou et du talon; lors donc que le corps s'affaisse, ces muscles, contractés par les cuisses et les jambes, tirent nécessairement les tendons des doigts et leur font serrer, sans qu'il soit besoin d'aucun effort, la branche sur laquelle l'oiseau s'est posé.

Tous les oiseaux sont *ovipares*. La ponte a lieu une ou deux fois par an. L'aigle ne pond guère qu'un ou deux œufs, la caille en pond quinze ou vingt; mais en domesticité la fécondité est plus grande. Certaines espèces déposent leurs œufs dans le sable; plus ordinairement les oiseaux se construisent un nid, et la femelle couve ses œufs, l'oiseau-mouche douze jours, le serin douze à quinze jours, la poule vingt et un jours, le canard vingt-cinq. Rien n'est plus admirable que la manière dont chaque espèce se construit un nid d'après un modèle toujours le même, et avec toutes les précautions de la prudence pour la sûreté de la couvée. Tantôt il est placé à terre, tantôt contre les flancs d'un rocher ou soit contre les parois, soit dans les trous d'un mur; plus souvent encore il est caché entre les branches des arbres. Le corps du nid est composé de petites tiges flexibles maçonnées avec de la terre que l'oiseau délaye de sa salive. Souvent il est fermé de toutes parts, sauf une étroite entrée. Un oiseau de l'Inde le fait en poire et le suspend par la pointe à une branche flexible, l'entrée étant placée en dessous; un autre coud les feuilles avec du coton et cache ainsi le berceau à ses ennemis. A l'intérieur, presque tous les oiseaux garnissent le nid de substances molles ramassées çà et là, ou même du duvet qu'ils arrachent de leur poitrine. Tantôt le père et la mère couvent ensemble; tantôt la femelle reste seule accroupie sur ses œufs, tandis que le mâle chante auprès d'elle et veille avec sollicitude à ses besoins. Quelquefois aussi elle est complétement abandonnée à elle-même. C'est elle seule qui fait éclore sa couvée par une incubation constante, elle qui la couvre encore de ses ailes quand les petits sont éclos, elle qui va chercher leur nourriture et la leur apporte dans son bec ou dans ses serres, elle qui les soigne et les défend au besoin dans leur berceau, elle enfin qui surveille et dirige leur premier vol.

Un instinct non moins grand que celui de la famille porte certaines espèces à émigrer chaque année pour trouver une température ou une nourriture qui leur convienne. Ainsi les canards du nord viennent passer l'hiver dans nos climats pour échapper à un froid trop vif; ainsi l'hirondelle et la caille viennent au printemps construire chez nous leur nid et repartent en automne pour l'Afrique, où elles passent l'hiver. En France, même à Paris, le départ et l'arrivée des hirondelles ont été plus d'une fois observés. On les voit au départ se rassembler en troupes, ne laissant derrière elles que celles qui, nées trop tard, n'ont pas encore l'aile assez forte pour le voyage. Certains naturalistes prétendaient qu'elles allaient passer l'hiver plongées sous l'eau, pelotonnées ensemble et engourdies; erreur dont la science moderne a fait justice.

Ce qui n'est pas moins curieux, c'est la sûreté avec laquelle l'oiseau s'oriente pour retrouver son nid. En attachant à leur patte un ruban par exemple, on a constaté dix-huit ans de suite le retour d'un couple d'hirondelles au nid qu'il avait quitté chaque automne. L'homme a fait de cet instinct chez les pigeons un usage bien connu. On transporte un de ces oiseaux loin de sa couvée; dès qu'on le rend à la liberté, il y retourne à tire d'aile malgré la distance, emportant avec lui le message qui lui est confié.

Classification des oiseaux. — Buffon supposait au plus deux mille espèces d'oiseaux : on en connaît aujourd'hui plus de sept mille. Cuvier les a divisés en six ordres, prenant pour caractère principal la conformation du bec et des pattes, savoir : les *rapaces*, les *passereaux*, les *grimpeurs*, les *gallinacés*, les *échassiers* et les *palmipèdes*.

Ordre des rapaces. — Les *rapaces* ou *oiseaux de proie* comprennent des espèces au vol puissant, d'une taille généralement grande, d'une force musculaire remarquable, essentiellement carnivores, vivant les uns par paires, les autres en bandes nombreuses. Le bec est robuste, quelquefois dentelé sur les bords; la mandibule supérieure est recourbée en pointe, de manière à déchirer la proie vivante ou morte. Les doigts sont tous divisés, trois en avant, un en arrière; ils sont armés d'ongles ou serres puissantes, acérées et rétractiles.

Les rapaces se divisent en deux sous-ordres, suivant qu'ils chassent le jour ou la nuit : les *diurnes* et les *nocturnes*.

Les *rapaces diurnes* ont pour genres : le *vautour*, au cou long et dénudé, garni à sa base d'un collier de duvet ou de plumes, oiseau lâche et vorace qui ne s'attaque qu'aux petits animaux et se repaît souvent de cadavres ; — le *condor des Andes*, au plumage noir grisâtre et blanc, qui a quatre mètres d'envergure; — le *gypaëte*, noir en dessus, fauve en dessous, qui se jette même sur les enfants; — la *buse*, grosse comme une poule, au plumage brun-roux mêlé de blanc, au cri aigu, commune dans nos forêts et nos campagnes; — l'*aigle* (*fig.* 21), roi des oiseaux, à la jambe emplumée, à la robe brun noirâtre, ayant jusqu'à trois mètres d'envergure, qui transporte dans son nid ou aire, construit au milieu des rochers, les lièvres, les faons, les agneaux, etc., et qui s'attaque même à de plus grands animaux, mais pour les dévorer sur place; — le *faucon*, le plus courageux et le plus agile des rapaces, dont le corps effilé varie d'une petite grive à une grosse poule, qui a souvent le dessous du cou, la poitrine et le ventre d'un blanc sale, l'un des plus grands destructeurs de gibier; — le *milan*, aux ailes très longues, aux tarses courts, faisant sa proie des animaux faibles, mais fuyant même l'épervier et craignant jusqu'au corbeau; — l'*autour*, dont le mâle se nomme *tiercelet*, et l'*épervier*, son sous-genre, au plumage rayé, au vol impétueux et rapide.

Fig. 21. — *Aigle*.

Les *rapaces nocturnes* ont des yeux gros, à fleur de tête, dirigés en avant; une tête grosse et arrondie, avec une aigrette; les jambes garnies de plumes; le plumage épais, soyeux, de couleur sombre et comme moucheté. Ils chassent au crépuscule ou la nuit et restent cachés tout le jour. — Les principaux genres sont : le *grand-duc*, tacheté de raies brunes; — le *hibou*, à la double aigrette latérale, qui fait sa ponte dans les nids des autres oiseaux; — la *chouette* et le *chat-huant*, au cri triste et monotone; — l'*effraie*, qui vit dans les tours et les clochers, et dont le cri nocturne est regardé par le paysan superstitieux comme un présage de mort.

Les rapaces sont utiles à l'agriculture en détruisant les rats, les mulots, les insectes et les reptiles; mais ils lui nuisent en n'épargnant pas les petits oiseaux qui font aux insectes une guerre si rude. Au moyen âge on élevait et on dressait pour la chasse certains oiseaux de proie : c'était l'art de la fauconnerie, si estimé des princes. Les grandes espèces de faucons, le faucon pèlerin, le gerfaut, le lanier, servaient à la chasse du héron, de la cigogne, du milan et du lièvre : on les appelait oiseaux nobles; les petites espèces, l'émerillon, le hobereau, avec l'autour et l'épervier, étaient employées à chasser le faisan, la perdrix, la caille et l'alouette. Le faucon dressé était porté sur le poing, la tête chaperonnée. Dès qu'on lui rendait la vue, il partait verticalement à une grande hauteur, retombait comme la foudre sur le gibier qu'il avait aperçu et revenait prendre sa place sur le poing du chasseur.

Ordre des passereaux. — Les *passereaux* sont de petite et de moyenne taille. Ils ont le corps svelte, l'aile et la jambe de moyenne grandeur, la patte grêle, munie d'ongles faibles, trois ou quatre doigts en avant, un en arrière. Les uns sont insectivores, les autres granivores. Leur plumage est tantôt sombre, tantôt brillant et nuancé des plus vives couleurs. A cet ordre appartiennent les oiseaux chanteurs et presque tous les oiseaux de passage.

Le nombre des passereaux est immense. On les a divisés, d'après la conformation du bec, en cinq familles : les *dentirostres*, les *fissirostres*, les *conirostres*, les *ténuirostres* et les *syndactyles*, suivant qu'ils ont le bec dentelé, fendu, conique, effilé, ou que le doigt externe est uni à celui du milieu.

Les *dentirostres* sont caractérisés par un bec dentelé dans toute sa longueur ou échancré à son extrémité. Ils sont tous insectivores. — Parmi les différents genres, les uns comprennent des oiseaux chanteurs : le *rossignol* (*fig.* 22), surnommé le héraut du printemps, parce que c'est au printemps qu'il enchante les bois de ses mélodies éclatantes et variées; — la *fauvette*, qui a dans le chant moins de force, mais plus de douceur; — la *grive*, recherchée

Fig. 22. — *Rossignol.*

des gourmets, surtout quand elle s'est engraissée dans les vignes; — le *rouge-gorge,* à la chair délicate; — le *merle,* dont une espèce, le *merle de Corse,* est un bon gibier. — D'autres sont remarquables par leur couleur : le *loriot,* au plumage d'un beau jaune souvent tacheté de noir, qui passe l'été chez nous; — le *merle de roche,* qui a la tête bleue, le dos noir, le reste d'un roux ardent; — le *cotinga,* de l'Amérique méridionale, qu'on trouve dans nos volières, à la robe d'un magnifique bleu d'outre-mer. — A cette famille appartiennent encore : la *mésange,* aux diverses espèces, grimpant autour des arbres pour y chercher sa proie; — le *roitelet,* le plus petit de nos oiseaux, qui a sur la tête des plumes d'un jaune vif brillant; — la *bergeronnette,* si commune l'été dans nos campagnes; — le *martin,* qui fait à la même époque la guerre à nos sauterelles; — le *fourmilier,* au bec long, que ne dédaigne pas le chasseur et dont une seule espèce est européenne; — le *gobe-mouche,* dont une espèce est le *bec-figue,* nom sous lequel on range comme gibier le *bec-fin*, la *fauvette, etc.;* — la *pie-grièche,* oiseau voyageur, qui se rapproche des carnivores par le courage avec lequel il combat les pies, les corneilles, etc., et parce que, aimant de préférence la chair, il dévore les petits oiseaux.

Les *fissirostres* ont le gosier large, le bec court, légèrement crochu et fendu profondément; ils happent tous leur proie en volant. — Les genres principaux sont : l'*engoulevent* ou *tette-chèvre,* de la taille d'une grive, qui fréquente les parcs de chèvres et de moutons, d'où la croyance erronée du paysan que l'oiseau tette les chèvres; — l'*hirondelle,* à la queue fourchue, et le *martinet,* qui n'en diffère que par la longueur des ailes, oiseaux voyageurs qui reviennent tous les ans maçonner au printemps leur nid contre nos maisons et quelquefois même à l'intérieur; une espèce d'hirondelle appartenant aux îles Moluques, la *salangane,* construit son nid avec des algues sucrées, dont les Chinois sont très friands.

Les *conirostres* ont un bec fort, plus ou moins conique, ce qui leur a donné leur nom, et n'ayant aucune échancrure. — La plupart des genres de cette famille sont composés d'oiseaux chanteurs ou de volière; beaucoup sont exotiques; quelques espèces sont voyageuses. On trouve partout dans nos campagnes le *bouvreuil*, au dos cendré, au ventre rouge tendre, à la tête et aux ailes noires; — la *linotte,* aux couleurs variées, qui vit de graines de lin et de chanvre; — le *chardonneret,* au dos brun, aux ailes noires et jaunes, avec le ventre blanc; — le *pinson*, aux couleurs variées, aux mouvements aussi vifs que le chant; — le *verdier* et le *bruant,* à la robe vert jaunâtre; — l'*ortolan,* si recherché des gourmets, espèce de bruant qui se trouve dans le midi de la France. — Dans nos volières vivent : le *serin,* nombreux d'espèces et de variétés, qui nous est venu des Canaries en changeant contre le jaune ses couleurs primitives; — le *sénégali*, de Madagascar, au chant harmonieux, mais aux couleurs peu riches; — le *bengali,* des Indes, et le *tangara,* d'Amérique, plus remarquables par leur parure; — le *cardinal*, aux flancs sanguins, à l'intérieur des ailes d'un rouge de chair. — Autour de nous pullulent : le *moineau*, facile à apprivoiser, et qui rachète le dommage qu'il cause aux grains par la destruction qu'il fait des insectes et des chenilles; — le *geai*, aux plumes de la tête érectiles, aux ailes parées de quelques plumes d'un beau bleu; — la *pie,* au plumage blanc et noir, si babillarde et dérobant tout ce qui brille; — le *corbeau*, au croassement rauque et discordant; — le *freu*, aux reflets pourpres et violets; — la *corneille,* tantôt d'un noir foncé, tantôt d'un gris cendré. — Nommons encore le *gros-bec,* au plumage marron, aux pieds couleur de chair;

— l'*étourneau* ou *sansonnet*, oiseau voyageur, aux couleurs variables, qui donne dans tous les piéges.

Les *ténuirostres* ont un bec grêle, allongé, sans échancrure, tantôt droit, tantôt plus ou moins arqué. — Cette famille comprend des genres remarquables par la beauté de leurs plumes et de leurs couleurs : l'*oiseau de paradis* ou *paradisier* (*fig.* 23), de la Papouasie, dont les flancs sont ornés de plumes magnifiques et la queue de deux longs filets, ce qui en fait une des plus belles parures ; — l'*oiseau-mouche* ou *colibri*, de l'Amérique tropicale, qui vit de petits insectes et du suc des fleurs, aux admirables reflets métalliques.

Fig. 23. — *Oiseau de paradis.*

On distingue encore parmi les genres indigènes : le *grimpereau*, qui s'aide de sa queue pour grimper sur des murs verticaux en cherchant les insectes dont il se nourrit ; — le *merle d'eau*, qui flotte entre deux eaux les ailes étendues en poursuivant les insectes aquatiques ; — la *lavandière*, au corps effilé, à la queue longue, qui poursuit les insectes dont elle fait sa proie le long des cours d'eau et autour des laveuses, ce qui lui fait donner son nom ; — l'*alouette*, enfin, aux espèces et variétés nombreuses, ce musicien de la campagne au chant joyeux, perçant et vif, qui émigre l'hiver, mais non pas complétement, et que l'on prend au filet ou au miroir pour la servir sur nos tables sous le nom de *mauviette*.

Les *syndactyles* ont le doigt du milieu uni au doigt externe, presque aussi long que lui, jusqu'à la troisième articulation, et à l'interne, plus court, jusqu'à la première. — Cette famille renferme des genres remarquables par la beauté des couleurs : le *coq de roche*, au plumage orangé, l'un des plus beaux oiseaux de l'Amérique méridionale; — le *todier* ou *perroquet de terre*, de l'Amérique méridionale et des Antilles, à la belle robe verte, au bec effilé, qui cherche sa proie sous l'écorce des arbres et entre les herbes; — le *martin-chasseur*, de l'Afrique méridionale et de l'Océanie, au plumage bleu d'azur, avec une calotte vert doré et des rémiges noires; — le *martin-pêcheur* ou *alcyon*, au plumage nuancé de bleu, de vert et de pourpre, qui enlève les poissons en rasant l'eau de son aile rapide; — le *rollier*, à l'extérieur de geai, dont la tête est d'un bleu clair à reflets verts, le dos fauve, les ailes d'un bleu violet et la partie inférieure d'un bleu aigue-marine.

Parmi les passereaux, il en est qui charment l'oreille par leur chant et la vue par la richesse de leur plumage. Quelques-uns, comme l'alouette, le merle, l'ortolan, se servent sur nos tables. Ceux d'entre eux qui se nourrissent d'insectes sont utiles à l'agriculture, dont ils protégent ainsi les semences.

Ordre des grimpeurs. — L'ordre des *grimpeurs* a pour caractère principal deux doigts disposés en avant, deux en arrière, les antérieurs étant réunis à leur base par une membrane. Il en résulte que les oiseaux qui en font partie peuvent grimper sur le tronc des arbres avec facilité, les uns s'aidant de leur bec, les autres de leur queue. Presque tous sont parés de couleurs brillantes qui les font rechercher dans les volières; ils n'ont point d'autre utilité. Tous sont insectivores ou frugivores.

Les grimpeurs se divisent en deux sous-ordres : les *préhenseurs* et les *grimpeurs proprement dits*.

Les *préhenseurs* sont ainsi appelés de ce qu'ils emploient leurs pattes pour saisir et retenir leurs aliments. Tous des pays chauds, ils sont toujours parés des plus brillantes couleurs, mais sans reflets métalliques; souvent ils ont de belles huppes ou aigrettes. La langue est épaisse, charnue et arrondie, le larynx inférieur assez développé, ce qui les rend généralement propres à imiter tous les sons et même la voix humaine.

Fig. 24. — *Perroquet.*

Les genres les plus remarquables sont : l'*ara*, de l'Amérique septentrionale, au cri aigre et fatigant, mais dont les plumes sont colorées de bleu, de vert, de jaune d'or, de rouge; — le *perroquet* (*fig.* 24), aux nombreuses espèces, toutes des contrées chaudes, tantôt unicolore, tantôt varié de vert, de rouge, de bleu, de jaune, de gris et de blanc; — la *perruche,* qui a la queue longue et le plumage d'un beau vert nuancé de noir et de rouge; — le *cacatoès,* des Moluques et de l'Australie, d'un beau blanc nuancé de rouge avec une huppe blanche.

Les *grimpeurs proprement dits* ont le bec droit et une langue effilée et conique qu'ils peuvent replier à l'intérieur et développer avec une grande rapidité. La queue est souvent composée de pennes roides et élastiques, mais courtes et concaves, dont ils se servent dans leur ascension comme d'un point d'appui. — Les principaux genres sont : le *pic*, qui frappe l'arbre de son bec et va saisir de l'autre côté la proie qui voudrait fuir; il a pour espèces le *grand pic*, noir et blanc, et le *pivert*, chez qui se mélangent le rouge, le vert olive, le jaune et le vert pâle; — le *coucou*, au cri bien connu, qui varie du blanc jaunâtre au verdâtre, qui pond à terre, prend son œuf dans son bec et le porte dans le nid de certains oiseaux, les chargeant ainsi de le couver à sa place. — Au même sous-ordre appartiennent : l'*indicateur*, de l'Amérique méridionale, qui, par son cri et par son vol, conduit l'homme aux ruches des forêts, et le *toucan*, aux riches couleurs, mais au bec difforme et disproportionné, à la langue singulièrement disposée en forme de plume.

CHAPITRE XI.

Embranchement des Vertébrés : suite des Oiseaux.

Ordre des gallinacés. — Ordre des échassiers. — Ordre des palmipèdes.

Ordre des gallinacés. — Les *gallinacés* sont granivores et volent mal. Leur bec est médiocre, renflé en dessus, ayant sa base revêtue d'une peau nue ou cire. Le port est lourd, les ailes courtes, le jabot est très large, le gésier très musculeux. Les gallinacés ne perchent guère, ne nichent pas sur les arbres et cherchent leur nourriture à terre.

L'ordre se divise en deux sous-ordres : les *pigeons* et les *gallinacés proprement dits*.

Les *pigeons* ont quatre doigts divisés dans toute leur longueur, trois en avant, un en arrière. Ce sont des oiseaux marcheurs, qui volent bien et longtemps malgré leurs courtes ailes, puisque les espèces sauvages sont voyageuses, et qui, tout granivores qu'ils sont, se nourrissent aussi de baies, d'insectes et même de petits mollusques. On en a fait l'emblème de la fidélité et de l'amour maternel. — Les genres les plus remarquables sont le *pigeon proprement dit,* dont la gorge offre des teintes variées et changeantes à reflets métalliques ; — le *biset,* souche de toutes nos espèces domestiques, au corps de couleur bise avec le cou vert, le croupion blanc et une double bande noire sur l'aile; — la *tourterelle,* plus petite, de couleur café tendre avec collier, qui fatigue par ses roucoulements plaintifs.

Les *gallinacés* ont trois doigts en avant, réunis par un petit repli cutané. — Les principaux genres sont : le *coq,* avec une crête sur la tête, deux barbillons sous le bec, et dont la femelle se nomme *poule;* — la *pintade,* oiseau criard, turbulent et querelleur, ayant sur la tête des tubercules calleux ou une huppe; — le *dindon,* ayant une caroncule érective, des papilles de même nature aux deux côtés du bec, un bouquet de poils à la base du cou, et la faculté de relever sa queue en roue; — le *faisan,* à la huppe effilée, à la queue barrée de noir, qui a pour espèces remarquables le *faisan doré,* le *faisan argenté* et le *faisan à collier;* — la *perdrix,* gibier recherché comme le faisan, qui se distingue en perdrix grise et perdrix rouge d'après la couleur des pattes; — la *caille,* aux lignes longitudinales jaunes, qui passe l'hiver en Afrique; — le *coq de bruyère* ou *tétras,* aux ailes concaves et courtes, qui porte sur la tête une aigrette; — la *gélinotte* ou *poule des coudriers,* au plumage mélangé de rouge, de blanc et de noir; — le *paon* (*fig.* 25), qui

Fig. 25. — *Paon*

fait la roue en relevant sa longue queue peinte des plus riches couleurs et parsemée de taches brillantes appelées yeux.

Tous les gallinacés sont recherchés pour la délicatesse de leur chair et chassés comme gibier dans leur état sauvage. Il est des genres qui ont conservé leur liberté, comme la perdrix, la caille, le coq de bruyère et les genres voisins de ceux-ci. D'autres sont depuis longtemps élevés et nourris par l'homme à l'état domestique. Le pigeon peuple nos colombiers; on s'en sert comme de messager en le transportant loin de son nid, où il revient à tire d'aile malgré la distance, emportant le message caché sous ses plumes. D'autres genres constituent la plus grande partie de la basse-cour. Le paon n'est recherché que pour la beauté de son plumage; il paraissait, il est vrai, sur les tables des anciens, mais sa chair est dure. Le faisan et la pintade ont une chair très délicate. Le dindon, originaire du bassin du Mississipi, qui est le type de la sottise par sa vanité prétentieuse, et fait après sa mort les délices de nos tables. Mais le vrai roi de la basse-cour, c'est le coq, à la tête haute, à la queue en faux toujours relevée, à l'œil étincelant, au regard fier, au bec fort et crochu, ne voulant pas en souffrir d'autre que lui dans son domaine. Ses tarses sont armés d'éperons ou *ergots;* les Anglais y ajoutent des lames tranchantes d'acier ou des pointes aiguës et prennent un plaisir barbare à exciter entre eux des combats souvent mortels. Autour de lui se pressent les poules, qui nous donnent leurs œufs, l'une des grandes ressources de l'alimentation. La poule se distingue par les soins qu'elle prodigue avec tendresse à sa jeune famille et par le courage avec lequel elle la défend contre tout ennemi. Les jeunes poulets sont engraissés pour la table sous le nom de chapons ou de poulardes.

Ordre des échassiers. — Les *échassiers* doivent leur nom aux longues jambes dont ils sont pourvus. Presque tous oiseaux d'eau et vivant de poissons ou de vers, il faut qu'ils puissent entrer dans l'eau pour y chercher leur proie, et ils ont par la même raison un cou très long. Cependant il y a quelques genres qui ne vivent que de graines et d'herbages, que l'on ne trouve par conséquent que dans les terres et dont les caractères sont différents. Ceux-ci ont généralement l'aile courte et courent plus rapidement qu'ils ne volent.

Les échassiers se divisent en deux sous-ordres : les *échassiers* et les *coureurs*.

Les *échassiers proprement dits* ont l'aile forte : ce sont des oiseaux voyageurs, qui viennent les uns du midi passer l'été dans nos climats, les autres du nord pour y passer l'hiver. Tous vivent de poissons, de reptiles, de vers, d'insectes, de mollusques ou de coquillages, rarement d'herbes. — Les principaux genres sont : le *pluvier*, au bec médiocre renflé au bout ; — le *vanneau*, que l'on rencontre en troupes nombreuses dans les prairies humides et le long des rivières ; — la *bécasse*, la *bécassine*, qui habitent la première la montagne en été et la plaine en automne, la seconde les marais, où elle vit en troupes ; — le *courlis*, au bec faible, au plumage brun et blanc, très-commun sur nos côtes ; — l'*ibis d'Égypte*, que les Égyptiens adoraient autrefois, soit parce qu'il détruisait les reptiles, soit parce qu'il annonçait par son retour le débordement du Nil ; — le *râle*, à la forme élégante, tantôt roux-brun et vivant dans les étangs et sur les rivières, sous le nom de *râle d'eau*, tantôt brun fauve et vivant dans la plaine sous le nom de *râle de genêts* ou *roi de cailles ;* — la *poule d'eau*, aux pattes membraneuses, qui se cache le jour dans les roseaux et qui chasse la nuit, à laquelle se rattachent comme sous-genres la *poule sultane* d'Afrique, au bec rouge, au plumage bleu de diverses nuances, qui fait l'ornement des parcs, et le *foulque*, qui habite nos marais et nos lacs ; — la *cigogne* (*fig.* 26), qui vient d'Afrique nicher en Europe sur nos maisons, et que l'on protége parce qu'elle détruit les reptiles ; — le *héron*, oiseau solitaire et mélancolique, qui reste tout un jour sur l'une de ses longues jambes à guetter sa proie au bord d'un marais, et qui s'élève en volant à de grandes hauteurs ; —

le *marabout*, du Sénégal et des Indes, que la loi protége à Calcutta parce qu'il débarrasse la ville des immondices; — la *grue*, au bec droit et pointu, qui ne fait que passer en automne, se rendant du nord en Afrique; — le *flammant*, aux pieds d'un palmipède et au bec de canard, au plumage rouge clair ou rose pâle, qui habite en troupe les côtes ou les marais salins; — l'*outarde*, meilleur coureur que bon voilier, oiseau farouche, qui pèse jusqu'à dix kilogrammes et mesure un mètre du bec à la queue.

Fig. 26. — *Cigogne.*

Les *coureurs* ont des pattes longues et fortes, des ailes courtes qui aident seulement à la course et qui sont terminées par des ongles : ce sont des oiseaux de grande taille, voraces, et n'appartenant pas à l'Europe. — Les principaux genres sont : l'*autruche* (*fig.* 27), qu'on trouve dans les déserts de l'Afrique, animal herbivore, à l'air stupide, plus rapide à la course que le cheval, long de deux mètres, pesant jusqu'à quarante kilogrammes, dont l'œuf pèse un kilogramme et demi ; — le *casoar*, de l'Océanie, oiseau massif et glouton, remarquable par le casque osseux qui recouvre sa tête; — le *dronte*, ap-

Fig. 27. — *Autruche.*

pelé encore *cygne à capuchon*, que l'on a trouvé dans les îles Bourbon et Maurice, et qui probablement a disparu.

Le pluvier, le vanneau, la bécasse, le flammant, l'outarde, ont une chair très estimée et sont poursuivis comme gibier par le chasseur. Le râle et la poule d'eau ont la chair plus dure. On demande au marabout les plumes blanches si belles et si légères qu'il porte sous les ailes et sous la queue; à l'autruche, les plumes de ses ailes, pour servir de parure. Avec les plumes du casoar on fabrique des plumeaux plus ou moins fins; avec celles du flammant, de brillantes fourrures.

Ordre des palmipèdes. — Les *palmipèdes* sont des oiseaux nageurs, qui vivent généralement de poissons et d'autres animaux aquatiques. Les doigts sont palmés, ce qui a donné à l'ordre son nom; le tarse est court, la jambe placée très en arrière, caractères qui les font propres à la nage, mais qui rendent leur marche difficile. Le bec est souvent large, le cou parfois très long et le gésier généralement musculeux. Un suc huileux que l'animal sécrète et dont son plumage est enduit ne permet pas à l'eau d'arriver jusqu'à son corps. Les palmipèdes sont pour la plupart des oiseaux du nord qui viennent passer l'hiver dans nos régions tempérées. Ils arrivent en troupes disposées en un V renversé >, comme font aussi les grues et les cigognes.

On a divisé les palmipèdes en quatre sous-ordres : les *plongeurs*, qui ont le vol faible ou nul, les jambes très en arrière, et qui prennent sur terre la position verticale; — les *totipalmes*, qui ont le pouce réuni aux autres doigts, les ailes étendues, les pieds courts, et qui, seuls de tous les palmipèdes, nichent sur les arbres; — les *lamellirostres*, oiseaux d'eau douce plutôt que de mer, qui ont trois doigts seulement palmés, les ailes médiocres, mais surtout le bec revêtu d'une peau molle et garni sur les bords de petites lames; — les *longipennes* ou *grands voiliers*, qui ont le pouce libre, les ailes très longues, le bec crochu ou pointu.

Les *plongeurs* ont pour genres principaux : le *grèbe*, à la queue nulle, au vol bas, aux plumes satinées avec des reflets argentins; — le *plongeon,* au plumage gris ou noir tacheté de blanc, qui vient du nord plutôt en nageant, quoiqu'il puisse voler; — le *pingouin,* au bec en lame de couteau, qui nage et plonge, mais qui ne fait qu'effleurer l'eau de son vol rapide.

Parmi les *totipalmes* on distingue : le *pélican,* blanc de plumes, ayant quatre mètres d'envergure, vivant en société et pêchant souvent de même, remarquable surtout par la poche qu'il a sous le bec, poche de vingt litres où il dépose le produit de sa pêche pour le porter à sa jeune famille, ce qui a donné lieu à la fable qu'il nourrissait ses petits de son sang; — la *frégate,* au vol rapide, qui s'éloigne jusqu'à deux mille kilomètres des côtes et qui saisit sa proie en effleurant l'eau; — le *cormoran,* qui se tient stupidement en troupe sur les bords de la mer ou des fleuves, d'où son surnom de *nigaud,* et que le Chinois dresse à dégorger la proie qu'il a saisie.

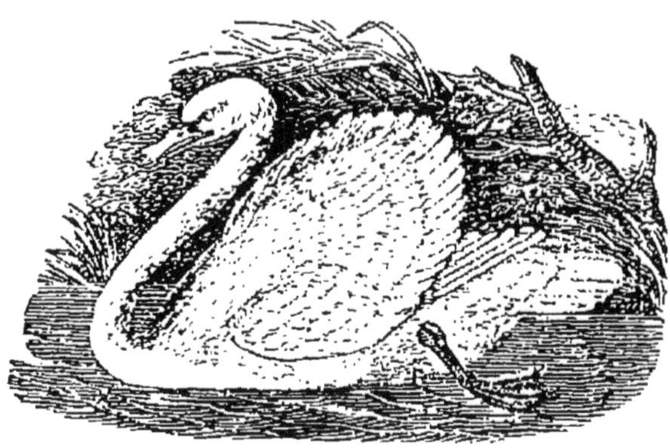

Fig. 28. — *Cygne.*

Les *lamellirostres* comprennent quatre genres principaux : le *cygne* (*fig.* 28), généralement blanc, mais dont l'espèce australienne est noire, qui a l'aile robuste, le vol rapide, qui est devenu à l'état domestique le roi de nos bassins par son élégance, sa grâce et sa majesté, mais qui n'a jamais eu, quoi qu'en dise la Fable, un chant harmonieux;

— l'*oie,* dont le mâle s'appelle *jars,* à la marche ferme, à la forme disgracieuse, au plumage où le blanc et le gris dominent, qui vient en troupes du nord, quand elle est sauvage, et dont l'espèce domestique est originaire de l'Europe orientale; — le *harle,* noir verdâtre avec la poitrine et les ailes d'un blanc nuancé de rose, qui passe chez nous l'hiver; — le *canard,* au bec plat, au cou et aux jambes assez courtes, mauvais marcheur, nageant bien, ayant le vol rapide et haut, et venant aussi du nord : ce dernier genre renferme plusieurs espèces, parmi lesquelles le *canard sauvage,* qui a la tête et le cou verts, un collier blanc, la poitrine marron, les pieds orange, et qui est le type de nos canards domestiques; — l'*eyder,* blanchâtre avec la queue et le ventre noirs, qui fait son nid au milieu des rochers les plus escarpés de l'Islande et de la Norwége; — le *tadorne,* au plumage blanc avec la tête verte et les ailes de différentes couleurs; — la *macreuse,* au plumage noir, qui vient de Suède et couvre la mer de décembre à avril; — la *sarcelle,* de taille plus petite, qui vient peupler nos étangs et nos marais au printemps et en automne et dont le plumage est fond gris maillé de noir.

Quatre genres principaux constituent le sous-ordre des *longipennes,* savoir : l'*albatros,* des mers australes, le plus grand et le plus vorace des palmipèdes, qui a trois mètres d'envergure et le plumage blanc avec quelques bandes brunes; — le *pétrel,* au vol rapide, au plumage noir quelquefois rayé de blanc et qui se plaît dans la tempête; — le *goëland* ou *mouette,* au plumage gris cendré, avec les paupières et l'iris rouge, oiseau vorace et criard qui va dépecer même à trois mille kilomètres de la terre les cadavres qui flottent sur l'eau; — le *sterne* ou *hirondelle de mer,* à la queue fourchue, au dos cendré bleuâtre et à la poitrine blanche, qui arrive du nord au printemps.

L'oie et le canard ont une chair excellente, bien que parfois un peu indigeste, qui les fait rechercher comme gibier à l'état sauvage, et qui les fait élever comme oiseaux de basse-cour; on peut en outre développer artificiellement le foie de l'oie pour en faire des pâtés ou des conserves de foie gras; ses grandes plumes servent à écrire, les autres sont employées par les tapissiers et les plumassiers. Nos fourreurs travaillent la peau du grèbe revêtue de ses plumes, celle de l'oie et celle du cygne avec leur duvet, ce qui donne des fourrures très-recherchées. Le duvet des canards, surtout celui du ventre, est précieux dans l'industrie. Le duvet de l'eyder, qu'il s'arrache lui-même pour son nid et que l'homme lui dérobe en risquant sa vie dans les rochers et les précipices, constitue l'édredon, dont on fait des coussins moelleux et de chauds couvre-pieds.

CHAPITRE XII.

Embranchement des Vertébrés : les Reptiles, les Batraciens.

Classe des reptiles. — Caractères des reptiles. — Classification des reptiles. — Ordre des tortues. — Ordre des sauriens. — Ordre des ophidiens.

Classe des batraciens. — Classification des batraciens. — Ordre des anoures. — Ordre des urodèles. — Ordre des pérennibranches. — Ordre des cécilies.

Classe des reptiles. — La troisième classe des vertébrés comprend les *reptiles*. On donne ce nom à des animaux vertébrés, à sang froid, qui ont la respiration aérienne et incomplète.

Caractère des reptiles. — Les reptiles ont le crâne petit et la face allongée. Leurs membres sont bas ; souvent même ils manquent, ce qui oblige l'animal à ramper. Tantôt ils sont pour ainsi dire tronqués, comme chez les tortues de terre; tantôt des doigts déliés et garnis d'ongles, comme ceux du lézard, ou de ventouses, comme chez les geckos, permettent à l'animal de grimper, même contre des murs polis. Le caméléon a des doigts opposables et une queue préhensile. La tortue de mer a les siens aplatis en forme de rame pour nager plus facilement. Les membres se meuvent en général de dehors en dedans perpendiculairement à l'axe du corps.

Le cœur chez les reptiles a deux oreillettes comme dans les classes précédentes, mais il n'a qu'un seul ventricule. Le sang artériel, qui vient des poumons dans l'oreillette gauche, se mêle donc, dans le ventricule unique, au sang veineux, qui revient du corps dans l'oreillette droite; une partie de ce mélange retourne dans les organes par l'artère aorte, et l'autre partie est conduite dans les poumons par des canaux particuliers : d'où il suit que la circulation est double, mais incomplète, puisque tout le sang veineux n'est pas révivifié. L'hiver, les reptiles, qui ont le sang froid, éprouvent un abaissement de température qui engourdit tous les organes vitaux, au point qu'ils ne peuvent plus digérer, qu'ils respirent à peine et qu'ils éprouvent quelquefois un engourdissement léthargique.

Presque tous les reptiles sont carnivores. Ils avalent leur proie, les dents que certaines espèces peuvent avoir ne servant qu'à la retenir, jamais à la mâcher. Les attaches des divers ossements de la mâchoire et du palais sont disposées, surtout chez les serpents, de manière à permettre à la bouche une dilatation telle que l'animal puisse avaler une proie plus grosse que lui.

Les vertèbres sont très mobiles et renferment une moelle épinière très développée. Les côtes, beaucoup plus nombreuses que dans les classes précédentes, puisqu'on en compte plus de trois cents paires dans la couleuvre, garnissent l'abdomen aussi bien que le thorax. Chez les serpents, qui manquent de sternum et de membres, elles sont libres par leur extrémité inférieure et peuvent servir, en s'écartant, de points d'appui pour aider à la marche.

La peau des reptiles, ordinairement recouverte d'un épiderme épais, et souvent d'écailles, ne permet pas d'accorder à leur tact une sensibilité bien grande. Il en est de même pour l'ouïe, vu l'imperfection et quelquefois même la privation en tout ou en partie des os de l'oreille. La langue, quelquefois épaisse, mais plus ordinairement mince et sèche, indique un goût nécessairement obtus; chez les serpents et les lézards, elle est protractile et bifide.

Les reptiles sont ovipares et quelquefois ovovivipares, comme la vipère, c'est-à-dire que l'œuf éclot avant la ponte. L'œuf une fois pondu est abandonné, nu ou recouvert d'un peu de sable, à l'action des rayons solaires. Un grand serpent de l'Inde, le python, est le seul qui couve ses œufs comme les oiseaux.

Classification des reptiles. — La classe des reptiles se subdivise en trois ordres : les *tortues* ou *chéloniens,* les *sauriens* et les *ophidiens* ou *serpents.*

Ordre des tortues. — Les *tortues* ou *chéloniens* ont quatre membres, mais point de dents. Ce qui les distingue, c'est l'espèce de cuirasse dans laquelle l'animal est renfermé. Cette cuirasse est composée de deux boucliers, l'un supérieur, nommé *carapace,* l'autre inférieur, nommé *plastron,* soudés entre eux dans leur pourtour de manière à laisser des ouvertures pour la tête, la queue et les membres; le tout est recouvert par la peau, qui est garnie à son tour de larges plaques écailleuses. La *carapace* est formée des huit vertèbres dorsales, des huit paires de côtes qui s'y appuient et des mêmes pièces, cartilagineuses dans les mammifères, ossifiées dans les oiseaux comme chez les tortues, qui unissent les côtes au sternum. Le *plastron* n'est autre chose que le sternum extraordinairement développé.

On a divisé les tortues en quatre familles, suivant qu'elles habitent la terre, les marais, les fleuves ou la mer.

Les *tortues terrestres* se nourrissent de végétaux, de mollusques et d'insectes; elles peuvent vivre plusieurs mois sans nourriture, s'engourdissent l'hiver et se meuvent longtemps après avoir perdu la tête. — Les principales espèces sont : la *tortue grecque* (*fig.* 29), à écailles striées noires et jaunes, commune sur les côtes de la Méditerranée, et

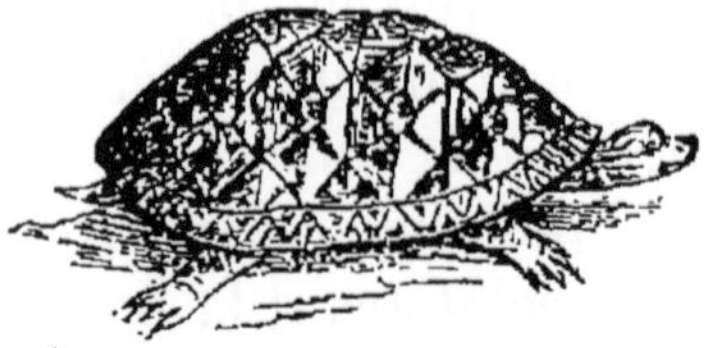

Fig. 29. — *Tortue.*

qu'on nourrit quelquefois dans les jardins ; — la *tortue géométrique,* à écailles noires avec des raies jaunes partant d'un disque central ; — la *tortue géante,* pesant jusqu'à deux cent cinquante kilogrammes.

Parmi les *tortues marécageuses* ou *paludines,* la *tortue bourbeuse* habite les lacs de la Sibérie, où elle vit dans la vase d'insectes et de poissons.

Les *tortues fluviatiles* sont représentées par la *tortue fluviatile* d'Europe, qui vit d'insectes, de larves, de poissons et d'herbes, et qu'on peut conserver en la tenant dans l'eau et en lui donnant du pain et des légumes.

Les *tortues de mer* ont pour espèces principales : la *tortue franche,* à la carapace de couleur verdâtre, aux plaques du dos hexagonales ; — la *tortue à cuir* ou *tortue lyre,* ainsi nommée à cause de sa peau coriace ou de sa forme qui rappelle une lyre ; — le *caret* ou *tortue imbriquée,* que l'on trouve surtout dans l'océan Pacifique.

La chair et les œufs des tortues sont généralement estimés. La médecine recommande certaines espèces, telle que la tortue grecque, contre le scorbut. Le caret et la tortue franche fournissent à l'industrie l'écaille, dont on fait des peignes et divers petits objets recherchés.

Ordre des sauriens. — Les *sauriens,* presque tous quadrupèdes, sont aquatiques, terrestres ou amphibies. Leur peau est couverte d'écailles ou fortement chagrinée, leurs doigts crochus, leur paupière mobile, leur mâchoire armée de dents.

On les a divisés en plusieurs familles, dont les plus remarquables sont : les *crocodiliens,* les *lacertiens,* les *iguaniens* et les *caméléons.*

Les *crocodiliens,* quadrupèdes amphibies qui ont jusqu'à huit mètres de longueur, sont caractérisés par une queue plate, les pieds postérieurs palmés, de longues écailles carrées à l'épreuve de la balle, des dents fortes et pointues. Ils sont carnassiers, très voraces, infestent les fleuves et les grands lacs. — On en fait trois genres : les *crocodiles* (*fig.* 30), qui habitent les régions supérieures du Nil, les lacs de l'Afrique et l'Asie méridionale ; — les *alligators* ou *caïmans,* qui se trouvent particulièrement dans l'Amérique du Sud; — les *gavials,* qui sont communs dans le Gange et les autres fleuves des Indes.

Fig. 30. — *Crocodile.*

Les *lacertiens* ont une langue mince et bifide, le corps allongé, cinq doigts armés d'ongles et des écailles sous le ventre en bandes transversales. — Parmi les genres, qui sont nombreux, on distingue : le *lézard,* gris ou vert, si commun en France, où il habite les fentes des vieux murs ; — le *monitor* ou *sauvegarde,* d'un mètre et demi, qui avertit par ses cris de l'approche de l'alligator, son ennemi.

Les *iguaniens* ont pour genres : l'*iguane* des Antilles, remarquable par son espèce de crête et par son goitre sous le cou ; — le *basilic,* qui a sur la queue une espèce de nageoire verticale et qui saute d'un arbre à l'autre ; — le *dragon,* ayant les flancs garnis d'une peau étendue en forme de parachute, ce qui lui permet de se soutenir quelques instants dans l'air.

Les *caméléons,* des contrées équatoriales, ont pour caractères une queue préhensile et une langue aussi longue que le corps, gluante à son extrémité, qu'ils dardent rapidement contre les insectes. Ils peuvent changer de couleur, par l'apparition plus ou moins complète sous l'épiderme du pigment ou matière colorée qu'ils font sortir ou rentrer dans le derme à leur volonté : de là vient qu'on a donné le nom de caméléon à l'homme versatile qui change d'opinion et de parti suivant son ambition ou ses intérêts.

Les sauriens n'ont aucune utilité, si ce n'est que certaines espèces nous délivrent d'insectes nuisibles.

Ordre des ophidiens. — Les *ophidiens* ou *serpents* n'ont ni membres ni sternum; leur corps est allongé et la peau tantôt lisse, tantôt recouverte d'écailles ou de larges plaques cornées. Ils se meuvent au moyen des replis qu'ils font faire à leur colonne vertébrale; ils peuvent redresser leur corps sur la partie postérieure et s'élancer quelquefois avec une force prodigieuse. L'hiver, ils demeurent engourdis dans leur repaire.

La classification des serpents a beaucoup varié, mais on peut se contenter de les distinguer en *serpents venimeux* et *serpents non venimeux*. Le venin des serpents est sécrété par des glandes qui communiquent avec des dents très aiguës, tantôt immobiles comme chez la couleuvre, tantôt pouvant se cacher dans la gencive ou se relever à la volonté de l'animal, comme chez le serpent à sonnettes. Ce venin peut être avalé impunément; mais quand il entre dans la circulation du sang à la suite d'une morsure, il tue avec rapidité. Dès qu'on est mordu, il faut élargir la plaie et la cautériser soit avec un fer rouge, soit avec des caustiques énergiques. Une forte succion avec la bouche ou une ventouse peut au moins ralentir l'absorption du poison.

Les principaux genres, parmi les serpents non venimeux, sont : le *boa*, qui a pour espèces le *boa constrictor* ou *devin* et l'*anaconda*, long quelquefois de dix mètres, gros comme le corps d'un homme, qui brise et pétrit sa proie dans ses anneaux ou contre le tronc des arbres et l'engloutit tout entière; — le *python*, des contrées intertropicales de l'ancien continent, qui a la même taille, les mêmes mœurs et les mêmes habitudes que le boa; — l'*orvet*, dont l'organisation se rapproche de celle des lézards, et dont une espèce est appelée *serpent de verre*, à cause de la facilité avec laquelle on le brise entre les doigts; — la *couleuvre*, dont les deux cents espèces sont douces et inoffensives : on distingue parmi elles la *couleuvre des haies*, si commune en France.

Fig. 31. — *Crotale.*

Les principaux genres, parmi les serpents venimeux, sont le *crotale* et la *vipère*. — Le *crotale* (*fig.* 31) est appelé *serpent à sonnettes*, parce que sa queue est terminée par de nombreux appendices cornés, mobiles l'un sur l'autre, et produisant, quand il l'agite, un bruit semblable à celui des grelots. Il a deux mètres au plus, se nourrit de petits animaux et est vivipare. On ne le rencontre qu'en Amérique. Le venin, qui survit à la mort de l'animal, fait périr un homme en quelques heures. — La *vipère*, qui habite l'Europe, se reconnaît à sa tête triangulaire et à la raie noire en zigzags qu'elle porte sur le dos. Elle est ovovivipare. Les principales espèces sont : la *vipère fer de lance*; la *vipère naïa*, à laquelle appartiennent la *vipère à lunettes* et l'*aspic* de Cléopâtre, qui devient roide comme un bâton quand on lui serre la nuque; la *vipère commune*, peu rare dans nos bois, dont la morsure est mortelle pour les enfants, mais l'est rarement pour les hommes.

Les ophidiens n'ont aucune utilité, et sont au contraire dangereux.

Classe des batraciens. — Les *batraciens* sont des animaux à sang froid, à respiration aquatique ou aérienne, mais incomplète. On en a fait longtemps un ordre des reptiles, dont ils se distinguent par leurs métamorphoses. Les uns sont quadrupèdes, comme la grenouille, d'autres bipèdes, comme la sirène, quelques-uns apodes, comme la cécilie.

Le jeune batracien se nomme *têtard;* il a un squelette cartilagineux, pas encore de membres, mais une longue queue, et ne respire que par des branchies situées des deux côtés du cou. Avec le temps les pattes se montrent, la queue se flétrit dans beaucoup de genres, les poumons se développent et fonctionnent; à ce moment, les branchies disparaissent chez la plupart; mais il en est qui les conservent malgré le développement des poumons. Le manque de côtes empêche les batraciens de respirer comme les mammifères : ils absorbent l'air par une espèce de déglutition, comme les tortues; et comme ce mode de respiration serait incomplet, ils ont de plus une respiration cutanée qui peut elle seule leur suffire.

Classification des batraciens. — La classe des *batraciens* est peu nombreuse, et cependant elle forme quatre ordres : les *anoures*, les *urodèles*, les *pérennibranches*, les *cécilies;* tant les différences de structure sont grandes!

Ordre des anoures. — Les *anoures* éprouvent une métamorphose complète et ne conservent pas leur queue. — A cet ordre appartiennent : la *grenouille* (*fig.* 32), qui peuple nos marais; — la *rainette,* qui passe l'été dans les bois et l'hiver au fond de l'eau; — le *crapaud,* animal immonde, au corps trapu couvert de verrues, sécrétant une bave visqueuse et vivant dans la terre ou dans les

Fig. 32. — *Grenouille.*

trous des vieux murs. Dans les deux premiers genres, les mâles ont des deux côtés de la gorge une vessie vocale qu'ils remplissent d'air; c'est ce qui fait le coassement de tous ces animaux, si désagréable à entendre. On prétend que le crapaud peut vivre un temps infini enfermé dans des pierres calcaires; mais le fait est loin d'être certain.

Ordre des urodèles. — Les *urodèles* ont la métamorphose complète, mais conservent leur queue. — Le seul genre à noter est la *salamandre*, que les anciens prétendaient pouvoir vivre au milieu du feu. C'est un animal d'un aspect repoussant, mais inoffensif et nullement venimeux.

Ordre des pérennibranches. — Les *pérennibranches*, à branchies persistantes, ont à la fois des branchies et des poumons. — Parmi les genres, le *protée* est un animal aquatique, et la *sirène* n'a que les membres pectoraux.

Ordre des cécilies. — Les *cécilies* n'ont pas de pattes. Ce sont de petits animaux inoffensifs de deux à trois centimètres d'épaisseur, qui se trouvent dans l'Amérique méridionale, l'Inde et l'Afrique.

La classe des batraciens n'a aucun intérêt ni aucune utilité. Cependant certaines espèces de grenouilles servent dans l'alimentation.

CHAPITRE XIII.

Embranchement des Vertébrés : les Poissons.

Classe des poissons. — Caractères des poissons. — Classification des poissons. — Sous-classe des poissons osseux. — Ordre des acanthoptérigiens. — Ordre des malacoptérigiens abdominaux. — Ordre des malacoptérigiens subbrachiens. — Ordre des malacoptérigiens apodes. — Ordre des lophobranches. — Ordre des plectognathes. — Sous-classe des poissons cartilagineux. — Ordre des sturioniens. — Ordre des sélaciens. — Ordre des cyclostomes.

Classe des poissons. — Les *poissons*, qui forment la cinquième classe de l'embranchement des vertébrés, sont des animaux vertébrés ovipares, à sang froid, conformés pour habiter dans l'eau, ne respirant que par des branchies. Leurs formes sont très variées et quelquefois même très singulières.

Caractères des poissons. — La peau des poissons est nue ou couverte d'écailles, et les écailles sont quelquefois richement colorées. Les membres sont devenus chez eux des *nageoires*, à l'aide desquelles ils fendent l'eau, et dirigent leur course avec une rapidité si grande quelquefois, qu'un saumon peut faire trente et même quarante kilomètres par heure. On distingue cinq espèces de nageoires : les *pectorales* et les *ventrales*, qui remplacent les membres, placés latéralement et en nombre pair derrière la tête et sous le ventre; les *dorsales*, l'*anale* et la *caudale*, qui sont impaires, verticales et situées sur le dos, sous la queue ou à l'extrémité postérieure, mais qui manquent les unes ou les autres chez quelques poissons. La locomotion est encore favorisée par une poche pleine d'air qui se trouve entre les viscères et la colonne vertébrale : on l'appelle *vessie natatoire*. En la comprimant entre ses côtes, le poisson chasse l'air, devient plus lourd sous un moindre volume et descend; en lui rendant l'air, il augmente au contraire de volume, devient plus léger et monte.

Les poissons ont les deux mâchoires mobiles. Des deux côtés de la tête sont placées les *ouïes*, recouvertes par une espèce de battant mobile appelé *opercule*, et dans lesquelles se logent les *branchies*, qui sont l'organe respiratoire, ainsi que nous l'avons vu; l'eau chargée d'air entre par la bouche, baigne les branchies et s'échappe ensuite par les ouïes. Le cœur est situé sous la gorge; il n'a que deux cavités, une oreillette et un ventricule, et cependant la circulation est complète, mais elle est simple. En effet, le sang veineux arrive dans le cœur, qui l'envoie aux branchies, et il passe directement dans une grosse artère située le long de la colonne vertébrale, qui le distribue aux différentes parties du corps.

Les poissons sont ordinairement très voraces, la plupart carnivores et ne respectant pas même leur propre espèce. Leurs dents, quand ils en ont, sont de forme variée, mais toujours sans racines, et tiennent non-seulement aux mâchoires, mais à tous les os de la bouche. L'appareil digestif, logé dans l'abdomen, est près du cœur. L'estomac est très distinct, le gros intestin peu large, le foie développé et divisé en plusieurs lobes. Il y a toujours une vésicule de fiel, mais rarement des glandes salivaires.

Les vertèbres sont creusées en avant et en arrière d'une cavité conique souvent percée par le fond de manière à livrer passage à la moelle épinière. Les os n'ont point de cavité médullaire. Les apophyses latérales des vertèbres sont en général très longues; entre elles ou à leur extrémité se trouve une série d'os inter-épineux, qui se rattachent chacun par leur extrémité à une tige mobile, nommée *rayon*, destinée à soutenir les membranes des nageoires impaires. Les nageoires pectorales s'attachent à une série transversale de quatre à cinq petits os représentant le carpe, lesquels sont fixés à deux autres os aplatis, comparables au cubitus et au radius, et tiennent enfin au crâne par deux autres os dans lesquels on a vu l'humérus et l'omoplate. Les nageoires ventrales sont formées de rayons qui sont portés par un seul os, en général triangulaire.

Les sens des poissons sont très obtus; leurs organes sont incomplets. La langue n'est jamais charnue; l'oreille n'a qu'un vestibule et trois canaux membraneux; l'œil est très gros, mais dépourvu de paupière et d'appareil lacrymal.

Certains poissons offrent dans leur organisation quelques particularités dignes de remarque. Il en est, comme le rémora, qui ont au-dessus de la tête une espèce de ventouse par laquelle ils adhèrent fortement à des corps étrangers. Il en est d'autres qui ont les nageoires pectorales si développées qu'en s'élançant hors de l'eau ils peuvent voler, pour ainsi dire, quelques instants dans l'air : tels sont l'exocet ou poisson volant et le dactyloptère ou hirondelle de mer. Enfin la torpille, sur les côtes de la Provence, et le gymnote, dans les mers de l'Amérique méridionale, sont doués d'un appareil électrique et donnent à l'ennemi qui les attaque des commotions réitérées et souvent terribles.

Parmi les différentes espèces de poissons, il en est qui ne peuvent vivre que dans la mer et d'autres dans les eaux douces. Certaines espèces sont voyageuses. Chaque année, des bancs immenses de harengs viennent du nord sur les côtes de l'Angleterre, de la Hollande et de la France, où on les pêche par milliers. La sardine, le maquereau, le thon, l'anchois, viennent aussi en troupes nombreuses : le maquereau, des glaces polaires, les autres de la haute mer sur nos côtes, où l'on en fait une pêche abondante. Le saumon vient également des mers du nord et remonte au printemps les fleuves jusqu'à leur source, s'élançant hors de l'eau à une hauteur de quatre à cinq mètres pour franchir les obstacles qu'il rencontre sur son passage. Ces migrations ont pour but de déposer sur les côtes de la mer ou sur les rives des fleuves le frai qui doit renouveler l'espèce et qu'ils abandonnent à lui-même. Les œufs par lesquels les poissons se multiplient sont en nombre immense; on en a compté jusqu'à trente mille pour un seul hareng.

On comprend qu'il ait été longtemps difficile d'étudier les mœurs et les habitudes des poissons. Mais de nos jours on en élève artificiellement certaines espèces devenues, pour ainsi dire, animaux domestiques. On en a réuni d'autres comme curiosités dans les *aquariums*, réservoirs d'eau de mer représentant les bas-fonds de l'Océan. La science y a gagné et y gagnera sans doute encore des connaissances plus nettes sur ce qui se passe au fond des eaux.

Classification des poissons. — La classe des *poissons* se divise en deux sous-classes, les *poissons osseux* et les *poissons cartilagineux*, suivant que le squelette a la dureté des os ou qu'il se compose de cartilages.

Sous-classe des poissons osseux. — Les *poissons osseux* se subdivisent en six ordres : les *acanthoptérigiens*, qui ont la nageoire dorsale épineuse; — les *malacoptérigiens abdominaux*, qui ont la nageoire dorsale cartilagineuse et les nageoires ventrales en arrière des pectorales; — les *malacoptérigiens subbrachiens*, qui ont les nageoires dorsales sous les pectorales; — les *malacoptérigiens apodes*, qui n'ont point de nageoires ventrales; — les *lophobranches*, qui ont les branchies divisées en petites houppes rondes; — les *plectognathes*, dont la mâchoire supérieure est soudée au crâne.

Ordre des acanthoptérigiens. — Les *acanthoptérigiens* comprennent comme genres principaux : 1° parmi les poissons de mer, le *bar*, gris-bleu, argenté sur le dos, à la langue armée de dents, commun dans la Méditerranée et l'Océan; — le *surmulet*, l'un des poissons les plus estimés chez les anciens Romains; — le *maquereau*, qui vient en bandes, au printemps, des glaces polaires sur nos côtes; — le *thon*, à la chair blanche, tassée et savoureuse, qui se pêche dans la Méditerranée, que l'on conserve salé ou dans l'huile; — la *dorade* (*fig.* 33), quelquefois argentée, ordinairement d'un beau rouge doré; — la *vive*, de la taille du maquereau, à la chair très délicate; — l'*espadon*, au museau prolongé en lame plate, tranchante des deux côtés et terminée en une pointe effilée; — 2° parmi les poissons d'eau douce, la *perche*, poisson vorace, à la crête et aux nageoires épineuses, à la chair blanche et ferme.

Fig. 33. — *Dorade.*

Ordre des malacoptérigiens abdominaux. — Parmi les *malacoptérigiens abdominaux* on distingue comme genres: 1° parmi les poissons de mer, le *saumon* (*fig.* 34), dont la *truite* est une espèce, qui vient des pôles et remonte au printemps nos rivières pour y déposer son frai; — le *hareng*, dont les bancs immenses descendent vers nos côtes pendant l'été; — la *sardine*, autre poisson voyageur qu'on mange frais, salé ou fumé; — l'*anchois*, qu'on sale et qu'on sert comme hors d'œuvre; — l'*alose*, qui remonte aussi les fleuves à l'époque du frai; — l'*éperlan*, petit poisson de chair délicate, qu'on trouve dans la mer et à l'embouchure des grands fleuves; — 2° parmi les poissons d'eau douce, la *carpe*, recherchée malgré ses arêtes; — le *brochet*, aux dents acérées, surnommé le requin des rivières et des étangs; — le *goujon* et la *tanche*, qui peuplent nos rivières.

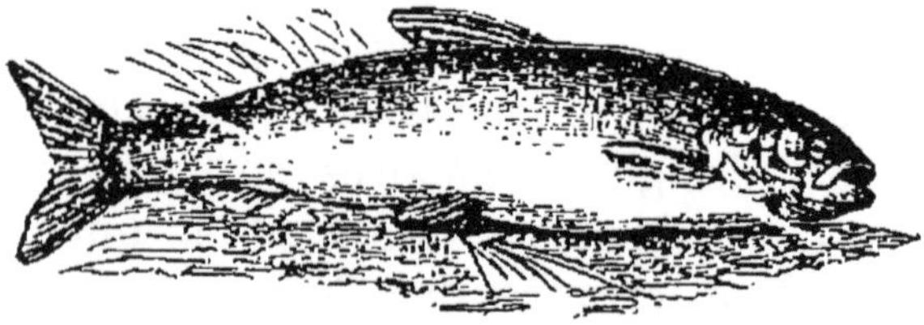

Fig. 34. — *Saumon.*

Ordre des malacoptérigiens subbrachiens. — Les *malacoptérigiens subbrachiens* sont des poissons presque tous plats, l'un des côtés étant décoloré, l'autre convexe en forme de dos. — Les principaux genres sont des poissons de mer : la *morue* (*fig.* 35), qu'on pêche près du banc de Terre-Neuve et sur les côtes de l'Islande; — le *merlan,* à la chair tendre, mais fade ; — le *turbot* et la *barbue,* poissons recherchés, que l'on trouve surtout à l'embouchure des fleuves; — le *carrelet,* à la chair très tendre et fort estimée; — la *limande,* à la peau rugueuse; — la *sole,* plus délicate que la limande; — la *plie,* habitant les côtes, qui a les deux yeux du même côté de la tête.

Fig. 35. — *Morue.*

Ordre des malacoptérigiens apodes. — Les *malacoptérigiens apodes* n'ont point de nageoires ventrales. — On cite comme genres principaux : 1° parmi les poissons d'eau douce, l'*anguille* (*fig.* 36), qui se cache dans la vase des rivières, des lacs et des étangs; — 2° parmi les poissons de mer, le *congre* ou *anguille de mer,* poisson commun et peu délicat ; — la *murène,* carnassière et rusée, commune dans la Méditerranée; — le *gymnote,* commun en Amérique, qui, dit-on, peut renverser un homme par ses décharges électriques.

Fig. 36. — *Anguille.*

Ordre des lophobranches. — Les *lophobranches* sont très petits et de forme bizarre : tel est l'*hippocampe* ou *cheval* *marin*, de la longueur du petit doigt dont la tête et le corps rappellent l'encolure du cheval. C'est l'une des curiosités des aquariums.

Ordre des plectognathes. — Le type des *plectognathes* est le *coffre*, revêtu d'une espèce de cuirasse à compartiments osseux.

La plus grande partie des poissons osseux que nous avons nommés sert dans une proportion considérable à la nourriture de l'homme. Pour ne pas trop appauvrir les espèces d'eau douce, la pêche est défendue à l'époque du frai ; de plus, dans ces dernières années, la pisciculture repeuple nos fleuves et nos rivières d'espèces, soit appauvries par la pêche, soit étrangères, soit même voyageuses, de manière à pouvoir fournir abondamment pendant toute l'année à l'alimentation commune. Quant aux espèces marines, elles échappent dans les profondeurs et la vaste étendue de la mer aux abus que l'homme, qui abuse toujours, pourrait quelquefois en faire en les poursuivant sans relâche.

Il est quelques espèces dont on retire d'autres utilités. Les dorades, aux vives couleurs rouges ou argentées, font l'ornement de nos bassins. L'ablette nous donne ses écailles, que l'on amollit dans l'ammoniaque et que l'on introduit ensuite dans de petits globules de verre mince pour former les perles artificielles.

Sous-classe des poissons cartilagineux. — Les *poissons cartilagineux* sont ainsi appelés de ce qu'ils ont pour charpente des cartilages. Presque tous habitent les mers. Ils se subdivisent en trois ordres : les *sturioniens*, les *sélaciens* et les *cyclostomes*.

Ordre des sturioniens. — Les *sturioniens* sont caractérisés par leurs branchies, qui sont libres. Une seule espèce est intéressante, l'*esturgeon*, commun dans nos mers et dans les fleuves de la mer Noire, qui est privé de dents et atteint quelquefois le poids énorme de mille cinq cents kilogrammes.

Ordre des sélaciens. — Les *sélaciens* ont les branchies fixes et les mâchoires mobiles. On les divise en deux sous-ordres, les *squales*, qui ont des évents, et les *raies* (*fig.* 37),

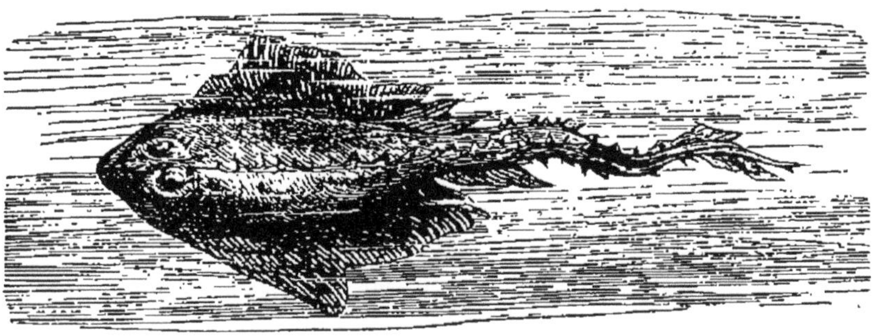

Fig. 37. — *Raie.*

dont le corps est plat. — Aux squales appartiennent le *requin*, aux dents fortes et mobiles, et d'une longueur de huit mètres, poisson vorace, qui suit les navires pour dévorer le marin s'il tombe à la mer; — le *squale* ou *chien de mer*, aussi fort et aussi vorace que le requin ; — le *marteau*, à la tête aplatie et représentant un marteau dont le corps serait le manche; — la *scie*, au long museau en forme de bec, armé de chaque côté de fortes épines osseuses, pointues et tranchantes. — Les *raies* comptent plusieurs espèces, et parmi elles la *torpille*, qui se défend contre ses ennemis par des décharges électriques.

Ordre des cyclostomes. — Les *cyclostomes* sont des poissons à branchies fixes et dont la bouche est une espèce de ventouse qui n'est propre qu'à la succion.

Cet ordre a pour type la *lamproie*, grosse comme une anguille, dont certaines espèces habitent la mer, et d'autres les fleuves et les lacs.

La raie, l'esturgeon, la lamproie, sont recherchés pour leur chair. Avec les œufs de l'esturgeon on fait le caviar, salaison d'une consommation très grande en Russie, et que l'on exporte desséchée dans toute l'Europe; avec la membrane interne de sa vessie natatoire trempée dans l'eau chaude, on obtient la colle de poisson. La peau d'une espèce de chien de mer appelée roussette, celle du requin et d'une espèce de raie, nous donnent le véritable chagrin, employé par les gaîniers et les relieurs, et que l'on imite avec des peaux de chèvre et de mouton; mais la solidité n'est pas la même.

CHAPITRE XIV.

Embranchement des Articulés.

Les articulés. — Caractères des articulés. — Classification des articulés. — Sous-embranchement des arthropodes. — Classe des insectes. — Métamorphose des insectes. — Classification des insectes. — Ordre des coléoptères. — Ordre des orthoptères. — Ordre des névroptères. — Ordre des hyménoptères. — Ordre des lépidoptères. — Ordre des hémiptères. — Ordre des diptères. — Ordre des aptères.

Les articulés. — Le deuxième embranchement comprend les *articulés*, que l'on appelle aussi *annelés* ou *entomozoaires*. Le développement du système nerveux, le nombre et la disposition des membres, et par-dessus tout l'espèce de squelette qui enveloppe ces animaux, les rendent supérieurs aux mollusques; mais ils leur sont inférieurs par l'appareil circulatoire. Le nom d'*entomozoaires* vient de deux mots grecs qui signifient *animaux-insectes;* celui d'*annelés* ou d'*articulés* résulte de leur structure.

Caractères des articulés. — Tous les articulés ont un corps divisé en tronçons, indiqués tantôt par des plis de la peau transversaux et parallèles, tantôt par des anneaux soudés entre eux ou réunis de manière à leur permettre de jouer l'un sur l'autre. Chez les uns, comme la scolopendre, tous les anneaux se ressemblent; chez d'autres, comme le papillon ou l'araignée, ils diffèrent par leur agencement ou par leur forme.

Quand les anneaux sont solides, ils forment une espèce de charpente extérieure, que l'on appelle squelette extérieur ou mieux tégumentaire. C'est une armure qui protège le corps et à laquelle les muscles sont attachés; mais ce n'est autre chose que la peau, quelquefois revêtue d'un épiderme calcaire.

Chaque anneau peut porter deux paires d'appendices ou de membres, l'une dorsale et l'autre ventrale; en général, il en est de rudimentaires ou qui ne se montrent même pas. Les appendices inférieurs se développent de préférence: tantôt ce sont des faisceaux de soies roides, comme dans le ver de terre, tantôt plusieurs centaines de pattes articulées; souvent aussi il n'y a que trois, quatre, cinq ou sept paires de pattes, et le reste ne se développe pas. Les ailes des papillons sont des appendices supérieurs qui n'existent au plus que sur deux anneaux, vers la partie moyenne du corps. Les espèces de cornes déliées nommées *antennes*, les mandibules, les mâchoires, la languette dans l'appareil masticateur, les nageoires chez les insectes aquatiques, sont autant de variétés des appendices appartenant à des anneaux différents.

Le système nerveux des articulés, en l'absence du cerveau, de l'étui médullaire, etc., consiste en deux filets qui occupent la ligne médiane du corps près de la face ventrale et qui réunissent entre eux une double série de ganglions. Certains articulés, les crabes par exemple, n'ont même que deux masses nerveuses de ganglions, l'une dans la tête, l'autre dans le thorax, réunies par deux cordons qui passent de chaque côté de l'œsophage.

Le sang est ordinairement blanc; mais dans certaines espèces il est rouge ou teinté de diverses couleurs. L'appareil de la respiration varie suivant les genres. Chez les crustacés, qui vivent dans l'eau, la respiration se fait par des branchies, comme pour les poissons; chez la plupart des araignées, elle a lieu par des poumons, mais qui sont dans un état de simplicité extrême; chez quelques araignées et chez tous les insectes, elle est trachéenne, c'est-à-dire que l'air, entrant par des ouvertures situées à la surface du corps et appelées *stigmates*, parcourt des vaisseaux intérieurs appelés *trachées* qui le portent dans les profondeurs de l'organisme où le sang veineux est partout révivifié. Les crustacés et les arachnides pulmonaires ont un cœur qui n'a qu'un seul ventricule, dit aortique, parce qu'il reçoit le sang artériel venant des branchies pour le distribuer aux divers organes; les insectes remplacent le cœur par un vaisseau dorsal qui en joue le rôle et qui est situé au-dessus du tube digestif sur la ligne médiane du corps; les vers n'ont point de cœur, et la circulation s'effectue par les contractions des vaisseaux. En retour, les vers ont un appareil vasculaire complet, artères et veines, tandis que les crustacés n'ont que des artères, et le sang veineux revient par des cavités irrégulières se jeter dans des espèces de réservoirs qui joignent les branchies et que l'on appelle sinus veineux. La circulation est donc plus ou moins incomplète; chez les crustacés, elle est semi-vasculaire et semi-lacuneuse; chez les insectes, entièrement lacuneuse, puisqu'ils n'ont point de vaisseaux qui soient des artères et des veines.

Classification des articulés. — L'embranchement des articulés se divise en deux sous-embranchements : les *arthropodes*, qui ont des membres articulés, et les *vers*, chez lesquels les membres existent à peine à l'état rudimentaire.

Sous-embranchement des arthropodes. — Les *arthropodes* ont une respiration aérienne ou aquatique : tantôt ils ont un corps formé de trois parties distinctes, la tête, le thorax et l'abdomen; tantôt la tête et le thorax ou le thorax et l'abdomen se confondent. On les a subdivisés en cinq classes : les *insectes*, les *myriapodes*, les *arachnides*, les *crustacés* et les *systolides*.

Classe des insectes. — Les *insectes* sont des articulés à sang blanc, à respiration aérienne s'effectuant par des trachées, au corps formé de trois parties distinctes, la tête, le thorax et l'abdomen.

La tête n'est formée que d'un seul anneau : elle porte les antennes, les yeux et les appendices de la bouche. Les antennes sont des espèces de cornes grêles et flexibles, toujours articulées, mais de forme variable suivant les espèces, qui partent de la partie antérieure de la tête et que l'on croit être l'organe du tact, peut-être même de l'ouïe; elles représentent la première paire de membres des insectes.

Les yeux ont une structure assez singulière. Chacun d'eux est, en général, formé par l'agglomération de petits yeux bien distincts, ayant chacun sa cornée hexagonale et son filament nerveux particulier; mais toutes les cornées se soudent en une cornée commune dont la surface est sillonnée par les sutures de jonction, d'où les noms d'*yeux composés*, *yeux à réseau*, *yeux à facettes*. Outre les yeux composés, il y a des espèces qui portent sur le sommet de la tête un groupe de trois yeux simples, que l'on appelle *ocelles* ou *stemmates*. Enfin il en est d'autres qui n'ont que des yeux simples situés sur les deux côtés de la tête.

Les appendices de la bouche ne sont pas moins remarquables. Chez le hanneton, insecte broyeur, on distingue en avant la lèvre supérieure ou labre; de chaque côté, une mandibule destinée à broyer les aliments; en arrière de chaque mandibule, une mâchoire armée de dentelures ou de poils et portant extérieurement de petites tiges articulées, nommées *palpes maxillaires;* ce qu'on appelle lèvre inférieure est composé d'une pièce basique nommée *menton*, d'une paire d'appendices, nommée *languette*, s'appliquant contre les mâchoires, et d'une seconde paire d'appendices, les *palpes labiales*, filaments articulés destinés à saisir et à retenir les aliments. Chez les insectes suceurs, les mâchoires ou le labre s'allongent en une espèce de trompe tubulaire armée de filaments qui forment comme des lancettes : l'abeille a les mâchoires et la languette allongées en une trompe droite, mobile à sa base et flexible, tandis que les mandibules tuent la proie et coupent; la cigale a la bouche armée d'une gaîne, représentant la lèvre inférieure, qui renferme quatre stylets représentant les mandibules et les mâchoires, et qui peut se replier sous le corps entre les pattes; la mouche a une trompe formée par la lèvre inférieure et armée de deux, quatre ou six stylets qui sont les mandibules, les mâchoires et la languette;

enfin le papillon a la trompe roulée en spirale, mais pouvant se développer : ce sont les mâchoires, et les autres pièces sont rudimentaires.

Le thorax se compose de trois anneaux, le *prothorax*, le *mésothorax* et le *métathorax :* chacun d'eux a une paire de pattes ; le second et le troisième seuls peuvent avoir une paire d'ailes.

La patte de l'insecte a toujours une hanche, une cuisse, une jambe et un pied, nommé *tarse*, terminé par des ongles ; la hanche a deux articles, le tarse en a de deux à cinq. Souvent les pattes antérieures sont rudimentaires et paraissent nulles ; quelquefois elles sont très longues, armées d'épines et pouvant se replier, comme chez la mante religieuse, ou courtes et larges pour creuser le sol, comme chez la courtilière. La sauterelle, au contraire, a les pattes postérieures très longues, afin de pouvoir s'élancer. Les espèces qui nagent ont les pattes aplaties, ciliées et disposées en forme de rames. D'autres, qui marchent sur des surfaces lisses, les ont garnies à leur extrémité de ventouses qui les font adhérer aux corps.

L'aile est formée de deux membranes entre lesquelles se trouvent des nervures qui font leur solidité. Il existe au plus deux paires d'ailes. Tantôt elles sont toutes membraneuses, comme chez les papillons, et alors elles sont recouvertes d'écailles microscopiques ; tantôt les deux premières sont dures et épaisses et recouvrent les autres en forme de bouclier, comme chez le hanneton : ce sont les élytres ; ou bien membraneuses à leur extrémité, elles sont dures et opaques à leur base, en formant des demi-élytres. Quand les ailes postérieures manquent, leur place est marquée du moins par de petits filets mobiles nommés *balanciers*.

L'abdomen des insectes comprend un certain nombre d'anneaux, souvent neuf, mobiles et rétractiles, ne portant ni pattes ni ailes. L'extrémité postérieure offre certains appendices qui diffèrent selon les espèces. Quelquefois ce sont seulement des soies ou comme un stylet. Chez le perce-oreille ils constituent une sorte de pince assez dure.

Tantôt c'est comme un ressort replié sous le ventre, dont l'animal se sert pour s'élancer en avant. Tantôt enfin c'est une arme ou une tarière : ainsi l'abeille a un dard formé de deux stylets aigus qu'elle rentre dans l'intérieur du corps et qu'elle déploie pour se défendre contre son ennemi, en versant dans la blessure par un sillon du dard un venin qu'elle sécrète; ainsi la cigale, l'ichneumon, etc., percent avec leur tarière les substances végétales ou animales pour déposer leur œuf dans le tissu.

Les insectes ont des sens très développés; mais on n'a encore bien étudié que l'organe de la vue. Quelques-uns produisent des sons et comme une espèce de chant, non pas par le larynx, mais par la contraction de certains muscles, ou par le frottement des ailes, comme le grillon, ou par l'émission de l'air à travers les stigmates thoraciques, comme la mouche. Certains insectes, tels que le lampyre femelle de nos campagnes ou certains taupins de l'Amérique équatoriale, nommés *vers luisants*, dégagent la nuit une lumière phosphorescente dont la cause est inconnue; elle est assez vive en Amérique pour que les Indiens s'en servent afin d'éclairer leur marche.

Métamorphose des insectes. — Le phénomène le plus remarquable que présentent les insectes, c'est ce qu'on appelle leur *métamorphose*. L'insecte sort de l'œuf à l'état de larve, c'est-à-dire ayant un corps allongé, annelé, tantôt privé de pattes et d'yeux, tantôt pourvu de pattes, mais pour ramper, et d'yeux qui sont presque toujours simples; on donne aux larves le nom de *chenilles* ou celui plus impropre de *vers*. Après plusieurs *mues*, c'est-à-dire après avoir changé plusieurs fois de peau, l'insecte se cache dans quelque trou, ou se suspend au moyen de filaments, ou même s'enveloppe dans une coque ovale faite avec de la soie qu'il sécrète, et passe à l'état de *nymphe*, période pendant laquelle il reste immobile sans prendre aucune nourriture. Chez les uns, la peau se détache du corps et se dessèche pour ménager à l'animal un abri; chez d'autres, c'est

9.

une pellicule qui suit tous les contours du corps et l'emmaillotte en quelque sorte, et sous cette dernière forme ils prennent le nom de *chrysalides*. Quand le travail est achevé, l'insecte rompt son enveloppe et déploie ses ailes : il est passé à l'état parfait, n'ayant conservé avec son premier état aucune ressemblance. C'est par ce triple état que passent, par exemple, tous les papillons : il y a métamorphose complète. D'autres insectes passent aussi par les trois états; mais la différence de l'insecte parfait avec la larve ne consiste que dans les ailes qui se dégagent de dessous la peau après la dernière mue : ce sont les insectes à demi-métamorphose.

Classification des insectes. — La classe des insectes est une des plus nombreuses du règne animal; elle constitue la partie de la science appelée *entomologie*, c'est-à-dire traité des insectes. On en a formé huit ordres : les *coléoptères*[1], les *orthoptères*, les *névroptères*, les *hyménoptères*, les *lépidoptères*, les *hémiptères*, les *diptères* et les *aptères*.

Ordre des coléoptères. — On compte trente mille espèces de *coléoptères*. Ce sont des insectes rongeurs, souvent carnassiers, qui subissent une métamorphose complète, et qui sont caractérisés par une paire d'ailes et une paire d'élytres. — Les genres principaux sont : le *capricorne*, aux longues antennes; — le *lucane* ou *cerf-volant*, aux mandibules énormes et aux cornes dentées; — le *scarabée*, funeste pour les jardins; — le *bupreste*, aux éclatantes couleurs; — le *carabe doré* du jardinier, aux couleurs métalliques; — la *cantharide* (*fig.* 38), verte et à reflets dorés; — le *hanneton*, dont la larve, ennemie des récoltes, est appelée *ver blanc*; — le *lampyre* ou *ver luisant*; — la *coccinelle*

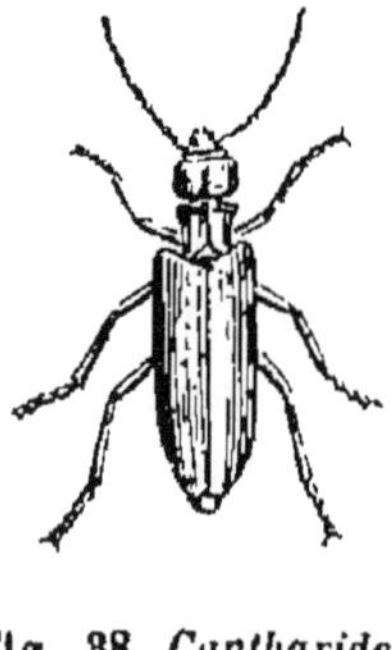

Fig. 38. *Cantharide*.

1. Tous ces noms sont formés du grec : on a combiné le mot *ptéron*, aile, avec les mots *coléon*, fourreau ; *orthos*, droit; *neuron*, nerf, etc.

ou *bête à bon Dieu;* — la *vrillette*, qui perce les boiseries de nos habitations; — le *dermeste*, dont la larve ronge nos fourrures et ne respecte pas les collections zoologiques; — le *charançon*, qui n'a point d'ailes membraneuses, qui ronge les fruits, les légumes, les fleurs, et dévaste les magasins à blé; — le *nécrophore*, qui enfouit les cadavres des petits quadrupèdes dont il se repaît.

Ordre des orthoptères. — Les *orthoptères* sont des insectes sauteurs, subissant une demi-métamorphose, aux élytres mous, et dont le principal caractère est de n'avoir point les ailes reployées. — Parmi les divers genres on distingue : la *sauterelle* (*fig.* 39), dont la larve est aquatique; — le *forficule* ou *perce-oreilles*, dont la partie postérieure est armée d'une pince; — la *blatte*, fléau domestique commun dans les boulangeries; — le *criquet*, habitant voyageur des campagnes; — le *grillon*, qui fait retentir son cri-cri dans nos demeures; — la *mante*, aux pattes antérieures très-développées; — la *courtilière*, qui creuse des galeries dans les jardins et coupe avec ses pattes antérieures les racines des plantes.

Fig. 39. — *Sauterelle.*

Ordre des névroptères. — Les *névroptères*, qui subissent les uns la métamorphose complète, les autres une demi-métamorphose, ont pour caractère distinctif quatre ailes membraneuses à nervure, de longueur égale. — Les principaux genres sont : la *demoiselle* ou *libellule* (*fig.* 40), au corps mince et agréablement nuancé, à la forme svelte et élégante, aux quatre ailes gazées; — l'*éphémère*, qui ne vit qu'un jour, et

Fig. 40. — *Demoiselle.*

dont la larve nage et respire au moyen de lames garnissant les côtés de l'abdomen; — le *fourmi-lion*, dont la larve se creuse une espèce d'entonnoir, piége où tombent les insectes qu'elle dévore; — le *termite* ou *fourmi blanche*, qui perce tout de ses mandibules et qui vit en société sur les arbres ou sur la terre.

Ordre des hyménoptères. — Les *hyménoptères* subissent la métamorphose complète. La larve a souvent des pattes, et quelquefois elle en est privée. Les caractères de l'ordre sont quatre ailes membraneuses transparentes, mais inégales, divisées en compartiments par des nervures cornées et se croisant sur le corps à l'état de repos, des mandibules comme chez les insectes masticateurs, des mâchoires et une languette allongées en forme de pompe pour sucer le suc des fleurs. — Les principaux genres sont : l'*ichneumon*, qui dépose ses œufs dans la peau des chenilles et vit d'insectes nuisibles à l'agriculture; — le *cynips*, dont une espèce produit par sa piqûre sur la feuille du chêne la noix de galle; — la *guêpe*, dont une espèce est le *frelon*, qui vit en société sous la terre, sur les arbres ou dans les trous des murailles; — le *bourdon*, gros et velu, remarquable par le bruit que fait sa trompe quand il vole; — la *fourmi* et l'*abeille* (*fig.* 41), dont l'organisation sociale a toujours appelé l'intérêt.

Fig. 41. — *Abeille.*

Parmi les fourmis et les abeilles, on distingue trois espèces d'individus, les *mâles*, les *femelles* et les *ouvrières*; celles-ci sont chargées des travaux de la communauté et notamment des soins à donner aux jeunes larves.

Les fourmis construisent la demeure commune ou *fourmilière* soit dans le tronc des vieux arbres, soit dans la terre, suivant leur espèce. Elles creusent avec leurs mandibules une multitude de galeries et de chambres disposées par étage, rejetant au dehors les déblais; si quelque accident détruit leur ouvrage, elles réparent le dommage au plus vite; si quelque ennemi attaque la fourmilière, fût-ce l'homme, elles la défendent par leurs morsures. Pendant que les unes travaillent aux constructions, les autres vont recueillir la nourriture commune, soit les matières sucrées des fleurs, soit un liquide sécrété par certains pucerons, et souvent même elles emportent avec elles le puceron prisonnier et l'élèvent dans leurs cellules, comme un fermier sa vache laitière. A un moment donné, les mâles et les femelles, qui ont seuls des ailes, quittent la fourmilière; les mâles périssent bientôt; les femelles perdent leurs ailes et sont ramenées captives par les ouvrières. Dès qu'un œuf a été pondu, une fourmi le porte dans une cellule; quand il est éclos, elle nourrit la jeune larve, l'emporte aux rayons du soleil et la rapporte le soir dans son nid; quand la larve est devenue nymphe dans la coque qu'elle s'est filée, et que la coque blanche est devenue noire, ce qui indique que la métamorphose est complète, elle perce la coque, débarrasse la nouvelle fourmi et continue d'en prendre soin jusqu'à ce que celle-ci puisse se suffire à elle-même.

Une colonie d'abeilles se compose de dix à trente mille ouvrières, de six à huit cents mâles, qui seuls n'ont pas d'aiguillon, et d'une femelle unique appelée *reine*. Les ouvrières se divisent en cirières et en nourrices. Quand la demeure de la colonie a été choisie par elle, soit à l'état sauvage, dans le trou d'un vieil arbre, soit dans l'une des huttes appelées *ruches* que les agriculteurs leur préparent, les cirières vont recueillir au moyen de leurs poils et empiler dans les corbeilles ou palettes creusées à la surface interne de leurs jambes postérieures le pollen qu'elles enlèvent aux étamines des fleurs et une matière résineuse, nommée *propolis*, qu'elles détachent de la surface des plantes. Avec le propolis elles bouchent toutes les fentes de leur habitation; avec la cire qu'elles sécrètent sous les anneaux de l'abdomen, elles façonnent leurs rayons ou gâteaux pour servir de nid et de magasin; avec le pollen elles fabriquent le miel qui doit servir soit à la nourriture des jeunes abeilles, soit à leur propre nourriture pendant la mauvaise saison, quand elles resteront enfermées dans la ruche sans y être encore engourdies par le froid. Les gâteaux, faits en cire et suspendus généralement à la voûte même par une de leurs tranches et rangés parallèlement, sont composés de deux couches de cellules hexagones à base pyramidale, nommées *alvéoles*, qui sont adossées par une de leurs bases, disposées horizontalement et s'ouvrant par l'autre extrémité. Une partie des cellules sont des magasins pour le miel; à mesure que l'une est remplie, elle est fermée avec de la cire. Chaque œuf est porté dans une cellule vide, où il éclôt trois ou quatre jours après la ponte, et la larve est nourrie par les ouvrières avec une bouillie appropriée à l'âge et au sexe. Cinq jours après la naissance d'une larve ouvrière, vingt et un après celle d'une larve mâle, treize après celle d'une larve femelle, les nourrices ferment l'alvéole où l'insecte file sa coque et devient abeille. Quand une jeune reine ronge sa cellule pour en sortir, la vieille reine veut la percer de son aiguillon; elle en est empêchée par les ouvrières, et sort en courroux suivie de son essaim, qui va à quelque distance se suspendre en grappe autour d'elle pour former une nouvelle colonie.

Ordre des lépidoptères. — Les *lépidoptères* ou *papillons*, dont la larve s'appelle *chenille*, subissent une métamorphose complète; ils ont pour caractère spécial quatre ailes membraneuses, opaques, diversement colorées par la présence de petites écailles microscopiques. L'ordre est très-nombreux; il se subdivise en trois familles : les *papillons diurnes*, *crépusculaires* et *nocturnes*.

Les *papillons diurnes* se distinguent à leurs couleurs vives et variées et à leurs ailes verticales pendant le repos. — Les genres principaux sont : la *vanesse*, aux riches couleurs, qui a pour espèces le *paon de jour* ou *œil-de-paon*, la *belle dame*, le *vulcain*, *etc.*; — le *papillon* proprement

Fig. 42. — *Papillon.*

dit (*fig.* 42), aux trois cents espèces, parmi lesquelles le *machaon*, le *panope*, *etc.*; — la *danaïde*, aux ailes fauves bordées de noir, et ponctuées de blanc comme la tête et le corps, ayant le *chrysippe* pour espèce européenne.

Les *papillons crépusculaires* et *nocturnes* ont les couleurs plus ternes et les ailes horizontales pendant le repos. Les papillons crépusculaires sont encore appelés *sphinx*, du nom du principal genre, qui contient comme espèces le *sphinx du troène*, à l'envergure de dix centimètres, le *sphinx du liseron*, mais surtout le *sphinx atropos* ou *tête de mort*, le seul qui fasse entendre un cri.

Les principaux genres des papillons nocturnes sont : la *phalène*, dont la chenille est dite arpenteuse, tant elle replie son corps pour avancer; — la *pyrale*, très nuisible aux arbres fruitiers et surtout à la vigne; — la *teigne*, qui dévore les grains, les fourrures, les draps, et se métamorphose dans un fourreau fusiforme; — le *bombyx*, dont une espèce vit sur le ricin et donne une bonne soie; — le *séricaire*, genre récemment détaché du bombyx et dans lequel se trouve le ver à soie.

Fig. 43. — *Ver à soie.*

Le *ver à soie* (*fig.* 43) naît d'un petit œuf à la température de 15 degrés centigrades. La larve, qui a deux millimètres à sa naissance, atteint dans l'espace de trente-cinq à quarante jours une longueur de 7 à 8 centimètres. Dans cet intervalle elle éprouve quatre mues ou changements de peau précédées chacune d'un redoublement d'appétit appelé *petite frèze;* la *grande frèze* a lieu dans le cinquième âge du ver. Dix jours après la dernière mue la larve cesse de manger, jette autour d'elle une multitude de fils, se suspend au milieu, file un cocon (*fig.* 44) jaune ou blanc d'un seul fil continu qui dépasse souvent trois cents mètres, en agglutine l'intérieur pour en faire une enveloppe plus ferme, et y passe dix-huit à vingt jours à l'état de chrysalide. Quand la métamorphose est accomplie, le ver à soie, débarrassé de sa dernière peau et devenu un papillon à ailes blanchâtres, ramollit le cocon avec une liqueur qu'il dégorge, le brise avec sa tête et s'en dégage. Après avoir vécu dans ce dernier état dix à vingt jours sans manger, il meurt, la femelle ayant pondu près de cinq cents œufs : c'est ce qu'on appelle la *graine de ver à soie.*

Fig. 44. — *Cocon.*

On n'a longtemps élevé en Europe que le ver à soie nommé *bombyx du mûrier,* parce qu'il se nourrit des feuilles du mûrier blanc. Tout récemment on a importé de l'Orient et essayé de naturaliser en France le ver à soie du chêne, ceux du ricin, de l'aylanthe, du vernis du Japon, ainsi nommés des arbres dont les feuilles leur servent de nourriture. Ces essais ont réussi. Quelques-uns de ces vers demandent moins de soin, puisqu'ils peuvent se développer en plein air abandonnés sur l'arbre nourricier; mais la soie paraît moins belle et moins fine. On appelle *magnanerie* l'endroit où l'on élève le ver à soie, parce que dans le Midi le ver à soie se nomme *magnan.*

Ordre des hémiptères. — Les *hémiptères* ont quatre ailes, dont deux sont des demi-élytres, et la trompe repliée entre les pattes; ils subissent une métamorphose incomplète. — Les principaux genres sont : la *punaise des bois,* à l'odeur pénétrante et désagréable; — la *cigale* (*fig.* 45), dont le mâle produit un son monotone au moyen de membranes placées au premier anneau de l'abdomen; — le *puceron*, fléau des potagers et des jardins, qui distille un suc recherché par la fourmi; — la *cochenille*, petit insecte qui pullule, croît et meurt sur certains végétaux, tels que les cactus, le chêne, etc.

Fig. 45. — *Cigale.*

Ordre des diptères. — Les *diptères* n'ont que deux ailes et subissent une métamorphose complète. Leur trompe est tantôt molle et rétractile, tantôt cornée et allongée. — Les principaux genres sont : la *mouche*, aux nombreuses espèces, parmi lesquelles la *mouche domestique*, la *mouche à viande* et la *mouche dorée*, dont la larve s'appelle *asticot*; — le *cousin*, dont les larves et les nymphes vivent dans l'eau, qu'on appelle dans certains pays *moustique* ou *maringouin*, et qui fait tuméfier la peau par sa piqûre; — le *taon*, qui perce la peau et suce le sang des bœufs et des chevaux.

Ordre des aptères. — Les *aptères* n'ont point d'ailes. Les uns ne subissent aucune métamorphose : ce sont les parasites qui ont pour genres le *pou*, dont plusieurs espèces sont parasites de l'homme, et le *ricin*, qui vit sur le chien, sur quelques oiseaux, etc. Les autres sont larves, nymphes, insectes parfaits, mais sans ailes : telle est la *puce*, qui compose à elle seule la famille des suceurs.

Peu d'insectes ont pour l'homme une utilité apparente, si l'on excepte les abeilles et les vers à soie. L'homme élève les abeilles pour s'emparer de leur cire et de leur miel, tantôt en faisant périr l'essaim, tantôt en leur laissant une partie de leur travail pour vivre jusqu'au printemps suivant.

Il élève les vers à soie pour leurs cocons, qu'il met au four ou plonge dans l'eau chaude afin de faire périr l'animal, et de ces cocons qu'il dévide il fabrique ensuite les étoffes de soie. La cantharide est pour la médecine un médicament énergique qu'on emploie soit à l'intérieur dans différentes maladies, soit à l'extérieur comme substance vésicante. La noix de galle, produite sur le chêne par la piqûre du cynips, sert dans la teinture en noir et dans la fabrication de l'encre. La cochenille, recueillie avec soin, plongée dans l'eau ou séchée au four, donne par un traitement convenable une couleur cramoisie ou écarlate pour la laine et la soie, couleur malheureusement plus belle que solide.

S'il est peu d'insectes utiles, il en est au contraire un grand nombre de nuisibles. Sans parler des cousins, des punaises, des puces, etc., qui s'attaquent à l'homme, du dermeste qui détruit fourrures, lainages et pelleteries, et des blattes qui infestent les boulangeries, un grand nombre d'espèces sont un fléau pour l'agriculture. La courtilière, en creusant son sillon souterrain, coupe toutes les racines; il en est de même du ver blanc. Les sauterelles et les criquets dévastent toutes les récoltes. Le charançon dévore les céréales, les fruits et les légumes. La lucane ronge le chêne; le scolyte et le bostriche, l'écorce de différents arbres; les termites, qui vivent en sociétés comme les fourmis, tous les bois qu'ils trouvent soit dans les forêts, soit dans les constructions, les meubles et les magasins. Toutes les larves des lépidoptères se nourrissent des feuilles des arbres, surtout la chenille processionnaire, l'ennemie du chêne, et le bombyx-livrée, qui colle ses œufs en anneaux serrés autour des petites branches. La teigne a de nombreuses espèces qui vivent aux dépens, l'une du blé, l'autre de la vigne, une autre du poirier ou du pommier. Le blé a encore pour ennemi l'alucite; l'orge, l'oscine; la vigne, la pyrale, le ver rouge, l'eumolpe, les rhynchites-Bacchus, le phylloxera, et surtout l'altise, qui en dévore les jeunes bourgeons. Heureusement de petits oiseaux, la fauvette, le rossignol, le sansonnet, l'hirondelle, etc., font aux insectes une rude guerre.

La taupe se nourrit de certaines larves. D'autres insectes, le carabe doré, la larve de l'hémerode, l'ichneumon, la coccinelle, le fourmi-lion, etc., protégent aussi les récoltes en empêchant la multiplication des espèces nuisibles dont ils vivent.

CHAPITRE XV.

Embranchement des Articulés (suite).

Classe des myriapodes. — Classe des arachnides. — Classification des arachnides. — Classe des crustacés. — Classification des crustacés. — Classe des systolides. — Sous-embranchement des vers. — Classification des vers. — Classe des annélides. — Classe des helminthes.

Classe des myriapodes. — La seconde classe des articulés comprend les *myriapodes,* ainsi appelés de leurs pattes nombreuses ; car chaque anneau en a une paire, et comme deux anneaux paraissent quelquefois soudés deux à deux, chaque tronçon mobile paraît avoir deux paires de pattes. La respiration a lieu par des trachées; la tête a deux antennes et deux yeux simples; la bouche est conformée pour la mastication; l'appareil circulatoire est moins incomplet que chez les insectes.

Les myriapodes se divisent en deux ordres, qui n'ont d'ailleurs aucun intérêt : les *chilognates,* qui ont deux paires de pattes par anneau et qui se roulent en boule, et les *chilopodes,* qui n'ont par anneau qu'une paire de pattes, dont le corps est moins cylindrique, qui sont carnassiers et courent très vite. Parmi les derniers, la *scolopendre,* vulgairement *mille-pieds,* est un genre commun en Europe; elle vit sous les pierres et dans les vieux murs. Sa morsure occasionne quelquefois des accidents morbides.

Classe des arachnides. — La troisième classe renferme les *arachnides,* animaux carnassiers, à sang blanc, à respiration pulmonaire ou trachéenne, le sang veineux se rendant aux poumons pour revenir de là au cœur. La marque caractéristique de la classe, c'est que la tête et le thorax sont réunis sous le nom de *céphalothorax*. De plus les araignées ont huit pattes, qui peuvent se reproduire quand par hasard elles se cassent. Les yeux sont simples et au nombre de huit. L'appareil nerveux est ganglionnaire; quelquefois on compte neuf ganglions, comme chez les scorpions.

Les arachnides sont carnassières au point de se dévorer entre elles; et cependant elles se contentent de sucer le sang de leur proie. La bouche est armée de mandibules terminées par un crochet mobile; ce crochet a une petite ouverture qui communique avec une glande sécrétant un suc venimeux, en sorte que l'animal qui est atteint est presque aussitôt frappé d'engourdissement et ne peut ni fuir ni se défendre. Le scorpion, ainsi que plusieurs autres espèces, distille aussi un venin qu'il introduit dans la plaie faite avec le crochet qui termine l'abdomen. L'homme peut en être victime dans les pays chauds; partout ailleurs il en résulte une inflammation locale accompagnée de fièvre.

Les arachnides sont ovipares. Chez plusieurs espèces, la femelle veille sur ses œufs enveloppés dans un cocon de soie et emporte même sur son dos les jeunes larves si quelque danger les menace. La larve subit toujours plusieurs mues avant d'être animal parfait par suite de sa métamorphose.

L'araignée se tisse ordinairement une toile pour arrêter sa proie et aussi pour abriter ses œufs. Une matière gluante sort des vaisseaux sécréteurs par quatre ou six mamelons situés à la partie postérieure de l'abdomen; elle s'épaissit à l'air en fils d'une ténuité extrême dans nos contrées; mais dans les pays chauds ils sont assez forts pour arrêter de petits oiseaux, quelquefois même pour embarrasser la marche de l'homme. La trame est souvent irrégulière; les mailles sont ordinairement d'une régularité parfaite. L'animal, tantôt au centre, tantôt dans une retraite tout auprès, attend avec patience que l'ébranlement des fils lui annonce quelque proie; il court à elle, la tue ou l'étourdit, l'enlace de nouveaux fils, la suce et se débarrasse ensuite du cadavre.

Classification des arachnides.— Les *arachnides* se divisent en deux ordres, suivant leur mode de respiration, les *arachnides pulmonaires* et les *arachnides trachéennes;* chacun des deux ordres se subdivise en deux familles.

Les *arachnides pulmonaires* comprennent les *scorpions* (*fig.* 46), qui ont des palpes en forme de pinces et une queue avec un aiguillon, et les *aranéides,* ou *araignées* proprement dites, qui manquent de ces caractères. — A cette dernière famille appartiennent comme genres : l'*araignée fileuse* ou *domestique,* dont on compte plusieurs espèces; — la *mygale,* dont les espèces les plus remarquables sont la *mygale maçonne,* qui se creuse un nid dans la terre et le tapisse avec du mortier, l'*araignée crabe,* qui tient vingt-cinq centimètres sous ses pattes, l'*araignée aviculaire,* qui s'attaque aux petits oiseaux; — la *lycose,* au duvet serré, ayant pour espèce la *tarentule,* à la morsure venimeuse, mais dont on détruit, dit-on, les effets par une danse prolongée.

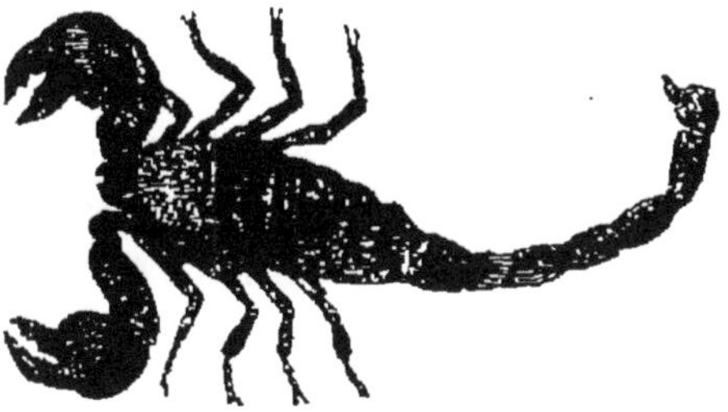

Fig. 46. — *Scorpion.*

Les *arachnides trachéennes,* qui n'ont ni artères ni veines, comprennent les *faucheurs* et les *mites.* — Les *faucheurs* ont la tête, le thorax et l'abdomen réunis et des pattes d'une longueur démesurée.— Les *mites* ont pour genres : la *mite du fromage;* — le *ciron,* d'un rouge écarlate, qui s'attaque à l'homme; — le *sarcopte,* qui se creuse des sillons sous l'épiderme et développe la gale.

Classe des crustacés. — Les *crustacés* ont pour caractère distinctif un épiderme pierreux et dur, que la chimie a reconnu être du carbonate de chaux; l'enveloppe tombe plusieurs fois et est remplacée par une autre à mesure que l'animal grandit : c'est une véritable mue. Tantôt la tête est divisée en anneaux distincts, comme chez les squilles; tantôt elle ne paraît formée que d'un seul tronçon. De même si la tête est souvent distincte du thorax, chez certaines espèces elle ne forme qu'une masse avec cette seconde partie. Le thorax a sept anneaux, par conséquent sept paires de pattes; mais quelquefois il n'en porte que cinq paires, comme chez les crabes et les écrevisses, parce que les deux premières paires servent ou à la mastication, d'où le nom de pattes-mâchoires, ou à la préhension quand elles se terminent en pinces, ou à la natation quand elles sont foliacées et membraneuses, ou à fouir la terre, si elles sont élargies et lamellaires vers le bout. Les yeux sont quelquefois simples, mais plus ordinairement composés; quelquefois aussi ils sont portés sur un pédoncule. L'appareil de l'ouïe est situé à la base des antennes.

Presque tous les crustacés sont aquatiques : donc ils respirent par des branchies, et ces branchies sont tantôt intérieures, situées sur les deux côtés du thorax, l'eau entrant ordinairement par une ouverture entre la base des pattes et le bord de la carapace et ressortant par une autre ouverture près de la bouche; tantôt extérieures, flottant librement en forme de panaches, sous les membres abdominaux. Mais il est des espèces qui respirent soit par des vésicules membraneuses disposées à la base des pattes, soit par des fausses pattes, foliacées et membraneuses, qui se sont développées sous l'abdomen. Un très-petit nombre doivent vivre sur terre, comme le gécarcin ou crabe de terre; cependant ils ont aussi des branchies maintenues humides par une réserve d'eau que l'animal peut faire au fond de la cavité respiratoire.

Les crustacés sont carnassiers, les uns suceurs, les autres masticateurs : de là quelques différences dans la conformation de la bouche. L'appareil circulatoire est semi-vasculaire et semi-lacuneux. Un cœur à ventricule unique, situé sur la ligne médiane du dos, envoie aux artères un sang tantôt incolore, tantôt bleu ou lilas, qui revient aux branchies par des lacunes, puis au cœur par des vaisseaux, après avoir recueilli dans sa route le chyle.

Quelques crustacés subissent une demi-métamorphose : telle est notamment la langouste.

Classification des crustacés. — La classe des crustacés se divise en cinq groupes, se subdivisant à leur tour en onze ordres, presque tous sans aucun intérêt. Les cinq groupes sont : les *podophthalmaires*, dont les yeux sont portés sur des pédoncules mobiles; — les *édriophthalmes*, qui ont les yeux sessiles et point de carapace; — les *branchiopodes*, aux pattes servant à la fois pour la natation et la respiration; — les *entomostracés*, qui ont un seul œil, vivant librement dans le premier âge et devenant ensuite sédentaires; — les *xiphosures*, à la structure anormale, ayant six paires de pieds autour de la bouche et cinq paires de pattes natatoires et branchiales.

Les podophthalmaires comprennent deux ordres qui servent d'aliments à l'homme : les *décapodes*, qui ont dix pattes et les branchies intérieures, et dont les genres sont : l'*écrevisse* (*fig.* 47), la *crevette*, le *homard*, la *langouste*, le *crabe*; — les *stomapodes*, aux branchies s'attachant à l'abdomen, qui comprennent les trois genres de *squilles*.

Parmi les édriophthalmes se trouvent la *crevette des*

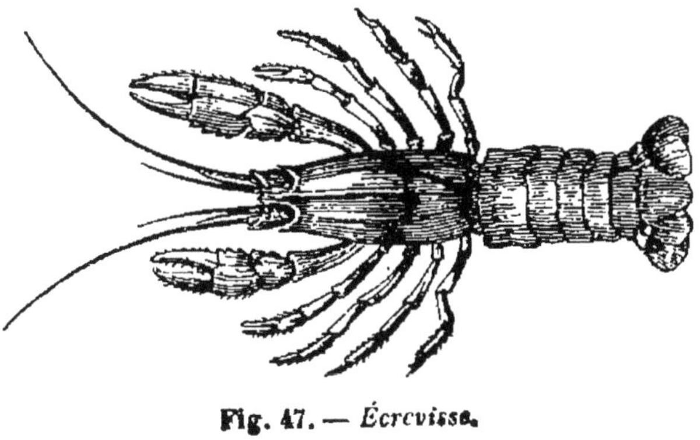

Fig. 47. — *Écrevisse.*

ruisseaux et le *talitre,* de l'ordre des *amphipodes,* et le *cloporte,* si commun dans les vieux murs, de l'ordre des *isopodes.*

Les branchiopodes sont conformés pour la nage et respirent par leurs pattes. A cet ordre appartiennent les *trilobites,* contemporains des premiers âges du monde et qui n'existent plus aujourd'hui.

Dans les entomostracés, les *siphonostomes* et les *lernées* comprennent des animaux parasites vivant sur les poissons, les crustacés, etc. Les *cirrhipèdes,* du même groupe, se divisent en *balanes* ou *glands de mer* et *anatifes,* qui nagent librement après leur naissance; plus tard la balane s'attache à un rocher, l'anatife à un corps sous-marin, et ils y vivent en attirant leur proie à l'aide de douze paires de bras ou cirrhes que l'animal fait continuellement sortir et rentrer dans son espèce de coquille.

Les xiphosures n'ont qu'un ordre et un genre, la *limule* ou *crabe des Moluques.*

Les crustacés décapodes, homard, écrevisse, crabe, etc., les squilles et quelques autres genres servent à l'alimentation. Leur chair est blanche et ferme; elle rappelle celle des poissons.

Classe des systolides. — La classe des *systolides* se compose d'animaux microscopiques, que l'on a réunis longtemps aux infusoires. On les trouve dans les eaux stagnantes et dans les mousses humides. Les principaux genres sont les *rotifères,* les *brachions* et les *tardigrades.*

Sous-embranchement des vers. — Les *vers,* dont se compose le deuxième sous-embranchement des annelés, n'ont point de squelette tégumentaire, ni de membres articulés. Le corps est mou, contractile, divisé en anneaux; la tête, le thorax et l'abdomen ne se distinguent en rien.

Classification des vers. — Les *vers* forment deux classes : les *annélides* et les *helminthes.*

Classe des annélides. — Les *annélides* ont une tête garnie d'antennes ou de cirrhes tentaculaires, la respiration tantôt aérienne, tantôt aquatique, suivant le milieu dans lequel ils doivent vivre, le système nerveux composé d'une multitude de ganglions, le sang rouge, quelquefois vert, quelquefois d'une autre couleur, une série de faisceaux de soies ou de poils, et quelquefois des espèces de ventouses, par lesquelles ils s'attachent. On en a formé quatre ordres : les *errantes*, les *tubicoles*, les *terricoles* et les *suceurs*. Les unes habitent la mer, comme l'*arénicole*, qui s'enfonce dans le sable, et la *serpule*, qui se construit un long tube pour demeure ; les autres se trouvent dans les eaux douces, comme la *sangsue* (*fig.* 48), de l'ordre des suceurs, remarquable par sa ventouse à chaque extrémité, et dont une espèce est très-employée en médecine. Les *lombrics* ou *vers de terre* vivent sur la terre, s'y enfoncent pour y passer la mauvaise saison et servent d'appât pour la pêche.

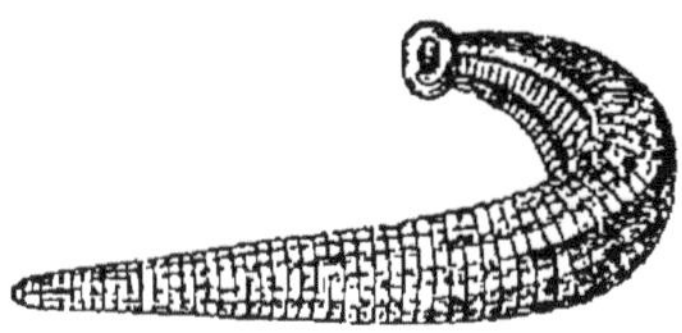

Fig. 48. — *Sangsue.*

Classe des helminthes. — Les *helminthes* ont été longtemps rangés parmi les zoophytes. Ce sont des vers au corps cylindrique, au sang blanc, au système nerveux rudimentaire, que l'on appelle encore *entozoaires* ou *vers intestinaux*, parce qu'ils se rencontrent dans les intestins de l'homme et de certains mammifères. Chez l'homme, et surtout chez les enfants, on les combat par les vermicides, tels que la mousse de Corse, le camphre, l'assa-fœtida, etc., qui les tuent, ou par les vermifuges, tels que l'émétique, l'huile de ricin, la rhubarbe, etc., qui les font rejeter au dehors.

La classe des helminthes est très nombreuse : aussi est-elle aujourd'hui divisée en six ordres, qui renferment chacun plusieurs genres. Comme ils ne sont d'aucun intérêt, il suffira de nommer la *trichine*, qui pullule dans le porc et passe quelquefois du porc dans l'homme, le *dragonneau* ou *ver de Médine* et le *ténia* ou *ver solitaire*.

CHAPITRE XVI.

Embranchement des Mollusques.

Les mollusques. — Caractères des mollusques. — Classification des mollusques. — Classe des céphalopodes. — Classe des céphalidiens. — Classe des lamellibranches. — Classe des brachiopodes. — Classe des tuniciers. — Classe des bryozoaires.

Les mollusques. — Le troisième embranchement comprend les *mollusques,* appelés encore *malacozoaires,* c'est-à-dire animaux mous. Les uns vivent sur terre, les autres dans l'eau.

Caractères des mollusques. — Les *mollusques* n'ont aucune espèce de squelette; à peine en est-il qui aient, comme la seiche, quelques pièces solides sans articulation d'aucun genre. Leur peau, molle et visqueuse, enveloppe souvent le corps dans ses replis, et porte alors le nom de *manteau.* Elle sécrète ordinairement à la surface une coquille calcaire, tantôt univalve, c'est-à-dire d'une seule pièce, comme chez le limaçon, tantôt bivalve ou de deux pièces, comme chez l'huître, rarement d'un plus grand nombre de pièces. Cette coquille offre, suivant les genres, les couleurs les plus riches et les plus variées.

Les mollusques n'ont pas de membres; ils rampent. Leur bouche est souvent entourée d'appendices plus ou moins longs que l'on appelle *tentacules.* Les uns respirent par des poumons, les autres par des branchies. Tous ont un cœur composé d'un ventricule et d'une ou quelquefois deux oreillettes. A travers des artères et des veines circule un sang incolore ou légèrement bleuâtre.

Classification des mollusques. — Les *mollusques* sont divisés en six classes : les *céphalopodes,* les *céphalidiens,* les *lamellibranches*, les *brachiopodes*, les *tuniciers* et les *bryozoaires*.

Classe des céphalopodes. — Les *céphalopodes* doivent leur nom à ce que leurs tentacules, qui leur servent de pieds, sont disposés autour de la bouche. Ce sont des animaux de mer, à respiration branchiale, ayant un système nerveux compliqué et des yeux développés, se nourrissant de crustacés et de poissons.

Les principaux genres des céphalopodes sont : le *poulpe*, appelé aussi la *pieuvre* (*fig.* 49), privé de coquille, mais armé de tentacules qui ont jusqu'à dix mètres dans une certaine espèce, chaque tentacule étant garni de nombreuses ventouses par lesquelles l'animal s'attache fortement à sa proie ; — l'*argonaute*, à la coquille blanche et mince qui a la forme d'une nacelle et que l'animal peut quitter quand il lui plaît ; — le *nautile*, qui ressemble au poulpe par ses longs tentacules, à l'argonaute par sa coquille ; — la *seiche*, remarquable par l'os qu'elle sécrète sous la peau du dos et par la liqueur noire qu'elle répand à volonté ; — le *calmar*, dont l'os est mince, transparent comme le verre, semblable à une plume en partie ébarbée, et qui a une liqueur analogue à celle de la seiche.

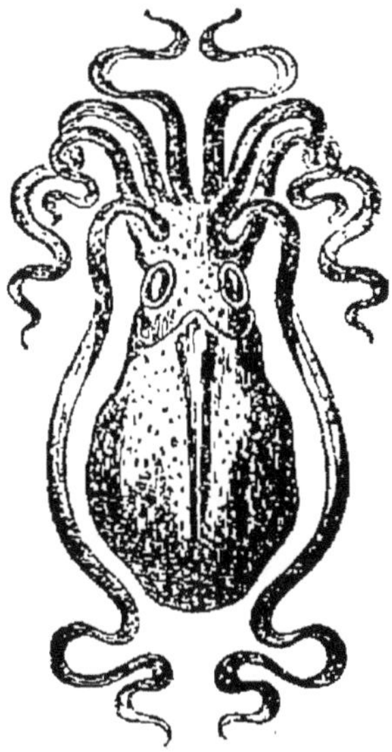

Fig. 49. — *Poulpe.*

Le poulpe et le calmar servent d'aliment aux habitants des côtes. L'os de la seiche, qu'on met dans la cage des oiseaux pour qu'ils aiguisent leur bec, est également employé à polir l'ivoire et les métaux ; la liqueur noire qu'on recueille du même mollusque constitue la sépia du dessinateur. On recherche comme ornement la coquille de l'argonaute et du nautile

Classe des céphalidiens. — Les *céphalidiens* ont la tête très petite et à peine séparée du corps. Ils ont une coquille univalve et quatre tentacules, dont deux plus grands portent les yeux. Les uns vivent sur terre, les autres dans la mer. On les subdivise en trois ordres : les *gastéropodes*, les *hétéropodes* et les *ptéropodes*.

Les *gastéropodes* (ventre-pied), division la plus nombreuse des mollusques, rampent à l'aide d'un disque charnu placé sous le ventre. Les uns sont terrestres, d'autres fluviatiles. Le plus grand nombre porte une coquille univalve roulée en spirale dans laquelle l'animal se retire et qu'il ferme par un *opercule* corné.

Fig. 50. — *Escargot* ou *Colimaçon*.

Les principaux genres de gastéropodes sont : l'*escargot* ou *colimaçon* (*fig.* 50), si commun partout, qui passe l'hiver sans nourriture enfermé et engourdi dans sa coquille, et dont une espèce est comestible; — la *limace*, qu'on trouve dans tous les lieux sombres et humides et qui n'a pas de coquille; — le *rocher* ou *murex*, d'où les anciens tiraient la belle couleur appelée pourpre; — l'*oscabrion*, habitant des mers septentrionales, revêtu comme d'un manteau d'écailles imbriquées; — le *vignot*, que l'on trouve partout sur nos côtes.

Les *hétéropodes* sont des animaux de mer sans intérêt. Leur pied, en forme de gouvernail, leur sert à nager. La coquille et le corps sont d'une transparence remarquable.

Les *ptéropodes* doivent leur nom aux deux nageoires, expansion du manteau, placées aux deux côtés de la bouche; ce sont de petits mollusques qui fourmillent dans la haute mer. — Les principaux genres sont le *clio*, d'un beau bleu violacé mêlé de rouge vif, et l'*hyale*, d'un jaune bleuâtre ou violet.

On mange l'escargot des vignes et quelques espèces maritimes, comme le vignot. De certains murex on extrait la belle couleur de pourpre. Les coquilles des murex, des volutes, des buccins, des porcelaines, etc., sont recherchées pour l'élégance de leurs formes et la richesse de leurs couleurs.

Classe des lamellibranches. — Les *lamellibranches* et les *brachiopodes* étaient réunis autrefois sous le nom d'*acéphales* (sans-tête), parce qu'ils n'ont pas de tête proprement dite. Ce sont des mollusques ordinairement bivalves, dont le corps est enveloppé d'un manteau formé de deux lames membraneuses à bords simples ou frangés, et qui peuvent ouvrir et refermer leurs coquilles unies par une charnière. Ils vivent dans l'eau douce ou dans la mer, quelques-uns dans la pierre ou le bois. Les uns sont libres et nagent; les autres se réunissent et s'attachent aux rochers ou aux sables par des faisceaux de fils déliés que l'on appelle *byssus*.

Les principaux genres des lamellibranches sont : l'*huître* (*fig.* 51), que l'on trouve sur toutes nos côtes, où elle forme quelquefois des bancs immenses; — l'*aronde* ou *huître perlière*, rare en Europe, nombreuse sur les côtes de Ceylan, du golfe Persique, de la mer Rouge, de Californie, etc.; — le *spondyle* ou *huître épineuse*, dont les coquilles portent de longues épines et qui habite les mers des pays chauds; — la *moule*, bivalve à coquille oblongue, très abondante sur nos côtes; — le *pecten* (peigne) ou *coquille de saint Jacques*, d'une élégance de forme et de couleur recherchée dans les collections; — le *tridacne* ou *bénitier*, dont

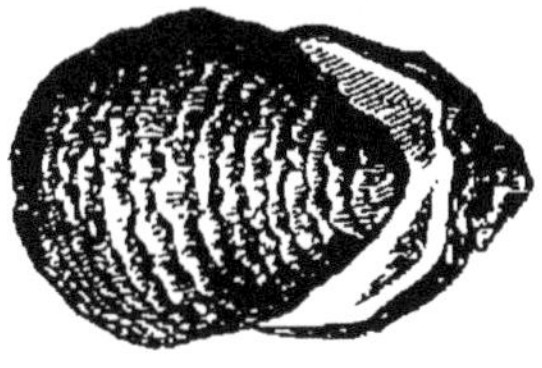

Fig. 51. — *Huître.*

les coquilles pèsent quelquefois jusqu'à deux cent cinquante kilogrammes et ont plus d'un mètre cinquante centimètres de longueur;—le *pétoncle,* à la forme orbiculaire;—le *pholade,* mollusque phosphorescent, qui attaque la pierre pour se loger dans les trous d'où il ne peut plus sortir; — la *vénus* aux nombreuses espèces, parmi lesquelles le *clovisse,* toutes de couleurs variées et de dessin élégant; — le *taret,* long ver aquatique qui creuse pour s'y loger la coquille des vaisseaux et les bois les plus durs quand ils sont submergés.

Tous ces mollusques et d'autres de la même classe entrent plus ou moins dans l'alimentation. L'huître est l'aliment le plus recherché; elle se *drague* (du nom de l'instrument qu'on emploie) sur les fonds pierreux où elle s'entasse: on peut la conserver dans des *parcs* inondés sur les côtes; on peut même la transporter et la naturaliser où l'on veut; sa coquille calcaire donne de la chaux et fait un bon engrais. L'huître perlière, qui sécrète les perles et la nacre, est recueillie par des plongeurs qui descendent sous une cloche jusqu'au fond des eaux. Il en est des coquilles des lamellibranches comme de celles des gastéropodes; elles sont recherchées pour leur beauté. Celles du tridacne servent de bénitier dans les églises; celles du pecten servent de plats pour faire cuire des champignons, des truffes, et autres mets, et pour fabriquer de menus objets de fantaisie.

Classe des brachiopodes. — Les *brachiopodes* sont ainsi appelés de deux longs tentacules enroulés en spirale, placés en forme de bras l'un à droite, l'autre à gauche de la bouche. La *térébratule* en est le principal genre. Les brachiopodes vivent au fond des mers.

Classe des tuniciers. — Les *tuniciers* sont des animaux aquatiques qui n'ont point de tête, dont le corps est tantôt nu, tantôt renfermé dans une coque calcaire; ils sont tantôt libres, tantôt soudés intimement à d'autres individus de la même espèce. Ils se reproduisent alternativement par des bourgeons et par des œufs. Réunis en troupes nombreuses, ils enflamment la mer pendant la nuit de lueurs phosphorescentes. — Les tuniciers n'ont que trois genres : les *biphores*, les *ascidies* et les *pyrosomes*. L'homme n'en tire aucun usage.

Classe des bryozoaires. — Les *bryozoaires* ont la bouche entourée de longs tentacules. Les animalcules de cette classe sont toujours sans coquille, presque constamment microscopiques, libres dans le jeune âge et plus tard agrégés les uns aux autres. Le principal genre est l'*alcyonelle*.

Les bryozoaires et les tuniciers n'ont aucun intérêt.

CHAPITRE XVII.

Embranchements des Rayonnés et des Protozoaires.

Les rayonnés. — Classification des rayonnés. — Sous-embranchement des échinodermes. — Classification des échinodermes. — Classe des échinides. — Classe des astérides. — Classe des holothurides. — Sous-embranchement des polypes. — Classification des polypes. — — Classe des acalèphes. — Classe des zoanthaires. — Classe des coralliaires.

Les protozoaires. — Classification des protozoaires. — Classe des foraminifères. — Classe des infusoires. — Classe des spongiaires.

Résumé des principaux usages des animaux.

Embranchement des Rayonnés.

Les rayonnés. — Le quatrième embranchement comprend les *rayonnés, zoophytes* ou *animaux-plantes ;* car beaucoup d'entre eux sont fixes et se développent avec une apparence de végétaux. On les appelle ainsi, soit parce que les diverses parties de l'animal se groupent autour d'un axe ou d'un point central, soit parce qu'ils peuvent projeter au dehors une foule de rayons plus ou moins rétractiles, qui paraissent servir, dans les espèces libres, à la locomotion.

Les rayonnés n'ont pas de tête apparente, pas de membres articulés, aucun autre sens qu'un tact imparfait, et rarement un système nerveux ou un organe particulier pour la respiration. Ils se reproduisent tantôt par des œufs, tantôt par des bourgeons, tantôt par la division du corps, dont chaque partie forme un être nouveau, et ce triple mode de reproduction peut se rencontrer dans la même espèce. Ce sont donc des animaux dont l'organisation est très incomplète et qui forment pour ainsi dire la transition du règne animal au règne végétal.

Classification des rayonnés. — Les *rayonnés* sont si nombreux que, malgré leur peu d'importance, on a dû les subdiviser d'abord en deux embranchements les *échinodermes,* dont la peau est hérissée de piquants, et les *polypes* ou *zoophytes* (animaux-plantes), qui se reproduisent souvent par des bourgeons et qui restent fixés sur une tige, ce qui leur donne l'apparence de végétaux. Ils vivent dans la mer, les uns près de la surface, les autres dans ses profondeurs.

Sous-embranchement des échinodermes. — Les *échinodermes* sont les moins imparfaits des rayonnés. Ce sont des animaux tous marins, tous libres, pouvant ramper au fond de l'eau, enveloppés souvent d'un certain test qui forme comme un squelette extérieur, et recouverts d'épines entre lesquelles passent des tentacules nombreux, terminés chacun par un petit disque qui fait l'office de ventouse; ces tentacules, qui sont rétractiles, sont les organes de la locomotion

Classification des échinodermes. — On a divisé les échinodermes en trois classes : les *échinides,* les *astérides* et les *holothurides.*

Classe des échinides. — Les *échinides* ont pour genre principal l'*oursin,* très-commun dans toutes les mers, à corps ovalaire, régulier, divisé en côtes, ayant un test solide calcaire et de nombreuses épines, ce qui le fait appeler par comparaison *châtaigne* ou *hérisson de mer.*

Classe des astérides. — La classe des *astérides* doit son nom à l'un de ses genres, l'*astérie* ou *étoile de mer* (*fig.* 52), ainsi nommée de ce que le corps aplati est divisé en longs rayons qui peuvent même se subdiviser à leur tour.

Fig. 52. — *Astérie.*

Classe des holothurides. — Les *holothurides* vivent les unes sur les côtes, les autres dans les profondeurs de la mer. Le principal genre est l'*holothurie*, au corps cylindrique, vermiforme, long quelquefois de trente-cinq centimètres.

Plusieurs espèces d'oursins sont comestibles ; on les apporte en grand nombre sur les marchés de la Méditerranée. Une espèce d'holothurie, le trépang, est l'objet d'une pêche et d'un commerce considérables dans l'Asie orientale, où elle est employée comme aliment. Quant aux astéries, on ne les ramasse, quand elles sont abondantes, que pour fumer la terre.

Sous-embranchement des polypes. — Les *polypes* ou *zoophytes*, que l'on a longtemps regardés comme les fleurs d'une plante marine, sont de petits animaux ordinairement agrégés et soudés les uns aux autres, qui ont le corps cylindrique, mou, percé d'une bouche centrale qu'entourent des tentacules. La peau se durcit, dans la plupart des espèces, en une enveloppe cornée ou calcaire, qui constitue tantôt des tubes, tantôt des espèces de cellules, et qui adhère par l'extrémité inférieure aux corps étrangers : c'est le polypier. Quand le polype se reproduit par bourgeons, les générations successives s'implantent l'une au-dessus de l'autre et forment des ramifications qui peuvent s'élever du fond de la mer jusqu'à sa surface. Quelquefois l'animal dépose dans l'intérieur du tube commun une matière cornée ou calcaire, espèce de tige intérieure qui se ramifie également : c'est le corail. Comme la dépouille du polype subsiste après lui, on comprend que les polypiers ou madrépores puissent former en s'accumulant des récifs et même des îles; on en rencontre plusieurs de ce genre en Océanie, dans l'océan Pacifique.

Classification des polypes. — Les polypes sont rangés en trois classes : les *acalèphes*, les *zoanthaires* et les *coralliaires*.

Classe des acalèphes. — Les *acalèphes* sont des animaux mous, d'une consistance gélatineuse, sans aucun tissu calcaire, par exception aux autres polypes, et qui flottent librement dans les eaux. Presque tous sont phosphorescents. Leur contact produit sur la peau la sensation d'une brûlure. — Les principaux genres sont : la *méduse*, très-abondante sur nos côtes, qui a la forme d'un champignon; — la *physalie*, encore appelée *ortie de mer;* — le *béroé*, qui ressemble à un petit ballon; — le *ceste*, commun dans la Méditerranée, qui se prolonge de chaque côté en un long ruban; — l'*hydre*, polype à bras ou *polype d'eau douce*, dont le corps, sac gélatineux muni de tentacules à son orifice, peut se retourner comme un gant sans nuire à la vie de l'animal, et qui peut se reproduire par la division du corps en plusieurs parties.

Classe des zoanthaires.— Les *zoanthaires* (animaux-fleurs) sont des animaux marins, à forme cylindrique et pierreuse, s'attachant aux rochers par leur base inférieure, libres supérieurement, et ayant une bouche entourée d'un grand nombre de tentacules effilés, ce qui leur donne l'aspect d'une fleur. — Les principaux genres sont : l'*actinie*, nommée aussi *ortie de mer* ou *anémone de mer*, parce que son contact brûle et que le développement de ses tentacules colorés rappelle la forme de l'anémone, qui se contracte à volonté et peut même se détacher et ramper ou flotter ; — le *madrépore*, dont le polypier se distingue par sa structure lamelliforme, et qui a pour espèces la *caryophyllie*, à la forme d'œillet et portant les polypes au bout des branches, et l'*astrée*, à la surface bombée, creusée de petites étoiles.

Classe des coralliaires. — Les *coralliaires,* qui se multiplient sur un polypier, ont des tentacules plus courts. — Les principaux genres sont : le *corail* ou *isis* (*fig.* 53), dont le polypier, commun dans la Méditerranée et la mer Rouge, a un axe central ordinairement d'un rouge vif et dur comme le marbre ; — le *tubipore,* dont tous les tubes, rangés toujours verticalement, ont été comparés à des tuyaux d'orgues ; — l'*antipathe,* dont l'axe solide fournit le corail noir.

Fig. 53. — *Corail.*

Les coralliaires seuls ont quelque utilité. Le corail est recherché pour sa dureté et la beauté de sa couleur ; on en fait des bijoux.

Embranchement des Protozoaires.

Les protozoaires. — Les *protozoaires,* qui forment le cinquième et dernier embranchement, sont tous aquatiques. Ce sont des animaux très petits, agrégés ou isolés, dont il est difficile de distinguer les organes et qu'on ne peut voir le plus souvent qu'au microscope. Il en est qui sécrètent des productions calcaires. D'autres apparaissent dans les substances en fermentation.

Classification des protozoaires. — Les *protozoaires* forment trois classes : les *foraminifères,* les *infusoires* et les *spongiaires.*

Classe des foraminifères. — Les *foraminifères,* qui pullulent dans la mer et sur le sable des rivages, sont de petits animaux microscopiques, à existence individuelle, ayant un corps de consistance glutineuse, recouvert d'une enveloppe testacée. Leurs débris forment par leur agglomération des bancs énormes de pierres calcaires, au point qu'un mètre cube de calcaire grossier, extrait des carrières de Paris, en contenait plus de trois milliards ; c'est la pierre employée dans les constructions de Paris et dans la plus grande des pyramides d'Égypte. Le principal genre est la *calcarine*. Ils n'ont par eux-mêmes aucun usage.

Classe des infusoires.— Les *infusoires* sont des animalcules microscopiques, à corps gélatineux, allongé ou arrondi, quelquefois muni de poils, que l'on trouve dans les eaux dormantes ou dans les substances en putréfaction. Le principal genre est le *noctiluque*. Ils n'ont aucune utilité.

Classe des spongiaires. — Les *spongiaires* ou *éponges* (*fig.* 54), zoophytes marins et quelquefois fluviatiles, sont dans l'origine de petits embryons ciliés qui nagent librement quelques jours et qui se fixent sur les corps marins ou fluviatiles. Ils deviennent alors des animaux sans forme déterminée, même sans bouche, composés d'une substance fibro-gélatineuse entremêlée d'ossicules calcaires ou siliceux, se nourrissant par l'eau qui traverse leurs tubes multipliés, et se reproduisant par des œufs, par la division de leur corps et par bourgeons s'agrégeant à l'âge précédent. Les éponges servent à la toilette, et généralement à laver, par suite de la propriété qu'elles ont de s'imbiber de tout liquide.

Fig. 54. — *Éponge.*

Résumé des principaux usages des animaux[1]. — En terminant la zoologie, jetons un dernier coup d'œil sur les utilités nombreuses que l'homme en retire, au triple point de vue de l'alimentation, du travail et de l'industrie. C'est l'embranchement des vertébrés qui lui fournit les plus grandes ressources. A mesure que l'on descend la série des êtres organisés, les utilités deviennent moins nombreuses et moins immédiates, et les protozoaires, à l'exception des éponges, lui échappent en quelque sorte par leur petitesse.

Que d'animaux dont l'homme fait sa nourriture quotidienne! Parmi les mammifères, il a réuni les uns en troupeaux autour de lui, comme le bœuf, la vache, la brebis, la chèvre, le cochon, etc., veillant à leurs besoins et à leur reproduction; ceux qu'il a dû laisser à leur état sauvage, il les chasse, comme le sanglier, le cerf, le chevreuil, le lièvre, le lapin, etc. Il en est de même des oiseaux, qui nous donnent leur chair, leurs œufs et leurs plumes : les uns se sont soumis à la domestication, comme le coq, la poule, l'oie, le dindon, le canard, le pigeon, etc.; les espèces sauvages, la perdrix, le faisan, la caille, la bécassine, etc., fournissent nos tables de gibier. Parmi les reptiles et les batraciens, il n'y a guère que la tortue et la grenouille qui servent un peu à l'alimentation. Au contraire, il est peu de poissons dont on ne se nourrisse; le plus grand nombre est d'une énorme ressource pour la vie, soit qu'on les mange frais, soit qu'on les conserve confits ou salés; mais toutes les espèces veulent une liberté au moins relative dans nos viviers. L'embranchement des annelés ne nous donne guère que le miel de l'abeille et la chair d'un certain nombre de crustacés, le homard, l'écrevisse, la crevette, le crabe, etc.; celui des mollusques n'est pas plus fertile en espèces alimentaires : l'huître, la moule, l'escargot, etc., sont les plus communs; celui des rayonnés ne nous donne que l'oursin.

Ce n'est que dans les mammifères que l'homme a trouvé des compagnons et des auxiliaires de ses travaux. Sans

1. Voir le tableau synoptique de la page 51.

parler du chien qui lui rend tant de services, surtout pour la garde des maisons et des troupeaux ou pour la chasse, le cheval, l'âne, le mulet, le bœuf dans les contrées tempérées, le chameau et l'éléphant dans les pays arides du midi, le renne dans les glaces du nord, tantôt tirent pour lui la charrue, tantôt portent des fardeaux, tantôt le transportent lui-même où il lui plaît.

Les ruminants, comme nous l'avons déjà vu, fournissent à l'industrie leur cuir, leur laine, leur graisse, leur poil, leur sang, leurs os et le noir animal. Les carnassiers et les rongeurs donnent leurs riches fourrures; les pachydermes, l'ivoire; les amphibies et les cétacés, de l'huile, le blanc de baleine et les baleines employées dans l'industrie. Les plumes des oiseaux nous servent pour écrire, s'emploient dans les oreillers ou les édredons pour entretenir la chaleur, ou servent d'ornement, comme les marabouts et les oiseaux de paradis. L'écaille des tortues sert à confectionner une foule de jolis objets. Parmi les articulés, le ver à soie nous donne ses cocons, d'où l'on tire de magnifiques étoffes; la cochenille, une riche couleur; le cynips, la noix de galle, etc. Le murex qui donne la pourpre, les seiches qui sécrètent la sépia, l'huître perlière, une grande variété de coquilles recherchées et travaillées pour servir d'ornement, représentent les mollusques dans l'industrie. Il n'est pas jusqu'aux protozoaires qui ne nous payent leur tribut avec le corail et l'éponge. La médecine a emprunté au règne animal plusieurs remèdes utiles, l'huile de foie de morue, la sangsue, la cantharide, etc.

L'étude de la zoologie et de la physiologie animale se développe tous les jours. Chaque instant est, pour ainsi dire, marqué par une découverte nouvelle et quelque nouveau produit utile. Plus nous pénétrons dans les secrets de la nature, plus nous admirons les œuvres de Dieu et sa prévoyance de nos besoins, plus nous sommes portés par reconnaissance à nous prosterner devant le divin et bienfaisant créateur et conservateur de toutes choses.

BOTANIQUE.

CHAPITRE Ier.

Définition. — Division de la botanique. — Son utilité. — Composition élémentaire des végétaux. — Tissus des végétaux.

Définition. — La *botanique* est la partie de l'histoire naturelle qui traite des végétaux.

Par le mot *végétal,* il faut entendre un être organisé qui naît, se nourrit, se reproduit et meurt, mais qui est dépourvu de sensibilité et de mouvements volontaires. Il est bien vrai que certains végétaux nous offrent quelques phénomènes sensibles : ainsi la sensitive contracte ses feuilles dès qu'on les touche, et la dionée attrape-mouche resserre les deux lobes de ses feuilles quand un insecte s'y pose, et le perce des épines dont ils sont armés; mais ce sont des mouvements automatiques, des propriétés exceptionnelles.

Division de la botanique. — La botanique se divise en deux parties : 1° la *botanique générale,* où l'on traite de la structure des végétaux, de leurs organes et de leurs fonctions vitales, ce qui constitue l'*anatomie* et la *physiologie végétales;* 2° la *botanique descriptive,* qui classe les végétaux et en étudie les espèces.

Utilité de la botanique. — La botanique est sans contredit la partie la plus intéressante de l'histoire naturelle au point de vue des usages domestiques. Elle est la base de l'agriculture, qui nous donne dans les céréales (blé, orge, riz, maïs, avoine, etc.), dans les plantes fourragères (trèfle, sainfoin, luzerne, etc.), dans les légumineuses (haricot, pois, lentille, etc.), dans les arbres fruitiers (pommes, poires, cerises, raisin, etc.), de quoi suffire à notre alimentation et même à celle de nos animaux domestiques. Les sucs extraits de certaines plantes (vin, cidre, sucre, cacao, café, etc.) sont pour nous d'une consommation journalière. L'industrie retire des plantes textiles le fil et le coton; des plantes tinctoriales de quoi donner aux étoffes leurs différentes couleurs; des plantes oléifères les différentes huiles; des plantes résineuses les gommes, le caoutchouc, etc. La médecine utilise d'autres plantes, racines, tiges, feuilles et fleurs, pour la guérison de nos maladies. Les arbres forestiers (chêne, hêtre, sapin, noyer, acajou, etc.) nous fournissent du bois pour nos constructions et pour nos meubles, et des moyens de chauffage comme bois ou comme charbon. Et pour que l'agréable soit mêlé à l'utile, les fleurs, par leurs couleurs vives et variées et par la multiplicité de leurs parfums, sont pour la vue et l'odorat une source de jouissances toujours nouvelles.

Composition élémentaire des végétaux. — Au point de vue chimique, les végétaux sont essentiellement composés de trois éléments, l'oxygène, l'hydrogène et le carbone; accidentellement l'on trouve dans certaines espèces quelques autres éléments, tels que le soufre, la potasse, la soude, etc.

Tissus des végétaux. — La nature combine entre eux par des lois mystérieuses les éléments des végétaux; elle en forme les *tissus*, et ceux-ci à leur tour constituent les parties du végétal, la *racine*, la *tige*, la *feuille*, la *fleur* et le *fruit*, pour servir à ses différentes fonctions. Les organes de la nutrition sont la racine, la tige et la feuille; ceux de la reproduction, la fleur et le fruit.

La structure intérieure d'un végétal, vue au microscope, permet de distinguer des *cellules*, de forme arrondie ou polyédrique, des *fibres* ou tubes terminés en pointe et fermée, des *vaisseaux* simples ou ramifiés; mais les fibres et les vaisseaux ne sont que des modifications de la cellule. Ce sont les éléments des tissus, dont on compte trois espèces : le *tissu cellulaire*, le *tissu fibreux* et le *tissu vasculaire*. Certaines plantes n'ont que le premier ; la plupart les comprennent tous trois.

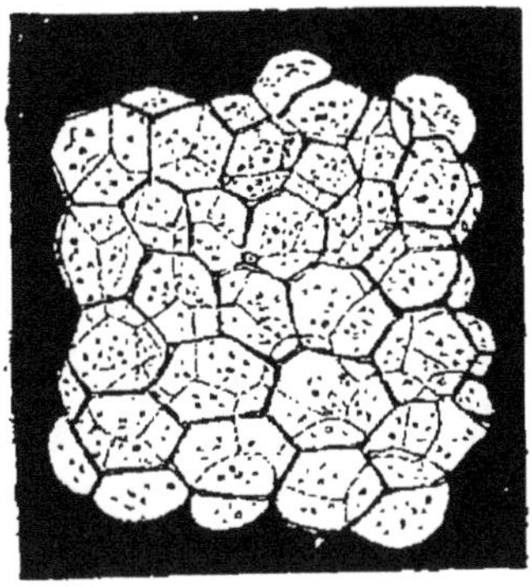

Fig. 55. — *Tissu cellulaire.*

Le *tissu cellulaire* ou *utriculaire* (*fig.* 55) se compose de cellules tantôt juxtaposées, tantôt s'aplatissant l'une contre l'autre en polyèdres comme les alvéoles d'un gâteau de cire. Leur forme est variable, leurs parois plus ou moins épaisses ; la coloration est due à la matière intérieure. Quand il est mou, spongieux, verdâtre, le tissu cellulaire se nomme *parenchyme*.

Fig. 56. *Tissu fibreux.*

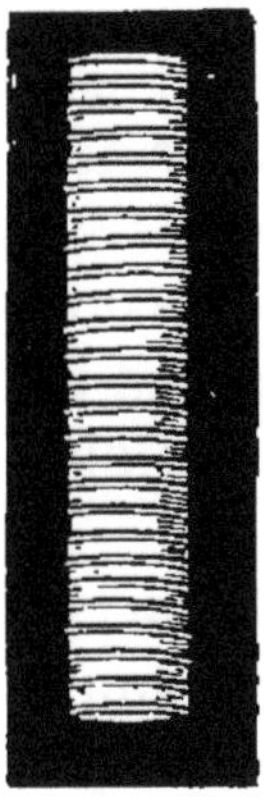

Fig. 57. *Tissu vasculaire.*

Le *tissu fibreux* ou *ligneux* (*fig.* 56) se compose d'utricules en fuseau nommés *clostres*, qui s'unissent entre eux comme les cellules.

Le *tissu vasculaire* se compose de vaisseaux ou tubes (*fig.* 57) généralement cylindriques avec étranglement de distance en distance. Les vaisseaux résultent ou d'une seule cellule excessivement allongée ou de plusieurs cellules dont la membrane mitoyenne s'est perforée.

On distingue les *vaisseaux ordinaires* et les *vaisseaux propres*.

Les *vaisseaux ordinaires* se subdivisent en *trachées*, tubes cylindriques constitués par un ou plusieurs fils enroulés en spirale, et en *fausses trachées*, où la spirale est revêtue d'une espèce de tunique externe ; les fausses trachées comprennent les *vaisseaux annulaires*, où la spirale, munie d'une tunique, se brise à des distances capricieuses en formant comme des anneaux; les *vaisseaux réticulés*, sorte de réseau irrégulier, les anneaux de la spirale ne s'étant soudés entre eux que de distance en distance; les *vaisseaux rayés*, où les anneaux sont coupés par des raies transversales, de façon à simuler les barreaux d'une échelle; les *vaisseaux ponctués*, formés de cellules réunies à la membrane commune perforée, et les *vaisseaux mixtes*, où deux ou plusieurs espèces se développent bout à bout.

Les *vaisseaux propres* ou *laticifères* destinés à contenir le *latex* ou *suc* propre à la plante, sont des tubes ouverts aux deux bouts, contrairement aux autres vaisseaux, et communiquant entre eux par des branches transversales. Mais avec le temps le canal, d'abord continu, présente des étranglements successifs et se forme en utricules isolés. D'où l'on voit que dans leur développement ils suivent une marche inverse à celle des vaisseaux ordinaires.

Quand les vaisseaux se rencontrent, il arrive fréquemment que leurs parois s'unissent en un point et s'y détruisent, de manière à les faire communiquer entre eux : c'est ce qu'on appellé *anastomose*.

On donne le nom d'*épiderme* à une couche mince de tissu qui recouvre presque toutes les parties d'un végétal. L'épiderme se divise en deux parties : l'une intérieure, qui est l'*épiderme proprement dit;* l'autre extérieure, que l'on nomme *cuticule*. Il se détache par la macération dans l'eau.

Quelques cellules de l'épiderme se développent quelquefois en *aiguillons*, comme dans le rosier, ou en *poils*, comme dans l'ortie. D'autres cellules, appartenant à l'épiderme ou qui en sont voisines, sécrètent des liquides particuliers au végétal : on les appelle *glandes*. Les glandes de la peau d'orange, d'où sort une huile volatile, sont les glandes proprement dites; les poils de l'ortie, qui renferment un suc âcre et caustique, sont des *poils glanduleux*.

CHAPITRE II.

Organes de nutrition. — Racines; leurs formes diverses. — Usages des racines. — Tiges. — Diverses espèces de tiges. — Usages des tiges. — Feuilles; leur disposition; leurs métamorphoses. — Usages des feuilles.

Organes de nutrition. — Les organes de nutrition sont les racines, la tige et la feuille.

Racines. — La *racine* est la partie inférieure du végétal; elle s'enfonce ordinairement en terre, n'a jamais la couleur verte et ne porte ni feuilles ni bourgeons. Sa fonction est double : elle est l'organe de l'absorption, et c'est un réservoir de matière nutritive que la culture développe pour nos besoins dans certaines espèces.

Les divisions de la racine se nomment *radicelles;* les divisions extrêmes, qui sont très fines, *fibrilles,* et leur ensemble constitue le *chevelu.* On appelle *collet* ou *nœud vital* la ligne de démarcation plus ou moins apparente qui sépare la racine de la tige.

Les racines sont, par rapport à leur durée, *annuelles, bisannuelles, vivaces* ou *ligneuses,* selon qu'elles durent un an ou deux ans, ou qu'elles persistent, soit en reproduisant tous les ans une nouvelle tige, comme la luzerne, soit avec la tige elle-même, formée de tissu ligneux, comme les arbres et les arbrisseaux.

Formes des racines. — Par rapport à la forme, les racines sont *simples* ou *composées.*

La racine *simple* est *pivotante* (*fig.* 58), quand elle s'enfonce en terre perpendiculairement; *oblique,* quand elle s'écarte de la perpendiculaire; *descendante,* quand après une marche horizontale elle s'enfonce verticalement; *rampante* ou *traçante,* quand des branches radicales rampent près de la surface de la terre; *fusiforme,* quand elle a la forme d'une carotte; ***napiforme***, quand elle ressemble au navet; *noueuse*, quand des renflements se succèdent par intervalles.

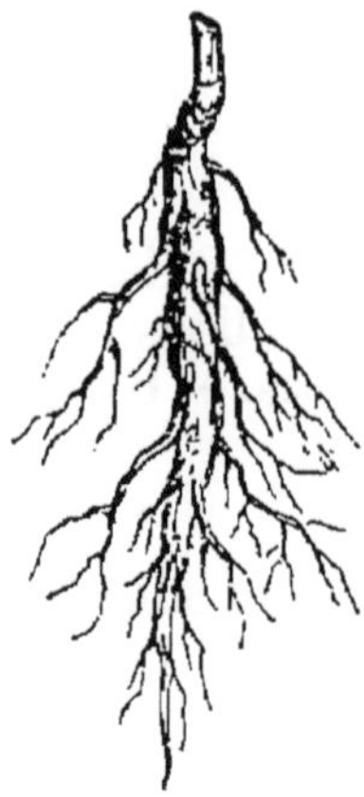

Fig. 58.
Racine pivotante.

La racine *composée* est *fibreuse* (*fig.* 59), quand elle est formée de fibres, tantôt grêles, tantôt plus ou moins renflées; *fasciculée*, quand elle est formée d'axes charnus et pleins de fécule; *tubériforme*, quand elle a des renflements, comme le dahlia, qui ressemblent à des tubercules, mais qui n'en sont pas, puisqu'ils ne portent pas de bourgeons. Outre les racines naturelles, il y a les racines *adventives*, qui naissent de la tige, comme nous l'avons remarqué dans le lierre et le fraisier.

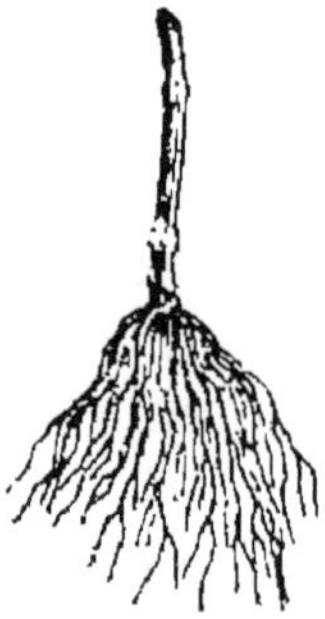

Fig. 59.
Racine fibreuse.

Usages des racines. — Les racines ligneuses peuvent avoir les mêmes usages que le bois; quelques-unes, comme le buis, sont recherchées par l'ébéniste et le tourneur. Les racines charnues servent tantôt à l'alimentation, comme la carotte, le navet, le panais, développés par la culture; tantôt à la teinture, comme la garance et l'orcanette pour le rouge, le curcuma pour le jaune; tantôt à la médecine dans les décoctions, comme la rhubarbe, l'ipécacuanha, la patience. De la betterave, on extrait du sucre qui ne le cède en rien au sucre de canne; de la racine du manioc, la fécule dont on fait le tapioca, employé pour les potages.

Tiges. — La *tige* est la partie de l'axe du végétal comprise entre la racine et les feuilles. Elle sort en général de terre et s'élève verticalement vers le ciel.

La tige est nommée *tronc*, comme dans nos grands arbres, quand elle est ligneuse, conique, se divisant en branches et en rameaux qui forment des axes secondaires; *stipe*, comme dans le palmier, quand elle est droite, cylindrique, sans ramifications, et n'ayant au sommet qu'un bouquet de feuilles et de fruits; *chaume*, comme dans le blé, quand elle est creuse intérieurement avec des nœuds de distance en distance, d'où partent des feuilles alternes et engaînantes; elle conserve simplement le nom de *tige*, comme dans l'œillet, quand elle ne se rapporte à aucune des espèces précédentes.

Diverses espèces de tiges.— On distingue plusieurs espèces de tiges, suivant leur position ou leur consistance, et on les appelle de différents noms.

Une tige est dite *couchée*, quand elle s'étale sur la terre, comme le lierre; *grimpante*, quand pour s'élever elle s'appuie sur un arbre plus vigoureux, comme la clématite; *volubile*, quand elle s'enroule en spirale autour de son soutien, comme le haricot; *sarment*, quand la tige volubile est ligneuse, comme la vigne.

A côté de la tige *aérienne*, qui est la plus commune, il y a des tiges *rampantes* et des tiges *souterraines*.

Une tige *rampante*, une fois sortie de terre, envoie latéralement des *jets*, *coulants* ou *stolons*, comme le fraisier, d'où partent de nouvelles racines qui s'enfoncent dans le sol et forment une nouvelle plante.

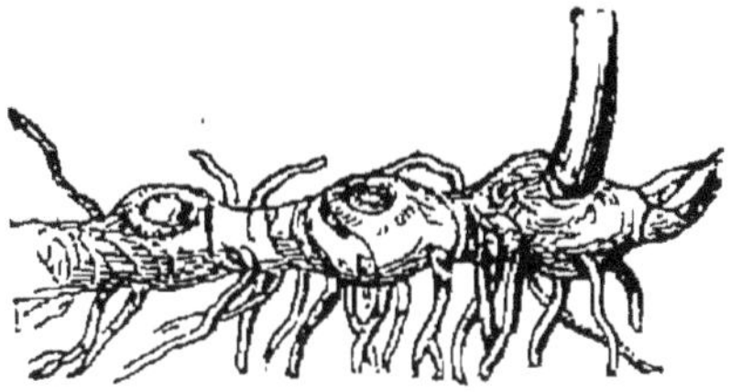

Fig. 60.
Rhizome de l'iris.

Une tige *souterraine* ou *rhizome* (*fig.* 60) se développe horizontalement sous terre. Ou l'axe lui-même se redresse à son extrémité en continuant sa marche souterraine par une pousse latérale, ou il envoie au jour un rameau latéral comme l'iris.

Il arrive encore que la tige souterraine (*fig.* 61), nourrie par une multitude de radicelles [2], se développe sur une surface étroite et charnue [1], qui porte des feuilles imbriquées [3, 4], un axe secondaire au milieu d'elles [5], et de petits bourgeons [6] qui se développeront à leur tour. L'ensemble porte le nom de *bulbe*, la surface charnue celui de *plateau;* l'axe sorti de terre, mais sans feuille, comme dans le lis, celui de *hampe;* les bourgeons latéraux, celui de *caïeux*. Le bulbe est *tuniqué*, comme dans l'oignon, *écailleux,* comme dans le lis, ou *solide*, comme dans le safran. Quelquefois un axe secondaire se renfle, devient épais et charnu, se charge de fécule et offre une masse arrondie ayant çà et là des écailles et des yeux d'où sortiront de nouveaux bourgeons : c'est le *tubercule;* la pomme de terre en est un exemple bien connu.

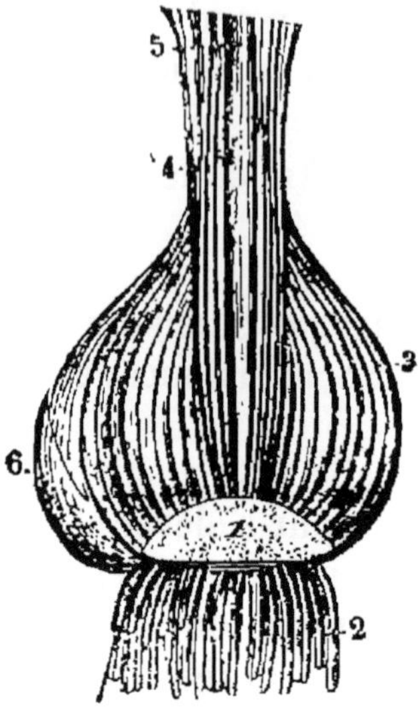

Fig. 61.

Bulbe d'oignon.

Relativement à sa consistance, la tige est *herbacée*, *sous-ligneuse* ou *ligneuse*.

Toutes les plantes sont *herbacées* dans le principe; mais les unes n'ont jamais plus de consistance, et sont *annuelles* ou *bisannuelles,* c'est-à-dire qu'elles meurent à la fin de la première ou de la seconde année; les autres durcissent et sont dites *vivaces*.

La tige est *sous-ligneuse* quand les principales branches sont dures et persistantes, comme dans le thym, tandis que les rameaux et l'extrémité des branches restent verts et se renouvellent chaque année.

La tige *ligneuse* a dans toutes ses parties la consistance du bois.

Si l'on coupe transversalement le stipe d'un palmier et la tige d'un chêne, on est frappé de la différence de leur structure. La coupe du palmier (*fig.* 63) offre une masse volumineuse de tissu cellulaire parsemée de points, qui indiquent des vaisseaux fibreux; ces points sont d'autant

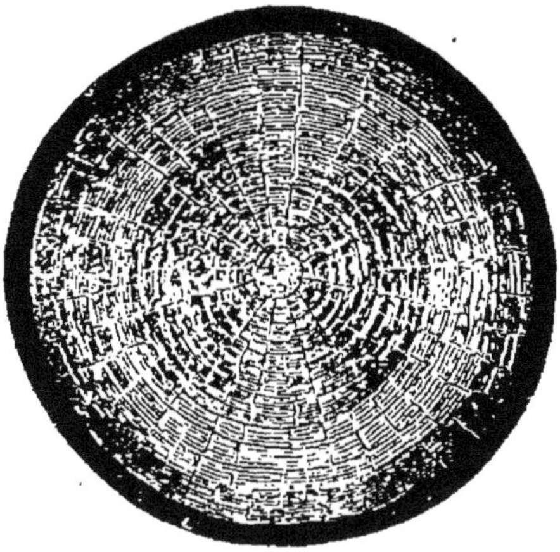

Fig. 62. — *Coupe transversale d'un chêne.*

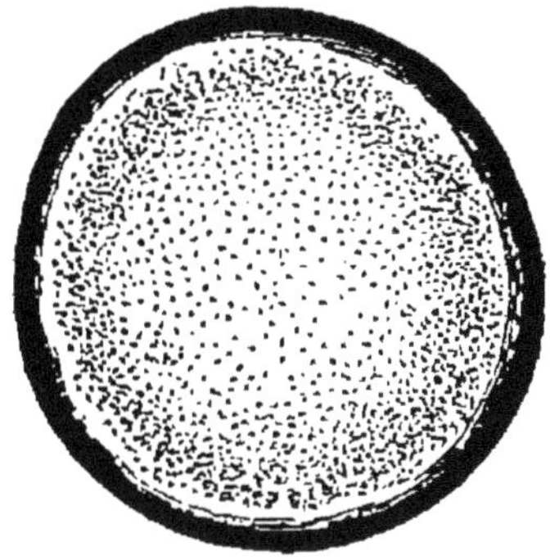

Fig. 63. — *Coupe transversale d'un palmier.*

plus multipliés et serrés qu'ils sont plus rapprochés de la circonférence. Une coupe longitudinale montrerait deux faisceaux quelconques opposés partant du dehors, se rapprochant du centre dans leur partie moyenne, puis allant se perdre au dehors dans les feuilles; les plus anciens sont les plus intérieurs. La coupe transversale du chêne (*fig.* 62) présente au contraire un certain nombre de couches circulaires et concentriques qui forment, de dedans en dehors, trois parties distinctes : la *moelle*, le *ligneux* et l'*écorce*.

La *moelle* [4] occupe le centre de la tige; elle se compose de cellules généralement prismatiques, gonflées de sucs dans les premiers temps, sèches et arides dans une tige ancienne. Elle est enveloppée d'une paroi épaisse que l'on appelle *étui médullaire*, et où se rencontrent exclusivement les trachées. Des *rayons médullaires* partent horizontalement de la moelle et vont se terminer à l'enveloppe cellulaire de l'écorce.

Le *ligneux* [3] est composé de faisceaux fibro-vasculaires. La portion centrale est toujours la plus dure : c'est le cœur du bois; la portion extrême [2] est plus blanche, moins solide et se nomme *aubier*.

L'*écorce* [1] est la partie du végétal la plus compliquée.

Extérieurement elle est recouverte d'un épiderme incolore et transparent, percé d'une multitude de petits trous ou stomates. Au-dessous est une couche de cellules prismatiques d'une teinte souvent brune, et constituant l'*enveloppe subéreuse*, ainsi nommée parce qu'en se développant sur une certaine espèce de chêne elle forme le *liége*, en latin *suber*. Vient ensuite l'*enveloppe herbacée*, d'une couleur verte qu'elle doit à la substance nommée *chlorophylle* dont ses cellules sont remplies. Une dernière couche, le *liber* ou *fibres corticales*, est composée de vaisseaux fibro-vasculaires; elle peut quelquefois se diviser en feuillets, ce qui lui a valu son nom, et ses fibres, d'une grande ténacité, forment la matière textile du chanvre et du lin. Les seuls vaisseaux de l'écorce sont des vaisseaux laticifères.

On peut connaître l'âge d'un chêne par le nombre de ses couches ligneuses, chacune d'elles étant en quelque sorte une nouvelle plante qui vient s'emboîter sur le ligneux des précédentes, et l'aubier passant chaque année à l'état de bois parfait. Dans la tige du palmier, au contraire, la pousse de l'année se superpose à celles des années précédentes, les fibres traversant le milieu de la tige, de la racine au sommet; l'âge d'un palmier se reconnaît au nombre des cylindres superposés l'un à l'autre en forme d'assises.

Il est une troisième classe de tiges dites *acrogènes*, comme celles de la fougère; leur accroissement se fait par l'allongement des fibres. Ce sont de vrais stipes couronnés d'un bouquet de feuilles. La moelle occupe presque tout l'intérieur, et l'enveloppe corticale, qui est noirâtre, est formée par la base persistante des feuilles.

Usages des tiges. — Les tiges ont divers usages selon leur nature. Les troncs des arbres sont employés dans la construction des navires et des édifices et pour la fabrication des meubles de tout genre; les uns communs comme le sapin, le noyer et le chêne, les autres recherchés par le luxe, comme l'acajou, l'ébène, le bois de rose et le palissandre. Tout ce qui est bois sert au chauffage soit directement, soit sous forme de charbon. Certaines tiges herbacées entrent dans la nourriture de l'homme, comme le cardon, le céleri, l'asperge, ou dans celle des animaux, comme le trèfle, la luzerne, le sainfoin. Il en est d'autres, comme le chanvre, le lin, le phormium-tenax, l'alfa, dont les fibres, dégagées de tout ce qui les entoure, sont une matière textile dont on fait de la toile ou des cordages. Le chaume du blé donne la paille, dont les usages sont multipliés ; les joncs servent comme la paille dans la vannerie. Souvent aussi les tiges renferment des principes que l'homme extrait pour son usage : telle est le sagou, fécule extraite du palmier; le sucre de la canne à sucre ; les gommes que donnent par incision certains acacias, l'astragale, le styrax-benjoin, etc. ; le caoutchouc, la gutta-percha, l'opium, obtenus de la même manière, les premiers, de plusieurs grands arbres de l'Amérique ou des Indes, le dernier, du pavot; le camphre enfin, qui se volatilise quand on distille dans l'eau des fragments du laurier-camphre. La médecine emploie l'écorce de quinquina pour guérir les fièvres; les décoctions de salsepareille, de chiendent, etc., pour diverses maladies. Enfin, l'industrie demande aux tiges différentes couleurs, le jaune à la gaude, le rouge au bois de campêche, l'indigo ou le bleu à l'isatis tinctoria, etc. N'oublions pas la pomme de terre, le topinambour, etc., tubercules nutritifs, qui appartiennent à des tiges souterraines et dont on peut extraire de la fécule ou de l'alcool ; l'igname, dont le rhizome est précieux comme aliment aux Indes et à la Chine ; l'oignon, dont le bulbe est souvent employé dans nos cuisines.

Feuilles. — Les *feuilles* sont des expansions minces et membraneuses, de couleur ordinairement verte, portées horizontalement sur les tiges ou sur les rameaux. Elles sont formées par l'épanouissement de faisceaux de fibres, lesquelles se ramifient et s'anastomosent de manière à constituer comme un réseau. L'intervalle entre les fibres est rempli d'un *parenchyme* spongieux, que recouvre un épiderme percé d'ouvertures ou stomates.

Les feuilles sont *aériennes* ou *submergées,* selon qu'elles vivent dans l'air ou sous l'eau. La feuille aérienne se distingue de la feuille submergée par les vaisseaux fibro-vasculaires qui en sont la charpente, ou, comme on dit en botanique, les *nervures;* par le tissu cellulaire ou parenchyme, qui occupe tous les interstices; par un double épiderme, l'un à la surface supérieure ou externe qui regarde le ciel, l'autre à la surface inférieure ou interne, tous deux ayant des stomates, surtout l'inférieur. Ces caractères ne se trouvent pas dans les feuilles des plantes aquatiques.

Tantôt la *feuille proprement dite* ou *limbe* s'attache directement à la tige, et on l'appelle *sessile.* Tantôt elle est *pétiolée,* c'est-à-dire qu'elle est portée sur une partie amincie, nommée *pétiole* ou vulgairement *queue de la feuille,* et le pétiole peut avoir deux petits appendices latéraux, ayant forme de feuilles, nommés *stipules.* Tantôt la base de la feuille embrasse la tige dans une espèce de cylindre creux plus ou moins complet : c'est ce qu'on appelle *gaîne,* et la feuille est dite *engaînante.*

Les faisceaux, en s'épanouissant dans la feuille, marchent dans le même plan ou dans des plans différents. Dans le dernier cas, ou la feuille présente la forme d'une outre, d'une urne, d'un cylindre creux, comme l'oignon, si le parenchyme n'occupe pas l'intérieur; ou s'il l'occupe, la feuille épaisse et charnue est dite *grasse,* comme dans les cactus. Dans le premier cas, ou les nervures se disposent en roue, ou elles naissent à différentes hauteurs de la nervure principale, ou elles partent toutes du pétiole : de là les feuilles *peltées,* comme dans la capucine; *pennées,* comme dans le rosier; *palmées,* comme dans la vigne.

Quand le parenchyme remplit tous les interstices entre les faisceaux, la feuille est *entière;* une feuille entière peut être *obtuse, aiguë, linéaire, lancéolée, cordiforme, sagittée, hastée, etc.,* suivant la forme qu'elle présente. Si le parenchyme ne remplit pas tous les interstices, ou les saillies du limbe sont courtes et la feuille est *dentée, dentée en scie* ou *crénelée,* selon que les saillies sont aiguës et les sinus arrondis, que les saillies et les sinus sont aigus, que les saillies sont arrondies et les sinus aigus; ou les découpures sont plus profondes, et la feuille est *lobée,* quand les découpures, appelées alors *lobes,* sont arrondies et larges; *fendue,* quand les découpures sont aiguës ainsi que les sinus; *pinnatifide,* quand la nervure est en même temps pinnée; *laciniée,* quand les divisions sont des lanières plus ou moins profondes. Si le parenchyme en excès se plisse dans les intervalles, la feuille est *ridée;* si les plis sont forts, *boursouflée;* si les bords seuls du limbe sont plissés, *crépue.*

Toutes les feuilles précédentes sont *simples.* Dans les feuilles *composées,* le pétiole commun, que l'on appelle encore *rachis,* n'est point accompagné de parenchyme; il porte d'autres petits pétioles, nommés *pétiolules,* sur lesquels s'insèrent de petites feuilles, dites *folioles.* Quand la nervation, à partir du pétiole commun, est palmée, les feuilles sont dites *palmées* ou *digitées,* comme dans le marronnier d'Inde; quand elle est pennée, elles sont dites *pennées* ou *ailées,* comme dans l'acacia. Il est des feuilles qui sont même doublement composées, comme l'acacia à grandes fleurs.

Disposition des feuilles. — Les feuilles sont *radicales,* quand elles semblent partir de la racine; *caulinaires,* quand elles s'attachent à la tige. Si elles naissent chacune isolée, elles sont *alternes* (*fig.* 64); si elles naissent deux par deux

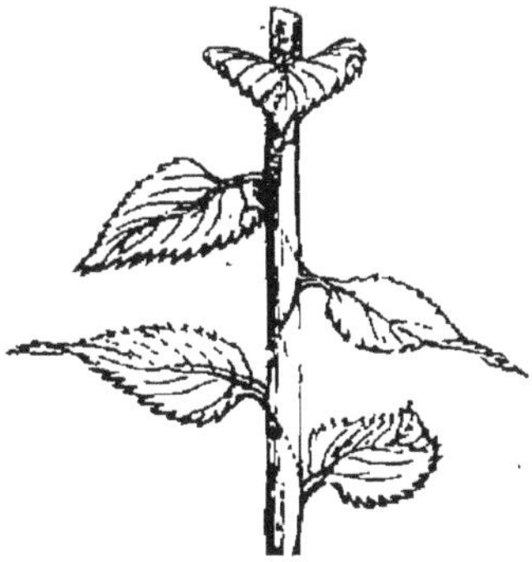

Fig. 64. — *Feuilles alternes.*

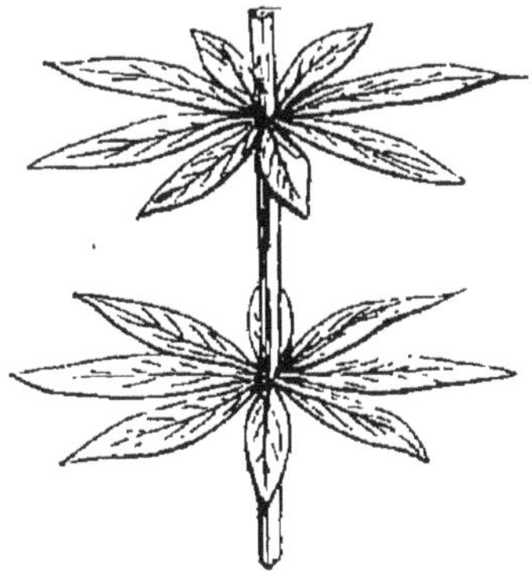

Fig. 65. — *Feuilles verticillées.*

de chaque côté de l'axe, elles sont *opposées;* si elles naissent deux par deux d'un même point, elles sont *géminées;* si elles entourent la tige en forme de collerette appelée *verticille,* elles sont *verticillées* (*fig.* 65).

Ordinairement le pétiole est *articulé* avec la tige, ce qui le rend caduc; quelquefois il est aussi articulé avec le limbe, comme dans l'oranger; mais dans les arbres toujours verts il n'est point articulé, et voilà pourquoi les feuilles persistent. Il est souvent *canaliculé,* c'est-à-dire creux dans la partie supérieure, rarement *cylindrique,* comme dans la capucine. Dans l'oranger, il se développe en petit limbe au-dessous de la feuille; dans le népenthès, les bords se rejoignent en forme d'urne, que le limbe recouvre.

Les *stipules,* toujours situées à la base de la feuille, sont ou *caulinaires,* c'est-à-dire indépendantes sur la tige, comme dans le chêne; ou *pétiolaires,* c'est-à-dire soudées au pétiole, comme dans le rosier; ou *axillaires,* quand elles sont dans l'aisselle de la feuille, comme la petite languette souvent membraneuse, nommée *ligule,* que l'on trouve sur la gaîne des graminées.

A l'extrémité d'un axe, ou entre la tige et les feuilles qui les protégent, naissent les *bourgeons,* rudiments d'axes nouveaux, qui se développent après que la feuille est tombée. Dans les pays chauds, le bourgeon est nu. Dans le Nord, il est protégé contre l'hiver par une enveloppe d'écailles ou par le développement, soit des premières feuilles sessiles, soit du pétiole sans limbe, soit des stipules sans limbe ni pétiole, et quelquefois même il s'y ajoute une couche de duvet ou d'autre matière analogue.

Les feuilles qui naissent près de la fleur sont appelées *bractées.* Tantôt elles ont un limbe, un pétiole, une gaîne, et sont dites *foliacées;* tantôt c'est une simple écaille, un fil, une arête, une pointe. Dans certaines plantes monocotylédones, elles se développent en un cornet vert ou coloré que l'on appelle *spathe,* comme dans l'arum, ou en lames plus petites, vertes et écailleuses, que l'on nomme *glumes,* comme dans les graminées. Souvent elles se rapprochent en un verticille, qui prend le nom de *collerette* ou d'*involucre*, composé de folioles ou d'écailles ici libres, là imbriquées comme les tuiles d'un toit; quelquefois elles s'unissent et se durcissent, comme la *cupule* (petite coupe) dans laquelle repose le gland.

Métamorphoses des feuilles. — Les feuilles, les stipules, les bractées, prennent quelquefois la forme d'*écailles*, comme dans l'asperge, de *gaîne*, dans le casuarina, d'*épines*, dans l'épine-vinette, de *vrille*, dans la vigne.

Les *écailles*, les *tuniques* des bulbes ne sont que des feuilles modifiées et chargées de sucs. L'*épine* ou *piquant*, roide et acérée, représente un rameau, un pétiole, une stipule, un axe floral, la nervure métamorphosée d'une feuille; elle se distingue facilement des *aiguillons*, qui sont cellulaires et disséminés sans ordre sur l'épiderme. Les *vrilles* sont de petits filets herbacés, mous et flexibles, par lesquels a vigne, le pois, le liseron, etc., s'attachent aux corps qui les avoisinent.

Usage des feuilles. — Les feuilles tombées des arbres servent d'engrais; fraîches, elles sont surtout employées dans l'économie domestique. L'homme en fait sa nourriture en les assaisonnant, comme les différentes salades, ou en les faisant cuire, comme la chicorée, l'épinard, etc. Elles constituent avec la tige, comme le trèfle, la luzerne, etc., l'alimentation la plus ordinaire du bétail. Il en est qu'on fait infuser et qui fournissent, comme le thé, une boisson agréable, ou comme la valériane, la bourrache, le séné, le laurier, des remèdes dans les maladies. Tout le monde connaît l'usage des feuilles de tabac séchées, puis roulées ou réduites en poudre. L'industrie tire des feuilles de l'indigotier l'indigo et le pastel, de la renouée des teinturiers un autre bleu moins solide.

CHAPITRE III.

Fonctions de nutrition. — Absorption. — Circulation — Respiration. — Sécrétion. — Assimilation.

Fonctions de nutrition. — C'est par la racine, la tige et les feuilles que les végétaux se nourrissent aux dépens du sol ou de l'atmosphère. Les fonctions de nutrition sont au nombre de cinq : l'*absorption*, la *circulation*, la *respiration*, la *sécrétion*, l'*assimilation*.

Absorption. — L'*absorption* est l'introduction par les racines, ou mieux par les radicelles, de certaines substances propres à la nourriture et à l'accroissement du végétal : d'où il suit que les substances ne pénétreront dans la plante qu'à la condition d'avoir été préalablement dissoutes dans l'eau qui leur sert de véhicule.

L'absorption n'est due principalement ni à la capillarité ni à une certaine force de succion, comme on l'a cru et redit longtemps, mais au phénomène de l'endosmose. Que l'on mette dans de l'eau pure une vessie remplie d'une solution gommeuse, et à l'ouverture de laquelle on a adapté un petit tube vertical : bientôt on verra le liquide monter dans le tube et diminuer dans le récipient, parce qu'il s'établit un double courant, mais plus rapide du liquide le moins dense dans l'autre liquide, jusqu'à ce qu'ils aient acquis tous deux la même densité. C'est là ce qu'on appelle *endosmose*. Or, les spongioles, chargées de suc au printemps, attirent d'autant plus facilement les liquides extérieurs qui sont absorbés, par le même principe, de cellule en cellule jusqu'aux vaisseaux.

Les substances nécessaires à la vie d'un végétal sont l'acide carbonique, l'ammoniaque, l'acide azotique, le soufre, les alcalis et certains sels minéraux. Les unes sont fournies par le sol ou par l'humus, terreau qui résulte de la décomposition des matières végétales; les autres par l'air atmosphérique ou par les pluies; d'autres enfin par les engrais.

Circulation. — Les matières nutritives, une fois introduites par les racines, prennent le nom de *sève;* elles montent par la tige jusqu'aux feuilles et redescendent ensuite : c'est ce qu'on appelle *circulation.*

On distingue la séve *ascendante* et la sève *descendante* ou *élaborée.*

La *sève ascendante,* dans les plantes qui n'ont que le tissu cellulaire, obéit à la seule loi de l'endosmose. Mais dans les végétaux vasculaires, à l'endosmose se joignent la capillarité et la succion. Chaque vaisseau est une espèce de tube capillaire qui appelle au-dessus de son niveau primitif le suc nourricier : c'est le phénomène de capillarité étudié en physique. La succion des bourgeons qui se développent et l'évaporation qui se fait par les feuilles ajoutent singulièrement à l'activité de la sève.

Le contact de l'air dans les feuilles donne à la sève des propriétés nouvelles, ce qui l'a fait appeler *sève élaborée.* Elle redescend par le tissu cellulaire, les fibres et les vaisseaux de l'écorce en formant les nouveaux tissus de l'aubier pour l'année suivante. Elle donne entre autres le *latex* ou *suc propre,* fluide ordinairement coloré qui circule du haut en bas par les vaisseaux propres ou laticifères.

Respiration. — La *respiration* des plantes est l'acte par lequel un végétal absorbe l'acide carbonique, fixe dans ses tissus le carbone et rejette au dehors l'oxygène.

Toutes les parties vertes des végétaux absorbent par les stomates l'acide carbonique contenu dans l'air et le font pénétrer jusqu'aux cellules; là il se décompose : le carbone se fixe sur la plante pour nourrir et accroître les tissus, mais l'oxygène est rejeté au dehors par les stomates. Une graine de pois qu'on fait germer dans le sable, en l'arrosant d'eau distillée, s'assimile du carbone qui ne peut être emprunté qu'à l'air. Des feuilles de vigne, mises sous cloche dans une atmosphère d'acide carbonique, changent promptement l'acide en oxygène.

La décomposition de l'acide carbonique n'a lieu que sous l'influence de la lumière solaire. Dans l'obscurité, les parties vertes absorbent, au contraire, l'oxygène et exhalent de l'acide carbonique, non en vertu d'une combinaison chimique intérieure, comme dans la respiration humaine, mais par une simple filtration entre les tissus. Ce mode de respiration est encore, même à la lumière solaire, celui de toutes les parties qui ne sont pas vertes.

Certaines plantes ont besoin d'azote : les unes l'empruntent à l'atmosphère par les feuilles; les autres, comme les céréales, à la terre par les racines.

Dans l'acte de la respiration, le végétal exhale une certaine quantité de vapeur aqueuse. L'évaporation doit être compensée par l'absorption des racines : autrement la plante dépérit. Voilà pourquoi on enlève presque toutes les feuilles d'un jeune arbre que l'on transplante.

Sécrétion. — La *sécrétion* est l'acte par lequel le végétal puise dans la sève élaborée les éléments de sucs particuliers destinés à des usages spéciaux.

Les substances minérales introduites par les racines s'assimilent à la plante en gardant leur nature inorganique. Au contraire, l'eau, l'acide carbonique, l'oxygène, l'azote et ses composés absorbés aussi par les racines, mais surtout par les feuilles, forment des composés organiques, les uns ternaires, contenant du carbone, de l'hydrogène et de l'oxygène; les autres quaternaires, l'azote s'ajoutant aux trois premiers éléments.

Les principaux composés ternaires sont : la *cellulose*, qui forme les parois des organes et, pour ainsi dire, la charpente du végétal; la *fécule* ou *amidon*, qui abonde dans les cellules en grains d'aspect différent, suivant la plante; la *dextrine*, qui est entraînée par la sève; la *gomme*, qui abonde aussi dans les végétaux, d'où on l'extrait par incision; le *sucre de canne*, le *sucre de fruits*, le *sucre de raisin* ou *glucose;* le *ligneux*, substance qui s'incruste dans les parois et qui rend le bois d'autant meilleur combustible qu'elle est plus abondante. Tous ces corps ont la même quantité de carbone; l'oxygène ou l'hydrogène, partout en quantité égale, varie, de l'un à l'autre, de 1 à 2 atomes au plus.

Si l'on augmente la quantité d'eau et de carbone et qu'on ajoute un excès d'hydrogène, on a le *latex,* seul liquide végétal qui se décompose en deux parties, l'une solide, l'autre coagulée; la *chlorophylle,* qui donne aux feuilles leur couleur; les *huiles essentielles*, volatiles, légèrement solubles, plus ou moins odorantes; les *huiles fixes,* insolubles, et qui ne se volatilisent qu'en se décomposant; les *cires,* qui sont solides à la température ordinaire; les *résines*, solides, mais fragiles, solubles dans l'alcool et altérables par la chaleur. Si c'est au contraire l'oxygène qui soit en excès, on a tous les acides végétaux, acétique, citrique, tartrique, oxalique, etc., qui forment ordinairement des sels groupés en petits cristaux dans les cellules.

Les composés quaternaires se divisent en *alcaloïdes* et *composés neutres.*

Les *alcaloïdes* ou *alcalis végétaux,* ordinairement combinés avec les acides, ont une énergie qui les rend utiles comme médicaments ou dangereux comme poisons. Ainsi la *morphine* et la *narcotine* de l'opium, la *strychnine* de la noix vomique, sont des poisons violents; la *quinine,* de l'écorce du quinquina, est employée utilement contre les fièvres.

Les *composés neutres* sont des matières azotées constituant une série analogue à celle de la cellulose ; ce sont : la *fibrine,* toujours insoluble, qui est le rudiment de tous les organes; l'*albumine,* se coagulant à chaud, qui abonde dans les sucs de la plante; la *caséine,* soluble comme la dextrine, qui forme la partie nutritive des légumineuses.

Dans certaines plantes, l'on trouve encore des produits minéraux nécessaires à leur vie; dans la tige des graminées, le silicate de potasse; dans les graines des céréales,

les phosphates de potasse, d'ammoniaque, de chaux et de magnésie; dans les varechs, du carbonate de soude, etc. C'est d'après la connaissance des éléments nécessaires à la vie de la plante que le cultivateur habile distribue l'humus, les engrais et les amendements. Cette connaissance sert encore de base aux assolements; les céréales puisant exclusivement leur azote dans le sol et les légumineuses dans l'air, la culture des légumineuses dans le même champ, après les céréales, permet au sol de retrouver dans l'intervalle la quantité d'azote qu'il avait perdue.

L'odeur des plantes est due à la présence des huiles essentielles; leur saveur, qui les rend si importantes dans l'alimentation, résulte des huiles, des acides, du sucre et autres produits végétaux qui aromatisent les substances ternaires neutres, les moins sapides de toutes, mais les plus nutritives. C'est surtout à la lumière et à la chaleur que ces produits doivent naissance; et c'est pour en assurer le développement, quand il est utile, qu'on expose au soleil, sous verre, les melons et les ananas; c'est pour le ralentir qu'on élève certaines plantes dans l'obscurité.

Assimilation. — L'*assimilation* est l'acte par lequel chaque partie du végétal choisit dans les matières de la nutrition les éléments qui lui conviennent pour réparer ses pertes et pour s'accroître.

L'accroissement des végétaux a été expliqué de différentes manières. Suivant les uns, il s'interposerait chaque année entre le bois et l'écorce une couche de *cambium*, nom donné à la sève descendante; la partie qui touche à l'aubier se changerait insensiblement en bois, et celle qui touche au liber deviendrait du liber. Suivant les autres, le bourgeon serait le rudiment d'une plante nouvelle ayant une tige ou branche nouvelle, qu'ils appellent *scion*, et des racines. Ces racines, en forme de fibres, glisseraient à travers le cambium, entre le liber et l'aubier, jusqu'à la partie inférieure du végétal et formeraient, en s'anastomosant dans leur course, une nouvelle couche ligneuse, le liber n'éprouvant aucune métamorphose. Chacune des deux théories est appuyée et combattue par des observations et des expériences délicates qui ne permettent pas d'adopter exclusivement l'une ou l'autre.

CHAPITRE IV.

Fonctions de reproduction. — Fleur. — Verticilles de la fleur. — Calice. — Corolle. — Étamines. — Pistil. — Usages des fleurs.

Fonctions de reproduction. — La reproduction des végétaux se fait naturellement par les *graines* et a pour organes particuliers la *fleur* et les *fruits;* mais il en est qui se reproduisent aussi par des rejets, comme le fraisier, et l'homme en reproduit d'autres par des moyens artificiels, tels que la bouture et la greffe.

Il est des végétaux où les organes de reproduction n'apparaissent pas : on les nomme *cryptogames,* par opposition aux plantes *phanérogames,* dans lesquelles les organes sont manifestes.

Les *cryptogames,* qui n'ont ni fleur ni fruit, ont cependant des graines nommées *spores*, déposées tantôt dans l'épaisseur du tissu, comme chez les algues; tantôt dans une cavité nommée *thèque,* à la surface ou dans l'épaisseur de la plante, comme chez les champignons et les lichens; tantôt à la base des feuilles, comme chez les lycopodes, ou sous les feuilles, comme chez les fougères; tantôt enfin, comme chez les mousses, dans une petite urne appelée *sporange,* portée sur un filament grêle, fermée d'une espèce de couvercle ou *opercule* et surmontée d'une sorte de capuchon de poils soyeux nommé *coiffe.*

Les *plantes phanérogames* ont une fleur, et par là il ne faut pas entendre l'enveloppe brillante appelée vulgairement de ce nom, mais l'ensemble des organes qui servent à la reproduction, quelle que soit leur grandeur, leur forme ou leur couleur.

Fleur. — La *fleur* se compose de plusieurs verticilles de feuilles diversement modifiées, qui se sont raccourcis et rapprochés en forme de rosette [1].

La disposition des fleurs sur la tige se nomme *inflorescence*. Elle est *axillaire* ou *terminale*, selon qu'elle a lieu dans l'aisselle d'une feuille ou à l'extrémité d'un rameau.

Quand la fleur naît à l'extrémité des rameaux, elle met fin à leur croissance : l'inflorescence est dite *définie*. Au contraire, l'inflorescence est *indéfinie* quand l'axe primaire ne porte pas de fleur.

Si les axes secondaires, qui portent les fleurs, se sont très peu développés, c'est l'*épi* simple, qui devient composé quand les axes secondaires s'allongent et se chargent de fleurs sessiles. Le *chaton* est un épi court n'ayant que des fleurs unisexuelles et tombant après la floraison. Le *cône* ou *strobile* est un épi composé d'écailles persistantes, comme le pin; les fleurs et les fruits se trouvent à leur aisselle. Le *spadice* est un épi à axe charnu, chargé de fleurs unisexuelles et enveloppé d'une spathe; le *régime*, comme dans le palmier et la banane, est un spadice composé.

Si les axes secondaires, également allongés, ont chacun une seule fleur terminale, c'est la *grappe;* s'ils se ramifient eux-mêmes, et surtout par la base, c'est une *panicule*, de forme pyramidale; mais si les axes les plus longs sont ceux du milieu, c'est un *thyrse* [2].

Si les axes secondaires se relèvent autour de l'axe primaire, en partant de points différents, c'est un *corymbe;* s'ils partent tous du même point, c'est une *ombelle*, se développant en parasol. Si tous les axes se rapprochent et se serrent, c'est un *capitule*.

1. Elle est *pédonculée* quand elle a un *pédoncule*, vulgairement la queue de la fleur; et *sessile*, quand elle n'en a pas. Elle est *caulinaire* quand elle est placée sur la tige; *radicale*, quand elle part de la racine et qu'elle est portée sur un long pédoncule nu, nommé *hampe*.

2. Ce que l'on appelle grappe de raisin est un thyrse pour le botaniste.

Verticilles de la fleur. — Les verticilles de la fleur sont au nombre de quatre (*fig.* 66), de la circonférence au centre : le *calice*, la *corolle*, les *étamines*, le *pistil;* mais tous les quatre ne se trouvent pas invariablement sur chaque fleur.

Une *fleur complète* a calice et corolle; une *fleur incomplète* manque de l'un ou de l'autre verticille. Une fleur qui n'a ni calice ni corolle est une *fleur nue*.

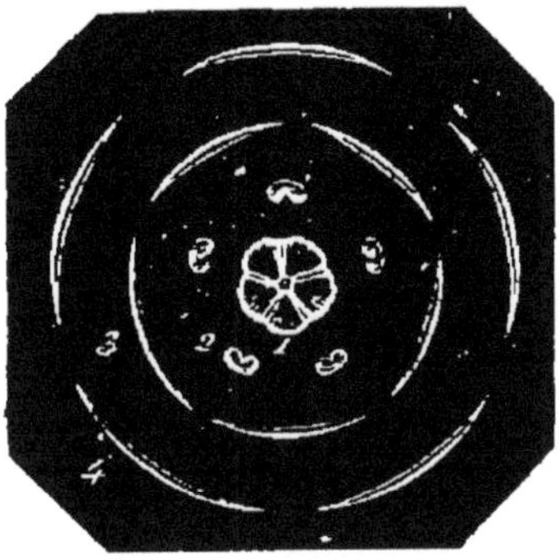

Fig. 66. — *Verticilles floraux.*

1. Premier verticille, nommé pistil. — 2. Étamines formant le deuxième verticille ou androcée. — 3. Corolle ou troisième verticille. — 4. Calice ou quatrième verticille.

La même fleur ayant étamines et pistil est dite *hermaphrodite;* elle est *unisexuelle* quand elle manque de pistil ou d'étamines. Si les fleurs à étamines et les fleurs à pistil sont sur le même végétal, la plante est dite *monoïque;* si elles sont sur des pieds différents, elle est dite *dioïque* Si la même plante porte des fleurs hermaphrodites, des fleurs à étamines et des fleurs à pistil, la plante est appelée *polygame.*

Les quatre verticilles floraux ne sont que des transformations de la feuille, et peuvent se transformer à leur tour l'un dans l'autre. Les verticilles du nénuphar blanc ressemblent tous à des feuilles, sauf la couleur. Tous les verticilles de la raiponce, du lis, de la rose, peuvent devenir des feuilles. Les bractées se transforment quelquefois en pétales. L'horticulture met à profit cette propriété. Toutes les fleurs doubles ne le deviennent, comme la rose, qui n'a que cinq pétales à l'état sauvage, que par le changement en pétales des sépales, des étamines et des pistils.

Outre les quatre verticilles, on distingue dans un grand nombre de fleurs certaines glandes de forme très variée, nommées *nectaires* (*fig.* 67), qui n'apparaissent que peu de temps avant l'épanouissement et qui sécrètent les sucs

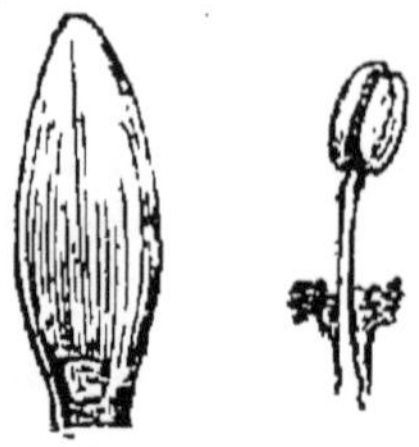

Fig. 67. — *Nectaires.*

mielleux (nectar) recherchés par les papillons et autres insectes. Tantôt les nectaires sont libres; tantôt ils s'unissent en une espèce de masse charnue appelée *disque,* placée entre le calice et la corolle, ou entre la corolle et les étamines, ou entre les étamines et les pistils.

Calice. — Le *calice* est le verticille extérieur. Il est ordinairement vert, mais souvent il se nuance avec la corolle ou se rapproche plus ou moins de sa couleur par une série de teintes.

D'après sa couleur et sa structure le calice est *herbacé* ou *foliacé,* comme dans la rose; *pétaloïde,* comme dans le pied-d'alouette; *écailleux,* comme dans le jonc; *glumacé,* comme dans l'épi, où les folioles membraneuses constituant l'enveloppe florale se nomment *glumes.* Parfois le parenchyme disparaît, ou les nervures restent seules sous forme de poils : on les appelle *aigrette,* tantôt *simple,* tantôt *plumeuse, dentelée, etc.*

Le calice a toujours plusieurs folioles : ce sont les *sépales.* Mais elles peuvent se souder ensemble, et il est dit alors *gamosépale* ou *monophylle;* si elles restent distinctes, il est *polysépale* ou *polyphylle.* Les folioles peuvent être *dressées, conniventes, réfléchies, étalées,* ce qui fait donner au calice des noms analogues.

Le calice de certaines plantes a souvent des expansions ou appendices remarquables : une *bosse,* comme dans la germandrée; un *éperon,* formé d'une seule foliole comme dans le pied-d'alouette, ou de plusieurs folioles soudées comme dans la capucine; un *casque,* comme dans l'aconit des jardins; des *lames plates,* comme dans la violette; des espèces de *coupes,* comme dans la scutellaire ou toque, etc.

A la base de certains calices, comme celui de l'œillet, se trouve souvent une espèce de second calice plus petit : on l'a nommé *calicule*. Dans le plus grand nombre de cas, il est formé de bractées ou de stipules; c'est rarement un second verticille calicinal.

Le calice *régulier* a toutes ses folioles de forme et de dimension égales, ou, si elles sont inégales, alternant dans un ordre toujours le même. Le calice régulier gamosépale est, suivant les espèces, *tubuleux*, *conique*, *enflé*, *campanulé*, *cylindrique*, *anguleux*, *comprimé*, *etc.*, dénominations qui s'expliquent d'elles-mêmes.

Le calice *irrégulier* a ses folioles de forme ou de dimension différente, ou différemment groupées. Ainsi le calice bilabié a cinq folioles, trois qui forment ensemble la lèvre supérieure, et les deux autres, la lèvre inférieure.

Le calice est *fugace* ou *passager* quand il tombe avant l'épanouissement de la fleur, comme dans le pavot; *caduc*, quand il tombe avec la corolle, comme dans la giroflée; *persistant*, quand il reste après la corolle, comme dans la violette.

Corolle. — La *corolle* est le verticille intérieur au calice, le second de la fleur. Elle se compose, comme le calice, de plusieurs folioles appelées *pétales* (*fig.* 68).

Les pétales tantôt se soudent ensemble, et la corolle est *monopétale* ou *gamopétale* (*fig.* 69), et tantôt ils restent divisés, et la corolle est *polypétale* (*fig.* 70); l'une et l'autre peuvent être *régulières* ou *irrégulières*.

Fig. 68.

Pétale.

Fig. 69.

Corolle monopétale

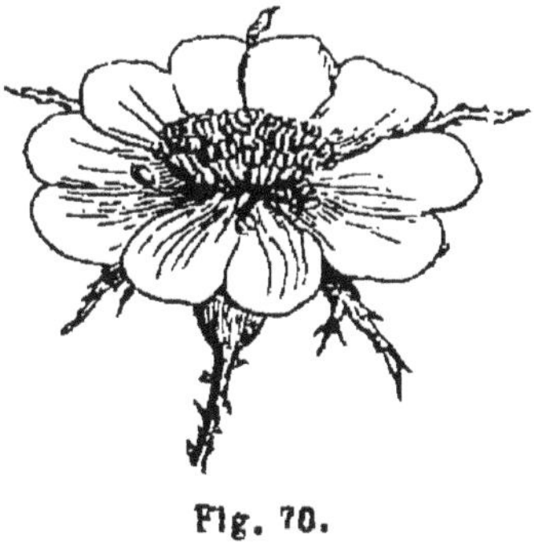

Fig. 70.

Corolle polypétale.

La corolle est quelquefois verte, comme dans la vigne; mais le plus souvent elle offre les plus riches couleurs, du plus beau blanc jusqu'au brun noir. La même espèce peut varier de couleur, mais presque toujours dans la même série, jaune ou blanc. La même fleur peut aussi varier de teinte avec l'âge.

La *corolle monopétale* régulière est, suivant sa forme, *tubuleuse*, *globuleuse*, *campanulée* ou en cloche, *urcéolée* ou en grelot, *infundibuliforme* ou en entonnoir, *rotacée* ou en roue, etc. Parmi les corolles monopétales irrégulières, on distingue la corolle *ligulée*, la corolle *labiée* et la corolle *personnée*. La corolle ligulée, cylindrique inférieurement, se fend et se rejette de l'autre côté en une languette plate ou dentée. La corolle labiée a deux lèvres : l'inférieure formée de trois pétales dont le moyen se développe souvent et se divise en lobes; la supérieure, entière ou bifide, formée de deux pétales. La corolle personnée, dite encore en mufle ou en masque, comme dans la gueule-de-loup, a les lèvres rapprochées et la gorge fermée par une saillie que l'on nomme *palais*.

La *corolle polypétale* régulière est *cruciforme*, comme dans la giroflée, quand elle a quatre pétales en croix; *rosacée*, quand elle a cinq pétales à onglet court, comme dans la rose des bois; *caryophyllée*, quand elle a cinq pétales à onglet long, comme dans l'œillet. La corolle polypétale irrégulière est *papilionacée* ou *anomale*. La corolle papilionacée, qui est dite aussi *légumineuse*, parce qu'elle appartient au pois, au haricot, etc., a cinq pétales : le supérieur, nommé *étendard*, plus développé et redressé; deux latéraux, qu'on appelle les *ailes*; deux inférieurs, souvent soudés, qui forment la *carène*. Toute corolle irrégulière qui n'est pas papilionacée est anomale.

Beaucoup de fleurs n'ont qu'une seule des deux enveloppes florales, et comme on pensait que c'était le calice qui persistait de préférence, on les a nommées *apétales*. L'enveloppe unique est quelquefois verte comme un calice, mais le plus souvent elle est colorée et ressemble plutôt à une corolle. Quoi qu'il en soit, on donne à l'enveloppe unique le nom de *périanthe* ou mieux encore de *périgone.*

La corolle, au point de vue de la durée, est *fugace, caduque, persistante, etc.*, comme le calice.

Étamines. — Le troisième verticille se nomme l'*androcée,* et les parties dont il se compose, les *étamines.* Quelques plantes ont une étamine unique; d'autres les ont en nombre indéfini.

L'étamine (*fig.* 71) est formée de trois parties : le *filet* [3], petite colonne qui peut être de structure et de couleur différentes, ordinairement consistant et droit, mais quelquefois grêle et pendant; l'*anthère* [1], portée par le filet, petit sac membraneux, de couleur jaune, violette ou rougeâtre, dans lequel on reconnaît facilement deux loges; le *pollen* [2], poussière colorée, formée de graines ayant chacune deux membranes, et à l'intérieur une matière fluide nommée *fovilla.* Dans les espèces où le filet manque, l'anthère est dite *sessile.* Si l'anthère ne se développe pas, l'étamine est *abortive;* si le pollen manque, l'anthère est *stérile.*

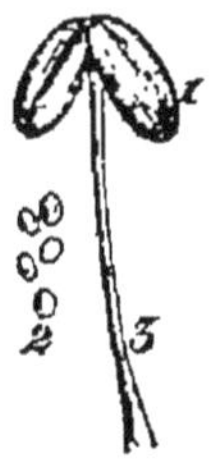

Fig. 71. — *Étamine.*

Le *filet* peut être *cylindrique, plan, voûté, tubulé* ou en alêne, *pétaloïde* ou ressemblant à un pétale, *denté* dans sa longueur, *noueux, géniculé* ou formant des angles, *articulé* ou pouvant se détacher par parties, *éperonné* quand il se termine par un éperon, *bifurqué* quand il est fourchu, *appendiculé* quand il paraît sortir comme d'une écaille.

L'*anthère* est *uniloculaire* quand elle n'a qu'une loge, ce qui tient probablement à l'avortement de la seconde; *biloculaire,* quand elle en a deux; *quadriloculaire,* quand elle en a quatre, probablement par dédoublement des deux premières.

Les grains de *pollen* sont libres ou en masse. On les distingue rarement à l'œil nu. Sous l'influence de l'humidité, d'abord la membrane externe, puis la membrane interne se distend et crève, et la fovilla s'échappe en jets irréguliers.

Les étamines ne sont pas toujours libres et indépendantes l'une de l'autre; souvent on les trouve réunies par leur filet ou par leurs anthères. Quand elles le sont par leurs anthères, comme dans le chardon, la plante est dite *synanthérée;* quand elles le sont par les filets, ou elles ne forment qu'un seul faisceau, comme dans l'oranger, ou elles en forment deux, comme dans le haricot, trois, comme dans le mille-pertuis, quatre, comme dans la sparmannie, etc., et elles sont dites *monadelphes* (*fig.* 72), *diadelphes*, *triadelphes*, *tétradelphes*, *polyadelphes* (*fig.* 73). Chaque faisceau n'a pas toujours le même nombre d'étamines.

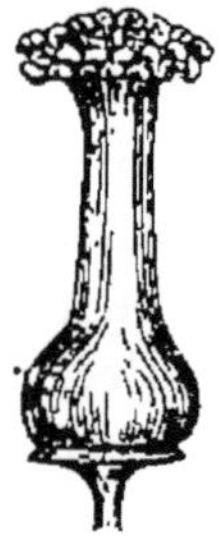

Fig. 72.
Étamines monadelphes.

Fig. 73.
Étamines polyadelphes.

Quand le nombre des étamines est indéfini, comme dans la rose, elles sont généralement inégales. S'il est défini, on nomme *didynames* les étamines des corolles labiées ou personnées, réduites à quatre par avortement de la cinquième, deux étant plus grandes et les deux autres plus petites; *tétradynames*, les étamines des crucifères au nombre de six, quatre plus grandes alternant par couple avec deux plus petites.

Pistil. — Au centre de la fleur se trouve le *pistil* (*fig.* 74), tantôt unique, tantôt multiple. Il est formé de plusieurs folioles appelées *carpelles*.

Fig. 74.
Pistil.

On distingue dans le pistil trois parties : l'*ovaire* [1], qui renferme les graines ou *ovules* dans des cavités appelées *loges;* le *style* [2], petite colonne qui surmonte l'ovaire; le *stigmate* [3], épanouissement terminal du style. Quelquefois le style manque, et l'ovaire est dit *sessile.*

L'*ovaire* peut être considéré comme formé de l'extrémité de l'axe qui se prolonge souvent à l'intérieur et qui constitue le *placenta,* sur lequel sont attachés les *ovules,* et en second lieu de feuilles carpellaires qui se soudent l'une à l'autre pour constituer les parois. La placentation est *centrale* (*fig.* 75), quand les ovules naissent de l'axe, comme dans la primevère; ou *pariétale* (*fig.* 76), quand les ovules s'attachent à la paroi interne, comme dans la violette, et dans les deux cas l'ovaire est *uniloculaire,* c'est-à-dire à une seule loge; elle est *axile* (*fig.* 77), quand les ovules se groupent à l'axe de l'ovaire, et l'ovaire est *pluriloculaire.*

Fig. 75.
Placentation centrale.

Fig. 76.
Placentation pariétale.

Fig. 77.
Placentation axile.

Quand un ovaire est visible au fond de la fleur, on dit qu'il est *libre* ou *supère.* Mais l'ovaire est quelquefois soudé avec le calice, comme dans la rose et mieux encore dans l'iris, ce que l'on reconnaît à un renflement au-dessous de la fleur; il est alors *adhérent* ou *infère.*

L'ovule n'est à l'origine qu'un petit mamelon, la *nucelle*, qui tantôt reste nu, et tantôt se recouvre de plusieurs enveloppes, comme l'amande de la noix ou de la prune.

Tantôt l'ovule est *sessile;* tantôt il est uni au placenta, comme dans le pois, par un petit cordon, le *funicule,* qui peut se développer à son tour en une membrane colorée et entourer complétement l'ovule sous le nom d'*arille,* comme dans le fusain. Le point d'attache du funicule est le *hile;* son épanouissement sur la nucelle, après avoir traversé les enveloppes, est la *chalaze;* le point où les enveloppes se sont arrêtées en laissant comme par un double anneau une ouverture très-petite sur la nucelle, est le *micropyle.*

Qu'un ovaire ait une seule ou plusieurs loges, chaque loge peut contenir un, deux ou plusieurs ovules : d'où les dénominations de loges *uniovulées*, *biovulées*, *pluriovulées.* En général, le nombre des ovules est le même dans chaque loge.

Le *style* (*fig.* 74) est généralement placé au-dessus de l'ovaire; cependant on en voit qui partent d'un des côtés, comme dans le fraisier, et quelquefois même de la base. Il est tantôt *glabre,* tantôt *velu.* Sa forme est en général un petit cylindre; mais elle peut varier et devenir même pétaloïde, comme dans l'iris. Quelle qu'elle soit, il est toujours creusé d'un canal intérieur, du stigmate à l'ovaire.

Le nombre des styles devrait toujours être égal à celui des carpelles. Il en est ainsi dans certaines fleurs où chaque style est libre; souvent, au contraire, ils se soudent, soit en totalité, soit en partie. Dans le premier cas, le style paraît unique, et on le dit *unique* d'après l'apparence; dans le second, on le dit *bifide, trifide, multifide.*

Le *stigmate* (*fig.* 74) n'a point d'épiderme et sécrète une liqueur visqueuse. Il est *terminal* ou *latéral,* suivant que le canal s'ouvre au sommet ou sur le côté. Sa forme est variable; il ressemble quelquefois à une plume, à un pinceau, à un goupillon. Il est simple ou divisé dans les mêmes cas que le style, dont il est un épanouissement.

Usages des fleurs. — La fleur, dans la langue des botanistes, est ce qui produit le fruit. Beaucoup de fleurs sont par leur port, leur couleur ou leur parfum, l'ornement de nos jardins, de nos parterres et même de nos appartements; c'est ce qu'on appelle proprement fleurs dans la langue ordinaire. Il en est qui viennent des pays chauds et qu'il faut abriter pendant l'hiver, soit dans une serre froide, exposée au midi, qui les protége seulement contre nos frimas, soit dans une serre tempérée, qui n'est chauffée que par les rayons solaires, soit dans une serre chaude où l'on maintient en la chauffant une température de 20 ou 30 degrés. Les fleurs des plantes odorantes, telles que la rose, l'œillet, l'oranger, etc., donnent, par la distillation, les huiles essentielles de la parfumerie. Les fleurs de guimauve, de bourrache, de violette, de camomille, de tilleul, etc., sont employées en médecine pour faire des tisanes. Les fleurs du carthame donnent une couleur rouge qui tire sur le rose.

CHAPITRE V.

Suite des fonctions de reproduction. — Fécondation. — Fruit. — Classification des fruits. — Usages des fruits. — Graine. — Épisperme. — Amande. — Usages des graines. — Germination. — Autres modes de reproduction. — Tableau des végétaux utiles à l'homme.

Fécondation des plantes. — La *fécondation*, en botanique, l'un des phénomènes de la reproduction, est l'acte par lequel le pollen, s'échappant de l'anthère, tombe dans l'ovaire à travers le canal du pistil et change l'ovule en une semence capable de reproduire la plante. On appelle *fleurs mâles* celles qui n'ont que des étamines sans pistils, et *fleurs femelles* celles qui n'ont que des pistils sans étamines.

La fécondation s'accomplit facilement si les étamines et les pistils se trouvent sur la même fleur ou au moins sur le même pied. Les étamines étant sur un pied et les pistils sur un autre, le pollen est porté sur le pistil, soit par le vent malgré la distance, soit par les oiseaux ou les insectes qui vont pomper le suc des fleurs. Que dans une fleur on coupe les étamines ou qu'on empêche le pollen d'arriver au pistil, la fleur sera stérile. La fleur double n'a souvent pas de graine, parce que les étamines se sont développées en pétales. La vigne coule quand la pluie entraîne le pollen, empêchant ainsi l'ovaire d'être fécondé. Enfin, c'est en répandant le pollen d'une espèce sur le stigmate d'une espèce différente que le jardinier obtient par ce rapprochement les espèces nommées *hybrides*, remarquables par leur beauté ou quelquefois par la rareté seule, et qui se multiplient ensuite par bouture ou par greffe, rarement par graine.

Fruit. — Après la fécondation, l'ovaire en mûrissant devient le *fruit*, l'ovule devient la *graine* (*fig.* 78). Le fruit est donc l'ovaire qui a mûri. À le prendre dans son ensemble, il se divise en *péricarpe* et en *graines*.

Le *péricarpe* provient en général des feuilles carpellaires, mais souvent aussi, comme dans la pomme, du calice soudé avec elles Il se décompose en trois parties : l'*épicarpe*, formé de l'épiderme extérieur ; le *mésocarpe* ou parenchyme intermédiaire ; l'*endocarpe*, qui représente l'épiderme intérieur.

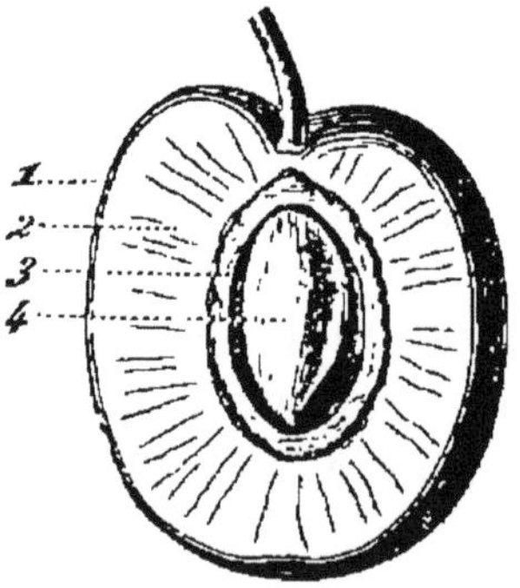

Fig. 78.

Section transversale d'un abricot.

1. Épicarpe. — 2. Mésocarpe. — 3. Endocarpe. — 4. Graine.

L'*épicarpe*, qui est la pelure de la pomme, de la cerise, etc., conserve généralement son apparence épidermique. Le *mésocarpe* devient, dans la pomme, la cerise, la prune, etc., un tissu charnu et succulent, appelé encore *sarcocarpe*. L'*endocarpe* est une membrane mince dans l'orange, cornée dans la pomme, et qui forme le ligneux du noyau dans l'abricot, la pêche, l'amande, etc.

Classification des fruits. — Les fruits sont *simples, composés* ou *agrégés, charnus* ou *secs, déhiscents* ou *indéhiscents,* et se rangent en différentes classes suivant les différentes combinaisons de ces caractères.

Les fruits sont *simples,* quand ils proviennent d'un pistil unique, comme la cerise; *composés* ou *syncarpés,* quand ils proviennent de plusieurs pistils dans une même fleur, comme la fraise, la framboise, etc.; *agrégés,* quand ils proviennent de fleurs distinctes très rapprochées, qui se sont souvent soudées ainsi que leurs pistils, comme la mûre, l'ananas, le cône du sapin, etc.

On appelle fruits *charnus* ceux dont le mésocarpe s'est développé, comme la pomme, la cerise; et fruits *secs,* ceux dont le péricarpe est sec. Il est à remarquer que la partie charnue n'appartient pas toujours au péricarpe, mais quelquefois au calice, comme dans la mûre; aux bractées, comme dans le genévrier; à l'involucre commun, comme dans la figue; même au pédoncule, comme dans la noix d'acajou.

Les fruits *déhiscents* s'entr'ouvrent à leur maturité, souvent par les sutures de leurs carpelles; les fruits *indéhiscents* ne s'ouvrent pas.

Le fruit simple, indéhiscent et charnu, porte le nom de *drupe;* il est caractérisé par son noyau, comme la cerise, la pêche.

Le fruit simple, indéhiscent et sec, est un *akène,* quand la graine n'adhère au péricarpe que par un point, comme la renoncule; une *cariopse,* quand la graine est partout adhérente au péricarpe, comme le blé; une *samare,* quand elle est entourée d'une aile membraneuse, comme le frêne.

Le fruit simple, déhiscent, est le *follicule* de la pivoine, qui ne s'ouvre que par la suture ventrale; la *gousse* du haricot, qui s'ouvre par les deux sutures.

Le fruit composé, charnu, est toujours indéhiscent: c'est une *baie,* s'il n'a aucune cloison, comme le raisin, la groseille; une *péponide,* s'il a des cloisons rudimentaires, comme le melon ; une *hespéridie*, s'il a des cloisons entières membraneuses, comme l'orange; une *pomme*, si ces cloisons entières sont cornées, comme dans la pomme; un *nuculaine*, si elles sont ligneuses, comme dans le néflier.

Le fruit composé, sec, toujours déhiscent, peut s'ouvrir par des dents terminales, comme la *capsule* du pavot; par une fente circulaire, comme la *pyxide* du mouron; par des fentes longitudinales, comme la *silique* de la giroflée, et dans ce cas les graines sont attachées à une cloison intermédiaire.

Les fruits agrégés ont tantôt un réceptacle extérieur qui les entoure, comme dans la figue : c'est un *sycone;* tantôt un réceptacle central qui peut être charnu comme dans le mûrier : c'est une *sorose;* ou ligneux, comme dans le pin : c'est un *cône.*

Usage des fruits. — Les fruits entrent pour beaucoup dans l'alimentation.

C'est le mésocarpe qu'on mange dans la cerise, la prune, la pêche, le melon, etc. ; le mésocarpe soudé au calice, qui forme la peau du fruit, dans la pomme, la poire, etc.; les calices soudés ensemble dans la mûre; le réceptacle développé en cône dans le fraisier, ou creusé en urne dans la figue; la pulpe, qui tient lieu de mésocarpe dans la groseille, le raisin et les autres baies; l'axe et les bractées devenus succulents en même temps que les fruits dans l'ananas; une pulpe succulente qui se développe dans chaque loge du citron et de l'orange, où la peau mince qui enveloppe chaque quartier ou fuseau est l'endocarpe.

Les fruits se mangent crus ou cuits; souvent encore on les confit dans le sucre, ou l'on en fait des confitures. Le vin est le jus du raisin qui a fermenté, le cidre celui de la pomme, le poiré celui de la poire. Avec le jus des framboises, des groseilles, etc., on fait des sirops rafraîchissants. De l'olive on extrait l'huile qui assaisonne nos aliments. Il est des fruits que la médecine ordonne dans certaines maladies, comme la jujube, la coloquinte, etc.

Graine. — La *graine* n'est que l'ovule fécondé (*fig.* 78). Le nombre de graines sur une seule plante est quelquefois immense, puisque sur un pied de tabac on en a compté jusqu'à 160,000. Quand le fruit s'ouvre, la graine tombe et germe; mais souvent aussi la graine est surmontée d'une *aigrette*, comme celle du pissenlit, ou garnie d'espèces d'*ailes*, comme celle du frêne, qui permettent au vent de l'emporter bien loin de la tige. Les oiseaux, en mangeant les fruits, transportent aussi les graines, s'ils ne les digèrent pas, en des lieux où elles se développent.

On distingue dans une graine l'*épisperme* et l'*amande*.

Episperme. — On appelle *épisperme* les téguments au nombre de deux : l'un extérieur, nommé *testa*, coriace, rugueux, quelquefois luisant, qui s'appelle *primine;* l'autre intérieur, nommé *tegmen*, qui répond à la *secondine*, membrane mince et plus délicate, souvent adhérente au premier.

Amande. — L'*amande*, à son tour, se compose de deux parties : l'*albumen* et l'*embryon*.

Fig. 79. — *Modèle grossi d'un grain de blé coupé longitudinalement.*

1. Embryon. — 2. Albumen.

L'*albumen*, nommé encore *endosperme* (*fig.* 79), manque dans beaucoup de plantes. C'est une substance de nature variable : tantôt *farineuse*, quand ses cellules sont remplies de fécule, comme dans le blé; tantôt *oléagineuse*, quand elles contiennent de l'huile, comme dans le ricin; tantôt enfin *cornée*, quand elles ont la dureté de la corne, comme dans le café.

L'*embryon* (*fig.* 80) est le rudiment de la nouvelle plante. Quand l'enveloppe existe, tantôt il s'y cache, tantôt il s'y accole et tantôt il l'entoure. En général, on ne trouve qu'un embryon par graine; mais il y a des exceptions, et dans une graine d'oranger, par exemple, on en a compté jusqu'à huit.

Fig. 80. — *Embryon dicotylédoné.*

1. Radicule. — 2-2. Cotylédons. — 3. Tigelle. — 4. Gemmule.

On distingue dans l'embryon quatre parties : la *tigelle,* la *radicule,* la *gemmule* et les *cotylédons.*

Les *cotylédons* ne sont que des appendices qui peuvent manquer. Certaines plantes n'en ont pas; d'autres en ont un, beaucoup en ont deux, quelques-unes en ont davantage; de là la division des végétaux en trois grandes classes : les *acotylédones,* les *monocotylédones,* les *dicotylédones.*

Si l'on prend une amande privée de ses téguments, elle se séparera facilement en deux parties : ce sont les deux cotylédons attachés par en bas l'un en face de l'autre à la tigelle. Si l'on dégage de son endosperme l'embryon du dattier, situé au milieu de la fente, un unique cotylédon recouvre la gemmule.

Les cotylédons sont considérés comme les premières feuilles, on a dit quelquefois comme les mamelles de l'embryon. C'est aux dépens de leur substance que la jeune plante s'alimente dans l'origine : aussi sont-ils presque toujours d'autant plus ou moins épais et charnus que l'amande est plus ou moins privée d'albumen.

La *tigelle* deviendra la tige, la *radicule* la racine, et la *gemmule* le bourgeon de la nouvelle plante. Les cotylédons sont attachés à la tigelle. L'ensemble de la tigelle et de la gemmule se nomme encore *plumule.* Ces trois parties sont parfaitement distinctes entre les cotylédons d'une amande, par exemple, ou d'un haricot.

Usage des graines. — La noix, la noisette, l'amande, qui sont de véritables graines, paraissent au dessert sur nos tables. Le froment, l'orge, le seigle, le maïs, l'avoine, le riz, nous donnent le pain ; le pois, le haricot, la fève, la lentille, des aliments d'un usage commun; le café torréfié et réduit en poudre, et le cacao brûlé, broyé et mélangé à une égale quantité de sucre, ce qui fait le chocolat, des infusions alimentaires avec le lait ou l'eau. On tire des huiles recherchées pour la table, l'éclairage, la médecine ou l'industrie, de la noix, des graines de colza, de navette, de pavot, de lin, de ricin, etc. La graine de sénevé donne la moutarde et par son infusion un excitant énergique. La graine du cotonnier est enveloppée d'une bourre épaisse qui n'est autre chose que son aigrette : on recueille cette bourre, on la prépare à l'aide d'ingénieuses machines, et elle devient notre coton, dont on fait des vêtements de toute espèce. De nombreuses tribus d'oiseaux et certains mammifères ne se nourrissent que de graines.

Germination. — La *germination* est le développement de l'embryon pour la création d'une nouvelle plante. En général, la graine perd en vieillissant le pouvoir de germer; mais le haricot le conserve près d'un siècle, et nous avons vu du blé trouvé avec les momies de l'Égypte germer à quatre mille ans de distance.

L'eau, la chaleur et l'air sont nécessaires à la germination. Ce n'est qu'au retour du printemps que les graines, comme les bourgeons, se développent. Quelle que soit dans le sol la position de la graine, la gemmule, en se contournant s'il le faut, se dirige vers la surface, et la radicule plonge dans la terre. La substance des cotylédons se modifie de manière à nourrir la plantule jusqu'au moment où les premières feuilles deviendront vertes à l'air et puiseront dans l'atmosphère l'acide carbonique et les autres fluides dont la plante a besoin.

Autres modes de reproduction des végétaux. — La reproduction des végétaux ne se fait pas seulement par les *graines;* elle a encore lieu par les *boutures*, les *marcottes*, les *provins*, les *drageons*, les *bulbilles*, les *yeux*, les *caïeux*, la *séparation des tubercules* et la *greffe*.

La *bouture* est un rameau d'une plante vivace que l'on détache et que l'on met en terre; il y prend racine et devient une nouvelle plante.

La *marcotte* consiste à courber une branche dans la terre, où elle vit d'abord aux dépens de la plante mère; on l'en sépare en la coupant quand elle a pris racine. Le *provin* est le marcottage appliqué à la vigne.

Le *drageon* est le jet de la violette ou du fraisier qui va s'enfoncer en terre à quelque distance de la plante mère, dont on le sépare. La *bulbille* est une espèce de bourgeon qui se détache de la plante mère et qui prend de lui-même racine.

Les *yeux*, en botanique, sont proprement les bourgeons; mais on en trouve aussi sur le tubercule de certaines plantes, la pomme de terre par exemple. Chaque œil mis en terre avec une portion du tubercule peut produire une nouvelle plante.

Le *caïeu* est le bourgeon qui se trouve sous les écailles d'une bulbe, comme l'ognon du lis.

La *séparation des tubercules* du dahlia, par exemple, pourvu qu'à chacun d'eux il reste une portion de l'ancienne tige, reproduit autant de plantes qu'il y a de tubercules.

La *greffe* est un rameau ou un bourgeon que l'on détache pour l'implanter sur un autre individu nommé *sujet;* mais pour qu'elle réussisse, il faut surtout que le liber de la greffe coïncide avec celui du sujet. L'opération a pour but de changer un individu sauvage, un *sauvageon,* en espèce cultivée, et de conserver des variétés qui ne se reproduiraient pas par la graine.

Tableau des végétaux utiles à l'homme. — Les végétaux forment le règne le plus utile à l'homme. Pendant leur vie, ils purifient l'air que les êtres vivants vicient chaque jour en changeant l'oxygene en acide carbonique; après leur mort, ils ont constitué dans les temps anciens les dépôts de la houille, et alors comme maintenant, ils servent à entretenir par la décomposition de leurs parties la fécondité de la terre. Voici le tableau des végétaux qui ont fourni naturellement ou dont l'homme a su tirer artificiellement des utilités plus immédiates.

TABLEAU DES UTILITÉS DU RÈGNE VÉGÉTAL.

PLANTES ALIMENTAIRES.	Céréales .	blé, orge, seigle, maïs, avoine, sarrasin, riz.
	Graines :	haricot, pois, lentille, fève, café, cacao.
	Tiges :	chou, chou-fleur, laitue, artichaut, asperge, cardon, céleri, poireau.
	Feuilles ·	oseille, épinard, chicorée, cresson, mâche, persil, cerfeuil, thé.
	Racines :	betterave, carotte, panais, navet, salsifis, rave, radis.
	Tubercules, etc. :	pomme de terre, topinambour, truffe, oignon, champignon.
	Épices, etc. :	poivre, girofle, muscade, cannelle, vanille.
	Fruits.	à pepins : pomme, poire.
		à noyau : cerise, prune, pêche, abricot, datte.
		à pulpe : raisin, groseille, fraise, framboise, figue, orange, citron.
		à amande : noisette, amande, noix, marron, châtaigne, pistache.
		légumiers : concombre, potiron, cornichon, melon, aubergine, tomate
PLANTES FOURRAGÈRES.	Céréales	tige verte, paille, graine
	Foins :	luzerne, sainfoin, trèfle, ray-grass, etc.
PLANTES MÉDICINALES. .	Calmantes	pavot, orge, riz, lin; laitue, digitale, laurier-cerise, valériane, chiendent, lichen; fleurs de mauve, de violette, d'oranger, de bourrache, de bouillon-blanc.
	Purgatives :	sené, rhubarbe, ricin, coloquinte, ipécacuanha, aloès.
	Fébrifuges :	quinquina, camomille, petite centaurée.
	Narcotiques :	belladone, jusquiame, tabac.
	Cordiales, etc. :	mélisse, menthe, thym, tilleul, sureau, absinthe, capillaire, arnica, moutarde.
PLANTES INDUSTRIELLES OU ÉCONOMIQUES.	Oléifères :	olive, colza, navette, pavot, lin, noyer, chènevis, pistache, faîne, cocotier.
	Résineuses :	gomme, pin, caoutchouc, gutta-percha.
	Textiles :	chanvre, lin, cotonnier, jonc, alfa, phormium-tenax.
	Tinctoriales :	garance, genêt, gaude, pastel, indigo, curcuma, carthame, orseille, quercitron, bois de campêche, noix de galle.
	A essence :	rose, jasmin, violette, menthe, lavande, amande amère, camphre, fleur d'oranger.
	Bois.	de charpente : chêne, sapin, hêtre, châtaignier, peuplier, tilleul, pin.
		d'ébénisterie : chêne, noyer, acajou, palissandre, buis, citronnier, ébène.
		de chauffage : chêne, hêtre, charme, bouleau, châtaignier, etc.
PLANTES D'ORNEMENT. .	Fleurs :	rose, œillet, lis, tulipe, narcisse, jacinthe, iris, violette, pensée, giroflée, géranium, balsamine, reine-marguerite, dahlia, pivoine, chèvrefeuille, jasmin, glycine, camélia, fuchsia, rhododendron, plantes grasses, etc.
	Arbustes :	lilas, seringa, laurier, laurier-rose, laurier-tin, cyprès, if.
	Arbres :	acacia, orme, érable, peuplier, platane, cèdre, catalpa, magnolia.

CHAPITRE VI.

Principes de classification.

Classification des végétaux. — Classifications anciennes. — Classification actuelle.

Classification des végétaux. — La botanique a successivement employé trois classifications différentes. Les deux premières sont dues à Tournefort et à Linné; on les a appelées *systèmes*, parce qu'elles ne sont que des classifications artificielles, où les caractères pris pour base, quelque remarquables qu'ils pussent être, étaient cependant arbitraires. La troisième est celle de Jussieu, basée sur l'importance et la subordination des caractères. Les plantes s'y trouvent divisées en familles naturelles : aussi l'a-t-on nommée, par opposition aux deux premières, classification naturelle ou *méthode*. Une étude plus approfondie des familles les a fait ranger en une série qui parfois laisse encore à désirer, et a donné lieu à la classification actuelle, qui n'est qu'un perfectionnement de la méthode de Jussieu.

Classifications anciennes. — Tournefort, naturaliste français du dix-huitième siècle, divise les plantes en arbres et en herbes. Les herbes se subdivisent suivant qu'elles ont ou n'ont pas de fleurs; les fleurs sont simples ou composées, monopétales ou polypétales, et les fleurs polypétales sont régulières ou irrégulières. Il en est de même des arbres. C'est d'après ces caractères extérieurs que Tournefort a établi les vingt-deux classes que comprend son système.

Le système de Linné, naturaliste suédois du dix-huitième siècle, comprend vingt-quatre classes. Les treize premières ont pour base le nombre des étamines; la quatorzième et la quinzième, leur différence de grandeur; les quatre suivantes, leur connexion par les filets ou par les anthères; la vingt et unième et la vingt-deuxième, la distinction des fleurs mâles et femelles sur la même plante ou sur des plantes différentes; la vingt-troisième, la présence simultanée de fleurs mâles, femelles et hermaphrodites; la vingt-quatrième, l'absence de fleurs.

Dans la classification de Bernard de Jussieu, naturaliste français de la fin du dix-huitième siècle, l'absence ou le nombre des cotylédons constitue les trois embranchements des acotylédones, monocotylédones et dicotylédones; l'absence ou la nature de la corolle d'abord, puis le mode d'insertion des étamines, servaient à déterminer les quinze classes des végétaux, et c'est d'après les considérations sur la graine, le fruit, la fleur, etc., que se groupaient les familles naturelles.

Classification actuelle. — Les principes émis par Jussieu sont reconnus vrais; mais dans l'application certaines classes avaient été formées après une étude trop superficielle des caractères. De là des modifications de détails, quelquefois cependant assez profondes. Il en est résulté la classification actuelle, telle qu'elle est adoptée au Muséum d'histoire naturelle de Paris.

Dans la classification actuelle comme dans celle de Jussieu, le point de départ est la famille, groupe formé d'après l'ensemble des caractères communs que présentent tous les organes connus. Les familles se réunissent, d'une part, en groupes, en classes, en embranchements, en sous-règnes; d'autre part, elles se divisent en genres, en espèces, en variétés. Les hybrides sont des variétés obtenues par le croisement de deux races ou de deux genres différents. La culture peut multiplier les variétés et les hybrides; mais les variétés peuvent se perpétuer, et les hybrides se perpétuent rarement [1].

1. Voir page 202 le tableau de la classification actuelle des végétaux.

TABLEAU DE LA CLASSIFICATION ACTUELLE DES VÉGÉTAUX.

Sous-Règnes.	Embranchements.	Classes.	Sous-Classes.	Groupes.	Exemples des classes.
Phanérogames.	**Angiospermes**	**1. Dicotylédones.**	Polypétales	Caliciflores	***Rosacées.***
				Thalamiflores	*Crucifères.*
			Monopétales	Corolliflores	*Convolvulacées.*
				Caliciflores	*Rubiacées.*
			Apétales	Hermaphrodites	*Polygonées.*
				Diclines	*Cannabinées.*
		2. Monocotylédones.			*Liliacées.*
	Gymnospermes.	3. Conifères.			*Abiétinées.*
		4. Cycadées.			*Cycadées.*
Cryptogames.	**Acrogènes**	5. Filicinées.			*Fougères*
		6. Muscinées			*Mousses.*
	Amphigènes.	7. Lichens			*Lichens.*
		8. Champignons			*Champignons.*
		9. Algues.			*Fucus.*

CHAPITRE VII.

Classification des végétaux.

Grandes divisions du règne végétal. — Sous-règne des Phanérogames. — Embranchement des Angiospermes. — Première classe : Dicotylédones. — Sous-classes des Dicotylédones. — Dicotylédones polypétales. — Polypétales caliciflores. — Polypétales thalamiflores.

Grandes divisions du règne végétal. — Le règne végétal se divise en deux sous-règnes : 1° les *Phanérogames*; 2° les *Cryptogames*.

Sous-règne des Phanérogames.

Les *Phanérogames*, dont les fleurs sont apparentes, ont deux embranchements et quatre classes : 1° les *Angiospermes*, dont les graines sont toujours protégées par un ovaire; 2° les *Gymnospermes*, dont les graines sont nues, c'est-à-dire sans enveloppe.

Embranchement des Angiospermes.

Les Angiospermes forment la première et la deuxième classe : les *dicotylédones* et les *monocotylédones*. Les dicotylédones se divisent en trois sous-classes : les *polypétales*, qui comprennent les groupes des *caliciflores*, dont le calice, soudé au disque, porte en quelque sorte la corolle et les étamines, et les *thalamiflores*, aux quatre verticilles floraux indépendants l'un de l'autre; les *monopétales*, qui se subdivisent en *corolliflores*, ayant avec un calice une corolle monopétale qui porte les étamines, et en *caliciflores*, d'après le caractère précédemment indiqué; les *apétales*, comprenant les fleurs *hermaphrodites* et les fleurs *diclines*.

Première classe, Dicotylédones. — La première classe, qui comprend les familles dicotylédonées, appartient au sous-règne des phanérogames et à l'embranchement des angiospermes. Elle a deux cotylédons au moins, des ovaires qui renferment les graines, souvent deux enveloppes florales, au moins une, des pistils et des étamines.

Sous-classes des Dicotylédones. — Les dicotylédones se subdivisent en trois sous-classes : 1° les *polypétales,* dont la corolle a plusieurs pétales distincts jusqu'à la base; 2° les *monopétales,* dont la corolle est formée de plusieurs pétales soudés ensemble, de manière qu'elle paraît monopétale; 3° les *apétales,* qui n'ont point de corolle.

Dicotylédones polypétales. — Les dicotylédones polypétales forment deux groupes : les *polypétales caliciflores* et les *polypétales thalamiflores.*

Polypétales caliciflores. — Le groupe des polypétales caliciflores comprend les familles dans lesquelles le calice porte la corolle et les étamines. — Les principales familles sont : les *rosacées,* les *myrtacées,* les *légumineuses,* les *térébinthacées,* les *ombellifères,* les *saxifragées,* les *grossulariées,* les *cactées* et les *crassulacées.*

Les *rosacées,* l'une des familles les plus nombreuses, herbes, arbustes ou arbres à feuilles alternes et stipulées, ont un calice monosépale à quatre ou cinq divisions, une corolle à quatre ou cinq pétales, des étamines nombreuses. — On les a divisées d'après leur fruit en plusieurs tribus : les *pomacées,* dont le fruit à pepins s'appelle pomme; les *amygdalées,* dont le fruit à noyau se nomme drupe; les *rosiers,* dont les graines nombreuses et entourées de poils sont contenues dans une baie rougeâtre formée par la base du calice; les *sanguisorbées,* qui ont pour fruit un akène quadrangulaire; les *spirées,* qui ont une capsule à une loge; les *dryadées,* dont le fruit est une réunion d'akènes ou de drupes sur un réceptacle saillant. — Les rosacées fournissent à nos tables une foule de fruits savoureux et rafraîchissants, et dont on tire aussi des liqueurs fermentées. Plusieurs espèces sont astringentes et employées comme toniques. Enfin on cultive dans les jardins un grand nombre de fleurs de cette famille à cause de leur beauté et de leur parfum.

Dans la tribu des *pomacées*, le *poirier* a un bois dur et rougeâtre, employé dans la gravure, dans les ouvrages de tour et de marqueterie, etc., et doit à la culture de nombreuses variétés divisées en deux espèces, les *poires au couteau*, tendres et savoureuses, et les *poires à cuire*, fermes et acerbes, dont on retire la boisson fermentée appelée *poiré*. Le *cognassier*, aux fruits jaunâtres, velus, odorants, dont on fait des confitures, des sirops, des pâtes, etc., est une des espèces du poirier. — Le *pommier*, dont le bois a presque les mêmes qualités que le poirier, compte de nombreuses espèces, divisées également en *pommes douces*, agréables à manger, et en *pommes acerbes*, dont on fait par la fermentation la boisson appelée *cidre*. Les pommiers *odorant, toujours vert, hybride, à bouquets, etc.*, et à fleurs doubles, font l'ornement de nos bosquets. — Les *sorbiers* sont des plantes d'ornement, dont les principales espèces sont le *sorbier des oiseleurs* et le *cormier*, aux fruits comestibles, et l'*allouchier*, recherché pour la dureté de son bois, dont on fait des flûtes. — Les *néfliers*, dont le bois peut être travaillé, ont des fruits âpres et astringents qui deviennent comestibles quand ils sont blettis, et dont on obtient une espèce de cidre. — Les *aliziers* ont pour espèces l'*alizier* et l'*azerolier*, dont les fruits sont bons à manger ou à faire des confitures, et l'*aubépine*, arbrisseau épineux, au bois dur, très commun dans les haies.

Dans la tribu des *amygdalées*, l'*amandier*, originaire du Levant, à la drupe coriace, donne ses *amandes* à nos tables et à la médecine et laisse découler de sa tige la gomme du pays.—Le *pêcher*, originaire de la Perse, classe ses variétés suivant leurs fruits en *pêches*, dont la chair se détache du noyau, et en *alberges* ou *pavies*, où elle ne s'en détache pas. — Les *cerisiers* ont pour espèces le *cerisier*, venu du Pont, dont le fruit sert à faire des compotes, des confitures, des liqueurs, entre autres le *marasquin de Zara*; le *merisier*, qui a pour fruit la merise, dont on fait le kirsch et le ratafia, la *guigne* et le *bigarreau* étant des variétés; le *laurier-cerise*, qui parfume de ses feuilles certains mets; le *cerisier de Sainte-Lucie,* qui fournit à la teinture une couleur pourpre. — Les *pruniers* ont pour genres le *prunier sauvage,* aux feuilles velues; le *prunier cultivé,* aux nombreuses espèces, dont on sèche les fruits pour en faire des pruneaux; le *prunellier,* fréquent dans les bois et les haies, dont l'écorce peut servir à la teinture et au tannage; le *prunier de Briançon*, dont l'amande fournit une bonne huile comestible. — L'*abricotier* vient de l'Arménie. L'abricot, comme la prune, sert à faire des compotes et des confitures; avec l'amande dans son bois on prépare l'eau de noyau, liqueur de table estimée. — Toutes les amygdalées renferment plus ou moins de l'acide prussique, qui rend les fruits acerbes quand ils ne sont pas mûrs. Leur bois, d'une grande dureté, est employé par les ébénistes et les tourneurs.

Dans la tribu des *rosiers,* on compte aujourd'hui plus de cent soixante espèces, et les variétés vont de deux à trois mille. A l'état naturel, la rose (*fig.* 81) n'a que cinq pétales; mais par la culture on change en pétales les étamines et les pistils. — Les roses doubles les plus estimées pour leur beauté et leur parfum sont : la *rose à cent feuilles,* la *rose de Hollande,* la *rose mousseuse,* la *rose des quatre saisons,* la *rose du roi,* la *rose pompon,* la *rose blanche,* la *rose musquée,* la *rose du Bengale, etc.* Ce ne sont généralement que des plantes d'ornement. Mais avec les fruits du *rosier sauvage* ou *églantier,* appelés *cynorrhodons,* on prépare une conserve estimée; avec les *roses de Provins,* la conserve de rose et le miel rosat; avec la rose musquée, l'essence de roses; avec les roses des quatre saisons et à cent feuilles, l'eau de rose.

Fig. 81. — *Rose sauvage.*

Dans la tribu des *sanguisorbées,* le genre *pimprenelle* a des feuilles d'une saveur agréable, ce qui les fait employer dans l'assaisonnement de la salade.

Dans la tribu des *spirées,* qui entrent dans la composition des bosquets, les genres les plus recherchés sont la *spirée ulmaire* ou *reine-des-prés*, aux fleurs blanches, odorantes, et la *filipendule*, aux racines fibreuses qui ont des tubercules alimentaires.

Dans la tribu des *dryadées*, la *potentille*, l'*aigremoine*, la *benoîte*, *etc.*, sont des plantes communes dans les bois. — Les genres les plus utiles sont le *fraisier*, aux nombreuses espèces multipliées par la culture, dont on mange le *gynophore* ou réceptacle des graines, et dont la racine est employée comme médicament; — les *ronces*, parmi lesquelles on distingue la *ronce des haies*, dont les feuilles sont vulnéraires, dont les fruits, les *mûres sauvages*, donnent un sirop qui est bon pour les maux de gorge; — le *framboisier* (*fig.* 82), aux fruits recherchés pour leur saveur et leur parfum, dont on mange les baies agrégées; — la *ronce odorante* du Canada, recherchée dans les jardins.

Fig. 82. — *Branche de framboisier.*

Les *myrtacées*, arbustes à feuilles opposées, à fleurs axillaires ou terminales, ont un calice monosépale de quatre, cinq ou six divisions, autant de pétales que de lobes dans le calice, des étamines nombreuses, un style simple, un fruit tantôt sec et déhiscent, tantôt indéhiscent ou charnu. — Toutes les myrtacées sont toniques et stimulantes, renfermant une huile volatile. D'élégants arbrisseaux de cette famille ornent nos orangeries et nos serres; quelques-uns ont des fruits comestibles.

Les principaux genres sont : le *myrte*, qui a pour espèces le *myrte commun*, dont le bois dur est propre à tourner, dont les fleurs donnent une huile distillée odorante, dont toutes les parties peuvent servir au tannage; le *myrte-giroflier*, à l'écorce connue sous le nom de *bois de girofle*, et le *myrte-piment*, dont les baies constituent le poivre de la Jamaïque; — le *giroflier* des Indes, aux jolies fleurs roses, dont les boutons sont une des épices, le clou de girofle; — le *seringat*, qui embaume nos bosquets; — le *goyavier* des Antilles, dont le fruit, la *goyave*, semblable à une poire jaune, est comestible et fait une confiture estimée; — l'*eucalyptus*, le *métrosidéros*, l'*eugénia*, *etc.*, qui ornent les jardins. — Citons encore le *grenadier*, venu de l'Afrique, dont le fruit, la grenade, renferme des graines rougeâtres, charnues, succulentes, d'une saveur agréable, bien qu'aigrelette. — Les *salicaires*, famille voisine des myrtacées, donnent aussi quelques plantes d'ornement.

Les *légumineuses* sont des herbes, des arbustes ou de grands arbres à feuilles alternes, généralement composées, aux fleurs solitaires ou disposées en grappes, dont la forme a fait donner encore à cette famille le nom de *papilionacées*. La fleur a un calice monosépale, ordinairement à cinq dents, une corolle parfois régulière, mais plus souvent irrégulière, à cinq pétales, dix étamines diadelphes, neuf d'entre elles étant soudées ensemble, un style unique, et pour fruit une gousse, ordinairement à une loge. — Les légumineuses sont une famille très nombreuse, presque aussi utile que les céréales. Les unes servent à la nourriture de l'homme; d'autres sont des plantes fourragères ou des plantes oléifères; il en est qui servent à la médecine ou aux arts; enfin on y compte une foule de plantes d'ornement. — Leur nombre les a fait diviser en plusieurs tribus, dont les principales sont : les *lotées*, les *viciées*, les *phaséolées*, les *hédysarées*, les *césalpiniées* et les *mimosées*.

Les *lotées* comprennent les *trèfles*, les *luzernes*, qui constituent les prairies artificielles; les *mélilots*, les *galégas*, le *lotier*, le *lupin*, qui servent de fourrage ainsi que l'*ajonc commun*, quand on l'a broyé avec des pilons. — La médecine doit à cette tribu le *robinier* ou *faux acacia*, dont les fleurs donnent un sirop rafraîchissant; — la *réglisse*, utile contre la toux et les catarrhes; — l'*astragale*, dont plusieurs espèces fournissent la gomme adragant. — L'industrie utilise le *genêt* des teinturiers, qui donne une couleur jaune; — divers *indigos*, dont les feuilles fournissent une couleur bleue; — le *spartium*, aux fibres textiles, qui distille un suc analogue à la gomme arabique.

Les *viciées* fournissent, comme légumineuses alimentaires, la *lentille* et la *fève de marais*, qui sont deux espèces de la *vesce;* le *pois chiche* et le *pois*.

Aux *phaséolées* appartient le *haricot*, si commun sur nos tables.

Les *hédysarées* comprennent les *sainfoins*, que l'on cultive en prairies artificielles.

Les *césalpiniées* donnent des bois de teinture : le *cæsalpinia*, un bois tinctorial rouge, appelé *bois de sapan*, et une autre espèce, le *bois jaune* ou *bois de Fernambouc;* — l'*hematoxylum* ou *bois de Campêche*, parce qu'il vient de la baie de Campêche, un bois jaune employé dans la teinture en noir et en violet; — le *gaînier* ou *arbre de Judée*, un bois recherché par l'ébéniste et le tourneur. — D'autres genres sont : le *tamarinier*, dont la pulpe, appelée *tamarin*, est purgative; — le *copaïfera* des Antilles, d'où suinte un suc résineux et médical, le baume de copahu; — le *caroubier*, dont les feuilles et l'écorce servent au tannage, dont le bois est employé dans la marqueterie, et qui a des fruits d'une saveur douce et sucrée dont on fait du sirop en Égypte; — l'*arachide*, plante rampante, dont les amandes, nommées *pistaches de terre*, après s'être enfoncées dans la terre pour y mûrir, se mangent fraîches ou cuites, fournissent une bonne huile dont on fait en Espagne du savon, et une pâte que l'on peut mêler à celle du cacao pour fabriquer du chocolat.

Les *mimosées* ont pour genres principaux : la *mimosa* ou *sensitive*, dont les feuilles, douées d'électricité, se referment sur le doigt qui les touche; — l'*acacia*, aux trois cents espèces, toutes remarquables par leur port, dont plusieurs donnent par incision la gomme arabique, employée en médecine et qui sert à faire des sirops; une espèce fournit la gomme du Sénégal, une autre le cachou, substance tonique dont on fait des pastilles qui excitent l'appétit.

On cultive dans les jardins un grand nombre de légumineuses : certaines espèces de *lupin*, de *genêt*, de *lotier*, de *sainfoin;* le *haricot d'Espagne*, le *galéga*, le *pois de senteur;* l'*érythrina* aux belles grappes de fleurs rouges dont les graines, les *pois d'Amérique*, servent à faire des colliers et des bracelets, et à peser, sous le nom de carats, les diamants; la *glycine*, aux grappes magnifiques d'un beau lilas, dont on fait des guirlandes aériennes en les conduisant le long de fils invisibles. Dans les bosquets on trouve souvent la *coronille*, à la fleur en couronne, le *baguenaudier*, le *gaînier*, le *févier*, le *cytise faux-ébénier*, aux grappes jaunes. plusieurs *robiniers* et le *sophora*, dont une variété, le *sophora pleureur*, incline ses rameaux vers la terre.

Les *térébinthacées* sont des arbres ou arbrisseaux à feuilles alternes, composées, à fleurs ordinairement en grappes, ayant un calice de trois à cinq sépales, une corolle ayant autant de pétales, des étamines en nombre égal, double ou quadruple, un fruit sec ou drupacé, généralement à une seule graine. — Ils doivent à leur suc laiteux ou résineux d'être employés en médecine. Leur drupe et leur amande, qui contient de l'huile, sont souvent comestibles. — Plusieurs espèces de cette famille sont des plantes d'ornement.

Les principaux genres sont : le *pistachier*, qui donne les *pistaches*, et qui a pour espèces le *térébinthe*, distillant la térébenthine de Chio, et le *lentisque*, d'où découle la résine dite mastic, mâchée et brûlée comme la térébenthine par les Orientaux; — le *comocladia,* de l'Amérique méridionale, produisant des sucs vénéneux dans lesquels les sauvages trempent leurs flèches, et un bois verdâtre employé dans la teinture verte; — le *sumac,* dont les espèces européennes servent à la teinture et à la préparation des maroquins, dont les espèces exotiques donnent l'une la résine jaune appelée copal d'Amérique, l'autre le vernis du Japon; une troisième est si vénéneuse que d'y toucher seulement produit des ampoules; — le *manguier,* à fruits jaunes, rouges ou noirs, comestibles; — l'*anacarde,* dont le fruit, nommé *noix d'acajou,* est gonflé d'un suc astringent et dont l'amande est bonne à manger; — le *baumier de la Mecque,* qui fournit, par incision de la tige ou décoction des rameaux, des baumes employés en Orient comme cosmétiques.

Les *rhamnées,* famille voisine, fournissent à la médecine le *jujubier,* dont le fruit, la *jujube,* constitue la pâte de ce nom; — aux arts, les *nerpruns,* qui donnent tantôt la couleur vert de vessie, tantôt une couleur jaune verdâtre, tantôt une couleur rouge de garance; une espèce de nerprun, la *bourdaine,* au bois tendre et inflammable, entre dans la composition de la poudre.

A deux autres petites familles, les *célastrinées* et les *ilicinées,* appartiennent le *fusain,* aux baies rouges fortement purgatives, d'où l'on extrait une teinture jaune et verte, et au bois dur, dont on fait des crayons de dessin; — le *houx,* arbrisseau épineux toujours vert, dont le bois dur est employé à différents ouvrages et dont l'écorce donne de la glu.

Les *ombellifères* sont toutes des herbes à feuilles alternes, souvent décomposées. Elles sont remarquables par leur ombelle quelquefois simple, plus ordinairement composée, avec une collerette générale ou involucre à la base de l'ombelle et une collerette partielle ou involucelle à la base de chaque ombellule. Le calice, adhérent à l'ovaire, est à cinq dents, la corolle à cinq pétales avec cinq étamines qui leur sont alternes et deux styles, et le fruit est formé de deux akènes soudés par une de leurs faces. — Les ombellifères ont des plantes alimentaires, aromatiques, médicinales, mais quelquefois vénéneuses.

Les plantes alimentaires sont : la *carotte*, le *panais*, dont on mange les racines; — l'*ache*, dont une variété, quand elle est cultivée, est le *céleri* et le *céleri-rave*, et une autre variété le *persil*, qui sert d'assaisonnement, ainsi que le *cerfeuil*; mais il faut prendre garde de confondre le cerfeuil avec une espèce voisine, la *ciguë*, qui est vénéneuse; — la *férule*, dont on retire par une incision au collet une liqueur jaunâtre, l'assa-fœtida, condiment recherché des anciens sous le nom de *laser*. — Les plantes médicinales sont : l'*angélique*, dont la racine est sudorifique, dont les tiges se confisent au sucre; — l'*anis*, dont le fruit, qui entre dans certaines dragées, a une saveur sucrée, aromatique, chaude, et dont la graine fournit une huile volatile, ainsi que les fruits du *fenouil*.

Les *saxifragées* aux nombreuses espèces, parmi lesquelles l'*hortensia* ou *rose du Japon*, est un bel arbuste aux fleurs en boule d'un rouge purpurin; et les *pourpiers*, parmi lesquels on distingue les *tamaris* du midi, sont de petites familles qui fournissent des plantes d'ornement.

Les *grossulariées* ou *groseilliers* sont des arbrisseaux quelquefois épineux, à feuilles alternes, à fleurs tantôt solitaires, tantôt en grappe, qui ont un calice à cinq divisions, cinq pétales, cinq étamines, et pour fruit une baie globuleuse. — Les principales espèces du groseillier, genre unique, sont : le *groseillier épineux*, le *groseillier à maquereau*, le *groseillier rouge*, le *groseillier noir* ou *cassis*. — Le *groseillier doré* et le *sanguin* sont de belles plantes de bosquet.

Les *cactées* sont des plantes vivaces, charnues, très épineuses, à tige articulée, dont les pièces se changent en bois avec le temps. Les fleurs, généralement solitaires, sont quelquefois très grandes et d'une beauté remarquable. Le calice est monosépale et se confond souvent avec les pétales qui sont très nombreux. Les étamines, nombreuses aussi, ont un filet grêle et capillaire. Le fruit est charnu, pulpeux et rafraîchissant. — Les cactées sont cultivées comme plantes d'ornement; mais les fruits sont souvent comestibles.

Les principaux genres sont : l'*opuntia* ou *figuier de Barbarie,* naturalisé sur les côtes de la Méditerranée; — le *nopal* ou *figuier d'Inde,* qui nourrit la cochenille, insecte dont on tire la belle teinture écarlate; — le *cierge du Pérou,* à la tige ordinairement droite et souvent très élevée; — le *mélocactus* et l'*échinocactus*, à la tige presque globuleuse.

Les *crassulacées,* plantes herbacées ou frutescentes, à feuilles charnues, alternes ou opposées, ont un calice profondément divisé et une corolle à pétales réguliers en nombre variable. Les genres principaux sont les *joubarbes,* les *orpins* ou *sedum* et les *crassules,* plantes d'ornement. Quelques espèces sont employées en médecine.

On doit à la petite famille des *onagrariées* le *fuchsia*, aux mille variétés multipliées par la culture, et la *macre* ou *châtaigne d'eau.*

Polypétales thalamiflores. — Les polypétales thalamiflores ont une corolle polypétale et les quatre verticilles distincts. — Les principales familles sont : les *vinifères,* les *linées,* les *géraniacées,* les *acérinées,* les *aurantiacées,* les *camelliacées,* les *malvacées,* les *tiliacées,* les *caryophyllées,* les *crucifères,* les *papavéracées,* les *nymphéacées* et les *renonculacées.*

La *vigne,* originaire d'Asie, est le seul genre important de la famille des *vinifères* ou *ampélidées :* c'est un arbrisseau sarmenteux et grimpant, à feuilles alternes, à vrilles multipliées, à fleurs en grappe ayant un calice très court, une corolle à cinq pétales avec cinq étamines opposées, et pour fruit une baie globuleuse à un ou plusieurs grains; elle appartient aux climats tempérés, entre le trentième et le cinquantième degré de latitude, et se plaît partout sur les coteaux. Le principal produit de la vigne est le *raisin*. Avant sa maturité, on l'emploie en cuisine sous le nom de *verjus;* mûr, on le sert sur nos tables ou on le fait sécher au four pour l'hiver. Le suc du raisin porte le nom de *moût* et sert à préparer des gelées, des confitures, etc. Si on le laisse fermenter, on a les diverses espèces de vins, tantôt spiritueux, tantôt âpres ou aigrelets, suivant la qualité du terrain ou de la vigne. Par des distillations répétées, le vin donne à son tour l'eau-de-vie, l'alcool ou esprit-de-vin et l'éther; au contact de l'air, il subit la fermentation acide et devient *vinaigre*. Ce n'est pas tout : le *tartre* qui se dépose sur les tonneaux et le *marc* retiré du pressoir servent dans l'industrie chimique; des pepins on retire de l'huile; enfin les feuilles de la vigne sont recherchées des animaux herbivores.

Aux *linées* appartient le *lin*, aux différentes espèces, à fleurs blanches, roses, jaunes ou bleues, qui orne nos parterres; mais on le cultive pour faire de ses fibres différentes étoffes; la médecine fait de sa graine des cataplasmes émollients; l'industrie emploie son huile pour faire des vernis gras, une huile siccative pour la peinture et un élément de l'encre d'imprimerie.

Les *géraniacées* donnent le *géranium* avec le *pélargonium*, une de ses variétés que la culture multiplie dans nos parterres. — A cette famille se rattachent comme tribus : le groupe des *balsaminées*, qui donne la *balsamine*, plante de jardin; — celui des *tropéolées*, où se trouve la *capucine*, dont on mange les fleurs dans la salade ou confites au vinaigre ainsi que les fruits, qui a une saveur chaude et qui est un stimulant énergique employé en médecine; — celui des *oxalidées*, dont la saveur rappelle celle de l'oseille; les différents genres d'*oxalis* renferment dans le suc de leurs feuilles l'oxalate de potasse ou sel d'oseille, qui sert à enlever les taches d'encre, et dont on extrait en chimie l'acide oxalique.

Les *acérinées* sont des arbres à feuilles opposées, ordinairement simples, à fleurs en grappe ou en cyme terminale. Le calice est entier ou à cinq divisions, la corolle à cinq pétales, les étamines en nombre double, le fruit composé de deux samares.

Les acérinées n'ont qu'un genre, l'*érable*, dont les principales espèces sont l'*érable champêtre*, le *sycomore*, le *plane*, l'*érable à sucre* de la Pensylvanie. Ce sont des arbres recherchés pour la beauté de leur port, dont le bois est estimé pour l'ébénisterie et la fabrication des instruments de musique. Leur séve renferme souvent beaucoup de sucre et fournit aux peuples du Nord une boisson fermentée.

Près des acérinées se placent les *hippocastanées* et les *méliacées*. — L'unique genre des hippocastanées est le *marronnier d'Inde*, si multiplié dans nos jardins. Le bois a peu de valeur; mais l'écorce donne l'esculine pour la teinture en jaune, et les marrons produisent des cendres alcalines excellentes, servent à fabriquer de la colle et peuvent être mangés par les chevaux, les bœufs et les moutons. — Les méliacées comprennent l'*azédarach*, bel arbre originaire de Perse et naturalisé en France, dont les graines servent à faire des chapelets; le *cédréla* et le *swieténia*, originaires des Antilles, qui fournissent le bois d'acajou.

Les *aurantiacées* sont des arbres ou arbrisseaux glabres, quelquefois épineux, à feuilles alternes, articulées, à fleurs odorantes, ayant un calice monosépale, une corolle de trois à cinq pétales, des étamines en nombre égal, double ou multiple, un fruit charnu, intérieurement divisé par des membranes minces en plusieurs loges qui contiennent chacune une ou plusieurs graines.

Le genre *citron* est le seul intéressant. Il se divise en plusieurs espèces : l'*oranger*, le *citronnier*, le *cédratier*, le *bergamotier, etc.*, qui ne donnent des fruits mûrs que dans les pays chauds. Des fleurs de l'oranger on retire de l'eau distillée et l'huile essentielle de néroli; de l'écorce d'orange, le curaçao et l'essence de Portugal; les fruits, les fleurs et les feuilles sont employés en médecine comme calmants et antispasmodiques. Le bois du citronnier est employé dans l'ébénisterie.

Les *camelliacées* sont des arbres ou arbrisseaux à feuilles alternes, souvent persistantes, ayant un calice à cinq sépales, une corolle à cinq pétales quelquefois soudés à la base, des étamines nombreuses, un ovaire de deux à cinq loges avec un nombre égal de styles.

Deux espèces seulement sont recherchées : le *camellia*, à cause de la beauté de ses fleurs, et l'*arbre à thé* (*fig.* 83), parce que l'infusion de ses feuilles dans l'eau bouillante nous donne une boisson excellente que la médecine recommande comme digestive. L'arbre à thé croît naturellement à la Chine et au Japon, d'où il a été importé dans l'Inde, au Brésil, aux îles Bourbon et Maurice, etc. On en recueille les feuilles deux fois par an, on les jette une demi-minute dans l'eau bouillante, puis on les chauffe plusieurs fois dans des poêles de fer, afin de leur enlever un suc âcre et vireux qu'elles contiennent; après les avoir aromatisées, on les expédie dans des boîtes sous les noms de *thé noir* ou *thé vert*, d'après quelques différences dans la préparation.

Fig. 83. — *Branche de thé.*

Les *malvacées* comprennent des herbes, des arbustes et des arbres à feuilles simples, alternes, stipulées, à fleurs axillaires, solitaires ou en grappe, ayant un calice monosépale, une corolle régulière à cinq pétales, un fruit composé de carpelles tantôt verticillées en forme d'anneau, tantôt formant une capsule de trois à cinq loges. Toutes les malvacées contiennent un mucilage qu'on extrait par décoction et qui les rend adoucissantes et émollientes.

La *mauve* et la *guimauve* sont surtout employées en médecine pour leur mucilage adoucissant. On en cultive dans les jardins plusieurs espèces, notamment la *rose trémière* ou *passe-rose*. — Parmi les genres exotiques, il faut distinguer le *cotonnier* ou *gossypium* (*fig*. 84), aux espèces variées, communes dans les pays chauds, dont les graines sont entourées de poils plus ou moins longs qui constituent les divers cotons employés dans nos tissus; — le *baobab* du Sénégal, le plus gros des arbres connus, puisque son tronc a jusqu'à trente mètres de circonférence sur vingt-cinq de hauteur; — le *cacaoyer*, des régions équatoriales d'Amérique, dont le fruit, appelé *cabosse*, renferme des graines que l'on torréfie, que l'on pulvérise, que l'on mélange avec du sucre et des substances aromatiques pour fabriquer le chocolat, aliment nourrissant et analeptique, ou dont on extrait une huile, le beurre de cacao, employé en médecine et en parfumerie.

Fig. 84. — *Branche de cotonnier.*

Les *tiliacées* ont pour représentant principal le *tilleul*, si commun dans nos bois, qui fournit à la médecine ses feuilles, mais surtout ses fleurs mucilagineuses contre les maux de tête; au tisserand, son liber pour des toiles grossières ou des cordes à puits.

Les *caryophyllées* sont des herbes à tige cylindrique, articulée, à feuilles opposées et entières, à fleurs terminales ou axillaires, ayant un calice de quatre ou cinq sépales distincts ou soudés, une corolle de quatre ou cinq pétales ordinairement onguiculés, une capsule d'une à cinq loges, et des graines nombreuses attachées à un placenta central. Elles ne sont recherchées que pour l'ornement des jardins, ce qu'elles doivent à la beauté de leurs fleurs.

Les principaux genres sont : l'*œillet*, aux espèces et aux variétés si nombreuses; — le *silène*, qu'on pourrait quelquefois confondre avec l'œillet; — la *lychnide*, dont une espèce est la *croix-de-Jérusalem;* — la *sabine*, dont on forme des gazons; — la *saponaire*, dont les feuilles, broyées et mêlées dans l'eau, donnent une écume savonneuse; — la *stellaire*, qui a pour espèce la *morgeline* ou *mouron des oiseaux*.

Dans la famille des *violariées*, la *violette*, aux nombreuses espèces, parmi lesquelles la *pensée*, est une plante d'ornement. La médecine fait des fleurs de la violette une infusion adoucissante et calmante, une eau distillée antispasmodique, et un sirop que le chimiste emploie à reconnaître les alcalis.

Les *crucifères* sont généralement herbacées, à feuilles alternes, ayant un calice à quatre folioles caduques, une corolle à quatre pétales en croix, six étamines tétradynames, et pour fruit une silique ou une silicule. Cette famille est l'une des plus nombreuses. Les genres qui la composent fournissent des plantes alimentaires et oléifères et des plantes d'ornement; quelques-unes servent dans l'industrie.

Parmi les plantes alimentaires on distingue d'abord le *chou*, qui compte au nombre de ses espèces le *chou ordinaire*, aux variétés nombreuses, parmi lesquelles le *chou de Bruxelles*, le *chou-fleur* et le *brocoli;* — le *colza*, cultivé pour fourrage, mais surtout pour l'huile que donne sa graine, dont le résidu sert à faire des tourteaux pour le bétail; — le *navet*, aux nombreuses variétés servant à la nourriture de l'homme et des bestiaux, parmi lesquelles la *navette*, dont on extrait une huile propre à l'éclairage; — le *chou-rave*, riche en variétés alimentaires; — la *roquette*, que l'on mange en salade ou confite et dont on fait un sirop médicinal. — Citons encore le *crambé* ou *chou marin*, très commun sur nos côtes; — le *cresson* dit *de fontaine*, qu'on mange en salade ou comme condiment et qui est antiscorbutique; — la *cardamine* ou *cresson des prés* et le *passerage* ou *cresson alénois*, qui ont les mêmes propriétés que le précédent; — le *radis*, avec ses variétés, la *petite rave* et le *raifort* ou *radis noir*; — la *moutarde*, dont les graines donnent de l'huile, s'appliquent en sinapismes et fournissent la moutarde, quand on les mêle écrasées avec du vin blanc ou du vinaigre et des aromates. — Les plantes d'ornement sont : la *giroflée* simple ou double, aux nombreuses espèces; l'*alyssum* ou *corbeille d'or* et la *julienne*. — L'industrie tire des feuilles du *pastel* une couleur bleue; des fibres de la *cameline* ou *petit lin* une matière textile, et de ses graines l'huile improprement dite de *camomille*.

Près des crucifères, la petite famille des *capparidées* nous donne le *câprier*, dont les fleurs en bouton, confites dans du vinaigre, sont employées comme condiment sous le nom de *câpres*. — Celle des *résédacées* a pour genre principal le *réséda*, dont une espèce est cultivée dans les jardins pour son odeur et employée en parfumerie; une autre espèce à fleurs jaunes donne à la teinturerie la couleur jaune appelée *gaude*.

Les *papavéracées* sont des plantes herbacées, à feuilles alternes, ayant un calice à deux folioles caduques ou à quatre folioles persistantes, une corolle de quatre pétales, des étamines ordinairement nombreuses, le stigmate sessile, une capsule polysperme, un suc propre blanc ou jaune.

Parmi les genres peu nombreux des papavéracées, la *chélidoine* ou *éclaire* a un suc jaune, très âcre et très vénéneux, qui sert à brûler les verrues; — le *pavot*, plante originaire de Perse, dont le *coquelicot* des champs est une espèce, est cultivé en Orient pour le suc nommé *opium* que l'on extrait par incision de ses capsules et par décoction de ses feuilles, et dans le nord de l'Europe pour l'huile d'œillette que l'on extrait de ses graines : l'opium est, à faible dose, un narcotique utile; mais si l'on en fait un usage immodéré, il conduit à l'abrutissement et à la mort. La décoction des têtes de pavot est employée en médecine comme calmant; on en tire le sirop diacode contre les excitations nerveuses.

Les *nymphéacées* forment une famille composée de plantes aquatiques, dont les principaux genres sont : le *nénufar* ou *nymphéa*, qui étale à la surface des eaux sa large corolle blanche ou jaune; — le *nélumbo* ou *lotus* des anciens.

Près des nymphéacées se rangent les deux petites familles des *berbéridées* et des *magnoliacées*. — L'*épine-vinette*, qui appartient à la première, forme des haies épineuses; donne à la marqueterie sa racine d'une belle couleur jaune; à la teinture, sa racine et son écorce pour le jaune, le suc de ses baies pour un beau rose; à la confiserie, ses baies pour sirops, gelées, confitures et dragées. — A la seconde appartiennent le *magnolia* et le *tulipier*, beaux arbres d'ornement, et la *badiane*, arbrisseau dont les fruits constituent l'anis étoilé employé comme parfum.

Les *renonculacées* sont des herbes ou sous-arbrisseaux, à feuilles alternes ou opposées, ayant une corolle de quatre ou cinq pétales, des étamines nombreuses, un périsperme grand et corné.

Les renonculacées ne donnent que des plantes d'ornement : la *clématite*, à la tige flexible chargée de fleurs blanches d'une odeur pénétrante, au suc âcre et vénéneux; on l'emploie à recouvrir les berceaux dans les jardins ou à tapisser les murs; — l'*anémone*, qui compte plusieurs variétés toutes recherchées; — l'*adonide*, aux fleurs rouge de sang; — la *renoncule* ou *bouton d'or*, dont on a de magnifiques variétés doubles; — l'*hellébore* ou *rose de Noël*, fleur de l'arrière-saison; — la *nigelle*, aux fleurs bleues et aux feuilles capillaires; — l'*ancolie*, dont une variété double, aux cornets emboîtés, est connue sous le nom de *gant-de-Notre-Dame;* — le *pied-d'alouette* ou *dauphinelle*, servant de bordure dans les jardins; — l'*aconit* ou *fleur-en-casque*, à cause de sa forme, plante la plus vénéneuse de la famille; — la *pivoine*, à fleurs grandes et de couleurs vives, ayant pour espèce la *pivoine officinale*, employée en médecine contre les spasmes et l'épilepsie.

CHAPITRE VIII.

Suite de la Classification des végétaux.

Dicotylédones monopétales. — Monopétales corolliflores. — Monopétales caliciflores.

Dicotylédones monopétales. — La sous-classe des dicotylédones monopétales ou gamopétales comprend les plantes qui ont deux cotylédons et une corolle dont toutes les parties sont soudées plus ou moins profondément ensemble. — Elle se subdivise en deux groupes : les *monopétales corolliflores* et les *monopétales caliciflores*.

Monopétales corolliflores. — Les monopétales corolliflores ont une corolle monopétale qui porte les étamines. — Les familles principales sont : les *composées*, les *campanulacées*, les *convolvulacées*, les *solanées*, les *borraginées*, les *personnées*, les *bignoniacées*, les *verbénacées*, les *labiées*, les *éricinées*, les *apocynées* et les *oléinées*.

Les *composées* ont comme caractère général d'avoir plusieurs fleurs réunies sur un réceptacle commun et entourées d'un involucre de plusieurs folioles. Chaque fleur a un calice monosépale et une corolle monopétale insérés au-dessus de l'ovaire, cinq étamines soudées par leurs anthères, un pistil qui passe au milieu; pour fruit un akène, ordinairement couronné de poils et souvent séparé des autres par des poils ou des écailles.

Cette grande famille se divise en trois tribus : les *semi-flosculeuses* ou *chicoracées*, n'ayant que des demi-fleurons; — les *flosculeuses* ou *carduacées*, n'ayant que des fleurons; — les *radiées* ou *corymbifères*, ayant à la fois des fleurons et des demi-fleurons. — On y trouve nombre de plantes oléifères et alimentaires.

Les *semi-flosculeuses* ou *chicoracées* ont leur corolle, presque toujours de couleur jaune, déjetée en languette d'un seul côté. Elles ont un suc laiteux, amer et narcotique, quand il est abondant; mais la culture peut les modifier en les étiolant, c'est-à-dire en les privant de lumière : ce qui développe les principes aqueux, sucrés et mucilagineux. Beaucoup de chicoracées sont alimentaires; quelques-unes sont des plantes d'ornement.

Les genres principaux sont : le *pissenlit*, qui se mange en salade et qui est employé en médecine; — la *laitue*, tantôt suspecte et vénéneuse, comme les espèces *laitue vireuse* et *laitue sauvage*, tantôt alimentaire, comme la *laitue commune*, qui donne par la culture les variétés *pommée*, *frisée* et *romaine;* — le *salsifis* et la *scorsonère*, dont on mange les racines et les jeunes pousses; — la *chicorée*, dont l'espèce *chicorée sauvage* est alimentaire, donne le café de chicorée et aussi la *barbe-de-capucin*, quand on la fait végéter dans une cave, et dont l'espèce cultivée, *chicorée endive*, a pour variétés la *scarole* et la *chicorée frisée*, toutes trois mangées en salade; — le *laiteron*, excellent pour les bestiaux et les lapins.

Les *flosculeuses* ou *carduacées* ont toutes une corolle tubuleuse à cinq lobes égaux. Le principe amer domine, ce qui les rend toniques; mais la culture fait prédominer les sucs aqueux et mucilagineux, ce qui fait de plusieurs genres des plantes alimentaires.

Les genres principaux sont : le *cinare*, qui a pour espèce l'*artichaut*, dont on mange le réceptacle et la base des bractées calicinales, et le *cardon*, dont on mange la côte ou nervure médiane; — la *bardane*, dont une espèce est recherchée dans les campagnes pour ses jeunes pousses et sa racine qui sont alimentaires; — le *carthame* ou *safran bâtard*, qui a des fruits recherchés des oiseaux, ce qui les fait appeler *graines de perroquet*, et dont les fleurs fournissent à la teinture deux principes colorants, l'un jaune et l'autre rouge; — la *sarrette*, dont le suc donne une belle teinture jaune; — l'*onopordon* ou *chardon aux ânes*, des graines duquel on extrait une huile bonne pour l'éclairage; — la *centaurée*, qui a pour espèces le *bluet*, dont les fleurs fournissent une eau distillée qui éclaircit la vue; — le *chardon* aux nombreuses espèces, si commun dans les campagnes; — l'*élichryse*, l'*immortelle*, l'*héliotrope d'hiver*, qui font l'ornement des jardins.

Les *radiées* ou *corymbifères* sont généralement tubuleuses au centre et en languettes à la circonférence. Elles renferment du camphre et une huile volatile qui leur donne une odeur aromatique. Quelques radiées sont employées à l'office ou en médecine; un très grand nombre sont des plantes d'ornement.

Les principaux genres sont : l'*armoise*, qui a pour espèces l'*absinthe*, donnant la liqueur de ce nom, l'*estragon*, assaisonnement de nos salades, qui sert à préparer une sorte de moutarde et de vinaigre, et la *citronnelle*, à odeur de citron; — l'*hélianthe*, qui a deux espèces remarquables, l'une, le *grand soleil*, par ses belles fleurs jaunes et par ses graines qui donnent une huile de bonne qualité, l'autre, le *topinambour*, par ses tubercules comestibles; — le *madia*, originaire du Chili, dont les semences donnent une huile très douce, qui est même employée en pharmacie; — l'*arnica*, excellent vulnéraire; — la *camomille*, l'*achillée*, la *matricaire*, employées comme stomachiques ou fébrifuges; — le *chrysanthème*, la *cinéraire*, l'*œillet d'Inde*, le *souci*, le *coréopsis*, la *pâquerette*, le *dahlia*, l'*aster*, *etc.*, toutes plantes dont les nombreuses espèces et variétés sont recherchées dans nos parterres; la *reine-marguerite* est un aster originaire de Chine.

Les *campanulacées*, plantes généralement herbacées, à suc laiteux, à feuilles alternes, à fleurs en épi, en thyrse ou en capitule, ont un suc laiteux, souvent âcre, mais dont l'âcreté est masquée par un abondant mucilage. Les *campanules* sont le principal genre : une espèce, la *raiponce*, se mange en salade, feuilles et racine; d'autres espèces sont plantes d'ornement, telle que la *campanule pyramidale*.

Les *convolvulacées* sont des plantes herbacées ou frutescentes à tiges grimpantes, à feuilles alternes, à corolle en cloche, à fruit capsulaire renfermant une ou deux graines.

Les genres principaux sont : la *cuscute*, plante parasite funeste aux luzernes; — la *patate*, dont les tubercules charnus sont alimentaires, surtout en Amérique; — les *liserons des champs* et les *volubilis*, qui ornent les jardins; — d'autres espèces, la *scammonée* et le *jalap*, donnent des résines de même nom qui sont des purgatifs énergiques.

Les *solanées* sont des herbes ou des arbrisseaux à feuilles alternes. Le calice est monosépale à cinq divisions, la corolle monopétale régulière à cinq divisions, les étamines au nombre de cinq, le style unique, le fruit capsulaire ou bacciforme. Les solanées sont généralement dangereuses comme étant des narcotiques puissants; cependant certains genres sont alimentaires, et d'autres sont cultivés pour leurs fleurs.

Les plantes alimentaires de cette famille sont : le genre *morelle* (solanum), qui donne à nos tables l'*aubergine*, la *tomate* et surtout la *pomme de terre*, transplantée d'Amérique en Europe dès le seizième siècle, dont les tubercules féculents paraissent sur toutes les tables, sont donnés aussi aux animaux, et produisent par la fermentation un alcool de qualité inférieure. — Le *piment*, que l'on confit au vinaigre ou au sucre, et l'*alkékenge*, substance alimentaire, quelquefois employé comme fébrifuge, sont des genres qui appartiennent aussi aux solanées.

Les plantes d'ornement de cette famille qu'on trouve dans les jardins sont : le *pétunia* à fleurs blanches ou violettes, les autres couleurs provenant d'hybrides ; — le *datura* aux fleurs blanches ou d'un violet clair en entonnoir, poison violent ainsi que la *stramoine*, une de ses espèces ; — la *jusquiame*, la *belladone*, la *mandragore*, genres vénéneux de la même famille, employés en médecine contre les névralgies. — A cette famille appartiennent encore la *molène*, dont une espèce, le *bouillon blanc*, est employée comme adoucissante et pectorale ; — le *tabac* (*fig.* 85), plante narcotique, originaire de l'île de Tabago et importée de Portugal en France par Nicot au seizième siècle, dont les nombreuses espèces fournissent par leurs feuilles desséchées et convenablement préparées le tabac à priser et à fumer.

Fig. 85. — *Branche de tabac avec une feuille plus grande.*

Les *borraginées*, herbes ou arbustes à feuilles alternes, à fleurs en cymes unilatérales, ont un suc adoucissant, ce qui en fait employer un grand nombre dans la médecine ; aucune n'est dangereuse.

Les principaux genres sont : la *bourrache*, la *pulmonaire*, la *consoude*, la *cynoglosse*, rafraîchissantes, émollientes, pectorales et astringentes ; — l'*héliotrope* et le *myosotis* (pensez-à-moi, ne-m'oubliez-pas), qui sont cultivés dans les jardins.

Les *personnées* ou *scrofulariées* sont des herbes ou arbustes à feuilles ordinairement alternes, à fleurs en grappes ou en épis terminaux, ayant un calice monosépale à quatre ou cinq divisions, une corolle monopétale irrégulière à deux lèvres, quatre étamines didynames, un style simple, un ovaire biloculaire.

De nombreuses espèces des genres *muflier, calcéolaire, linaire, mimule, digitale,* sont cultivées dans les jardins pour la beauté de leurs fleurs. — Les *euphraises,* les *mélampyres,* les *crêtes-de-coq,* sont communes dans les blés, qu'elles infestent de leurs graines.— La médecine emploie les *véroniques,* à la jolie fleur bleue, comme aromatiques et légèrement excitantes, et la *linaire,* comme adoucissante et résolutive; mais elle a renoncé à peu près à la *scrofulaire,* ancien remède contre les scrofules, à la *gratiole,* purgatif dangereux, et à la *digitale,* à cause de ses effets vénéneux. — A la même famille appartient le *pawlonia imperialis,* bel arbre du Japon, introduit récemment en Europe.

Près des personnées se rangent les *orobanches,* plantes parasites garnies d'écailles au lieu de feuilles.

Les *bignoniacées* comprennent le *bignonia,* arbrisseau grimpant à grandes fleurs rouges, dont on couvre les murs et les berceaux; — le *catalpa* et le *sésame,* de la même famille, l'un originaire de la Caroline, recherché dans les jardins pour la beauté de ses feuilles et de ses panicules de fleurs blanches, l'autre venant de l'Inde, dont les graines donnent une huile excellente, aussi bonne que l'huile d'olive; — le *jacaranda,* des forêts de la Guyane, qui fournit à l'ébénisterie le palissandre.

Les *verbénacées* comprennent les *verveines,* aux nombreuses espèces autrefois employées en médecine et n'étant plus aujourd'hui que des plantes d'ornement, et le *teck,* arbre de Ceylan et de l'Inde, dont le bois est employé pour sa dureté dans les constructions navales.

Les *labiées* sont des herbes ou sous-arbrisseaux, à tige tétragone, à feuilles opposées, à fleurs opposées ou verticillées, axillaires ou en épi, ayant un calice monosépale tubuleux à cinq dents inégales, une corolle monopétale irrégulière à deux lèvres, quatre étamines didynames, deux d'entre elles avortant dans certains genres, un style simple terminé par un stigmate bifide, et quatre ovaires nus au fond de la corolle. Les labiées sont des plantes aromatiques par excellence, ce qu'elles doivent à une huile volatile sécrétée par leurs glandes; on y trouve aussi une matière gommo-résineuse qui les rend, quand elle y domine, amères et toniques.

Parmi les genres très nombreux de cette famille, le *thym*, le *serpolet*, la *sarriette*, le *romarin*, entrent dans l'assaisonnement de nos mets; — la *sauge*, la *mélisse*, la *menthe*, la *lavande*, sont employées en médecine presque toutes comme vulnéraires, quelques-unes comme fébrifuges ou stomachiques; une espèce de menthe est cultivée dans nos jardins, c'est le *baume des jardins*.

Près de cette famille se rangent les *lobéliacées*. — Les *lobélias* sont cultivés dans les jardins; certaines espèces sont très communes dans les bois et dans les campagnes.

Les *éricinées* ont pour genre principal les *bruyères*, si communes dans les montagnes, et dont plusieurs espèces sont cultivées comme plantes d'ornement. — Citons encore comme genres de la même famille : l'*arbousier*, bel arbre dont les fruits sont comestibles; — les *rhododendrons* et les *azalées*, recherchés pour la beauté de leurs fleurs.

Auprès des éricinées se placent les *primulacées*, plantes herbacées à feuilles opposées ou verticillées, ne servant qu'à orner les jardins, dont les genres principaux sont : les *primevères*, auxquelles appartient l'*oreille d'ours*; les *mourons*, différents du mouron des oiseaux; les *cyclamens*, à la feuille en cœur diversement colorée.

Les *apocynées*, plantes ligneuses ou arbres à feuilles opposées, à fleurs solitaires ou formant une grappe ou un corymbe, ont un sucre âcre et laiteux qui leur donne des propriétés purgatives et en fait des poisons narcotiques.

On distingue parmi eux la *pervenche,* jolie plante de bordure; — le *laurier-rose,* bel arbrisseau, mais vénéneux; — l'*apocyn* ou *herbe à la ouate,* dont les tiges ont des fibres textiles et les graines un duvet qu'on mêle au coton; — les *strychnées,* dont une espèce, le *strychnos,* donne la noix vomique, poison violent employé à faible dose en médecine et d'où l'on extrait la strychnine; une autre, la fève de Saint-Ignace, poison non moins redoutable dont on extrait la brucine, employée à très faible dose contre les paralysies; une troisième espèce est l'*upas-tieuté,* dans le suc duquel les Javanais empoisonnent leurs flèches.

Les *oléinées,* arbres ou arbrisseaux à feuilles opposées, ont un calice monosépale et une corolle monopétale en tube, deux étamines, un style simple, un fruit tantôt capsulaire, tantôt charnu à noyau osseux

Fig. 86. — Branche d'olivier.

Les oléinées ont pour genres principaux : l'*olivier* (*fig.* 86), symbole de la paix et de l'abondance, dont le fruit donne l'huile alimentaire par excellence, et dont le bois jaune est recherché dans l'ébénisterie; — le *jasmin* et le *lilas,* si multipliés dans nos jardins; — le *troëne,* qui fournit au tourneur son bois dur, au vanier ses rameaux, à diverses industries la couleur noire de ses baies; — le *frêne,* qui n'a ni calice ni corolle, et l'*orne,* qui a une corolle polypétale, ayant tous deux pour fruit une samare, le premier nourrissant la cantharide, employée pour les vésicatoires et contre l'épilepsie, le second donnant par l'incision de l'écorce la manne, aux propriétés purgatives.

Parmi les familles appartenant au groupe des monopétales corolliflores, citons encore : les *sapotacées*, famille qui renferme de grands arbres, parmi lesquels l'*isonandra-percha*, dans la presqu'île de Malacca, fournit la gutta-percha, substance gommo-résineuse si employée de nos jours pour faire des tubes, des lanières, des empreintes, etc., et recouvrir les fils électriques; — les *polémoniacées*, qui donnent à nos parterres la *polémoine* et les *phlox;* — les *ébénacées* ou *plaqueminiers*, dont font partie le *plaqueminier*, aux fruits comestibles, et l'*ébénier*, à l'aubier blanc, au bois noir, si recherché dans l'ébénisterie; — les *styracées*, dont une espèce, le *styrax officinal*, vulgairement l'*aliboufier*, donne par son écorce une substance résineuse, le styrax, employée en médecine ou comme parfum, et dont une autre espèce, originaire de l'Inde, fournit le benjoin, que l'on brûle sous le nom d'encens.

Monopétales caliciflores. — Les monopétales caliciflores ont un calice qui porte la corolle et les étamines. — Les familles principales sont : les *rubiacées*, les *gentianées*, les *caprifoliacées*, les *valérianées* et les *cucurbitacées*.

Les *rubiacées*, tantôt herbes, tantôt arbustes ou arbres, à tige tétragone, à feuilles opposées ou verticillées, à fleurs axillaires ou terminales, ont un calice et une corolle monopétale à quatre ou cinq lobes, quatre ou cinq étamines, un style simple ou bifide, un fruit charnu ou capsulaire. L'écorce des rubiacées est souvent employée comme fébrifuge; les racines sont émétiques ou fournissent un principe colorant de couleur variée.

Les genres les plus remarquables sont : la *garance* (rubia), originaire d'Orient, dont la racine, nommée *alizari*, donne une couleur rouge, l'alizarine, et une autre couleur jaune-orange, la xanthine; — l'*aspérule*, dont une espèce donne par sa racine la même couleur alizarine, et une autre espèce, une couleur bleue; — le *caille-lait*, dont l'espèce jaune donne de la couleur au beurre et au fromage; — le *caféier* (*fig.* 87), dont les deux graines accolées constituent le café, plante originaire de la haute Éthiopie, qui ne vient que dans les pays chauds, en Arabie, aux îles Seychelles, aux Antilles, dans la Malaisie; — le *cephælis*, dont l'écorce du rhizome donne l'ipécacuanha, employé comme vomitif en médecine; — les *cinchonas* et les *portlandias*, dont l'écorce, sous le nom de quinquina, est employée par la médecine pour couper les fièvres, soit en décoction dans du vin, soit sous forme de sulfate de quinine.

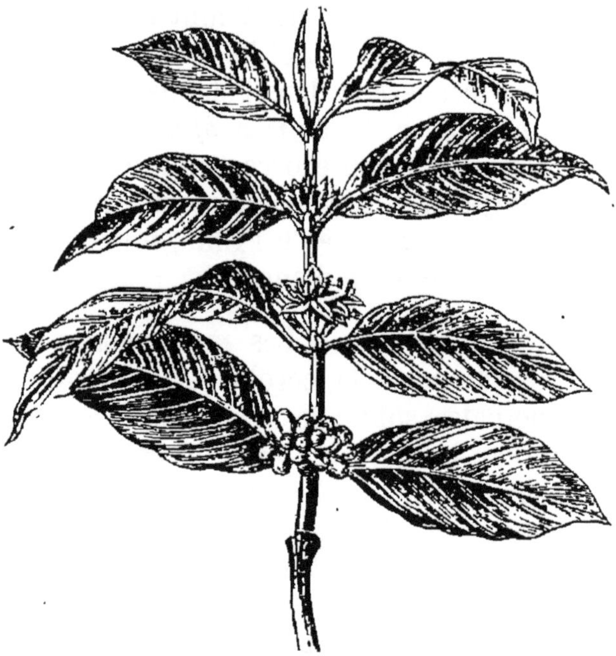

Fig. 87. — *Branche de caféier.*

Les *gentianées* sont des herbes ou sous-arbrisseaux, ayant un calice à quatre ou cinq divisions, une corolle monopétale, et les feuilles tantôt opposées, tantôt alternes. — Le type des gentianées, la *gentiane*, a une racine fébrifuge et est cultivée dans les jardins pour ses fleurs roses, pourpres ou jaunes.

Près des gentianées, les *dipsacées*, herbes annuelles ou

vivaces, ont pour genres principaux la *cardère* ou *chardon à foulon*, dont les capitules servent à peigner et à carder les draps, et la *scabieuse*, dont plusieurs espèces sont cultivées dans les jardins.

Les *caprifoliacées*, arbrisseaux sarmenteux et grimpants, à feuilles opposées, à fleurs axillaires, ordinairement géminées ou en cyme, ont le même calice, la même corolle, autant d'étamines que la famille précédente, et pour fruit une baie ou capsule.

Les caprifoliacées, répandues dans les jardins d'agrément, comprennent comme genres : le *chèvrefeuille*, aux nombreuses espèces; — le *lierre*, aux feuilles vivaces; — le *cornouiller*, dont les tiges flexibles remplacent l'osier et dont les fruits rouges sont comestibles; — le *sureau*, qui donne à l'ébénisterie son bois très dur, à la médecine ses fleurs sudorifiques; — la *viorne*, dont une espèce sert à faire des liens et produit de la glu, et a pour variété la *boule de neige* ou *rose de Gueldre*, à fleurs devenues doubles et en même temps stériles; une autre espèce de viorne est le *laurier-tin*, dont on fait des massifs dans les jardins.

Les *valérianées*, herbes à tige cylindrique, à feuilles opposées, à fleurs en grappe ou en cyme terminale, ont un calice monosépale, une corolle monopétale à cinq lobes, quelquefois éperonnée, de une à cinq étamines, un style simple, un stigmate trifide, et pour fruit un akène couronné par les dents du calice ou par une aigrette plumeuse. Elles sont employées comme plantes alimentaires, comme parfums, comme sudorifiques, comme plantes d'ornement.

Les principaux genres sont : la *valériane*, dont la principale espèce a une racine cordiale, sudorifique et apéritive; — la *valérianelle*, dont nous mangeons en salade trois espèces sous le nom de *mâche;* — le *centranthe*, cultivé dans les parterres : la variété à fleurs rouges, sous le nom de *valériane rouge*, et celle à fleurs blanches, sous celui de *valériane des jardiniers*.

Les *cucurbitacées* sont des plantes herbacées et sarmenteuses, à fleurs monoïques et dioïques, ayant les unes cinq étamines, les autres plusieurs styles ou plusieurs stigmates et un fruit charnu à plusieurs loges. Ce sont des plantes alimentaires.

Les principaux genres sont : la *bryone* des haies, caustique très puissant ; — la *citrouille,* qui a pour espèces la *pastèque* ou *melon d'eau,* aux variétés alimentaires, et la *coloquinte,* d'une amertume excessive, purgatif énergique en médecine ; — la *calebasse* ou *gourde des pèlerins,* originaire d'Asie ; — les *concombres,* dont les espèces sont le *melon* (*fig.* 88), à la pulpe rafraîchissante, aux variétés multipliées par la culture, et le *concombre,* qui se mange cuit, dont les jeunes fruits, confits dans le vinaigre, s'appellent *cornichons,* et dont la pulpe entre dans une pommade médicinale ; — les *courges,* aux fruits volumineux, dont les espèces sont le *potiron* et le *giraumont* aux variétés nombreuses.

Fig. 88. — *Melon.*

A ces familles ajoutons les *bégoniacées,* dont le seul genre, le *bégonia,* est cultivé tantôt pour ses fleurs, tantôt pour ses feuilles de deux couleurs à rameaux et pétioles d'un beau carmin ; — les *loranthées,* qui fournissent le *gui,* plante parasite d'où on extrait la glu par décoction ; — les *mangliers* ou *palétuviers*, qui croissent sur les rivages de la mer aux Indes et à la Guyane, qui ont un bois chargé de tanin, une écorce fébrifuge, des fruits comestibles nommés *mangles*, des rameaux pendants s'enfonçant dans la terre et formant ainsi des forêts inextricables.

CHAPITRE IX.

Suite de la Classification des végétaux.

Dicotylédones apétales. — Apétales hermaphrodites. — Apétales diclines.

Dicotylédones apétales. — La sous-classe des dicotylédones apétales comprend les plantes qui ont deux cotylédons, mais qui n'ont pas de corolle. — Elle se subdivise en deux groupes : les *apétales hermaphrodites* et les *apétales diclines.*

Apétales hermaphrodites. — Les apétales hermaphrodites sont caractérisées par la présence de pistils et d'étamines sur la même fleur. — Les familles principales sont : les *aristolochiées,* les *laurinées,* les *thymélées,* les *polygonées* et les *chénopodées.*

Les *aristolochiées* sont des plantes herbacées ou arbrisseaux à feuilles simples, pétiolées, alternes, à fleurs généralement grandes, quelquefois réunies en grappe, ayant un périgone monophylle adhérent à l'ovaire, de six à douze étamines, un style court, un fruit capsulaire, quelquefois charnu, presque toujours à six loges.

Les deux genres de cette famille, l'*aristoloche* et l'*azaret,* ont plusieurs espèces cultivées dans les jardins comme plantes d'ornement; toutes sont fébrifuges. Les aristoloches sont de plus aromatiques, et quelques-unes, l'*aristoloche anguicide* et la *serpentaire,* ont une racine qui mettrait, dit-on, en fuite les serpents et dont le suc est du moins un excellent antidote contre leur morsure. *L'aristoloche clématite*, douée d'une odeur pénétrante, est employée à recouvrir les berceaux dans les jardins ou à tapisser les murs. — Deux autres genres sont remarquables par leurs formes : le *rafflésia*, de Java, plante parasite presque sans tige, avec des écailles pour feuille et une fleur colossale ayant un mètre de diamètre; — le *népenthe* (*fig*. 89), de l'Inde et de Madagascar, qui porte au sommet de chaque feuille une petite urne fermée d'un opercule : cette urne se remplit la nuit d'une eau bonne à boire qui la fait fléchir sur le sol; à neuf heures du matin, les opercules, que le voyageur altéré peut déchirer mais non pas ouvrir, s'ouvrent d'eux-mêmes et laissent évaporer l'eau, ce qui permet aux feuilles de se redresser; vers cinq heures du soir, toutes les urnes sont fermées de nouveau.

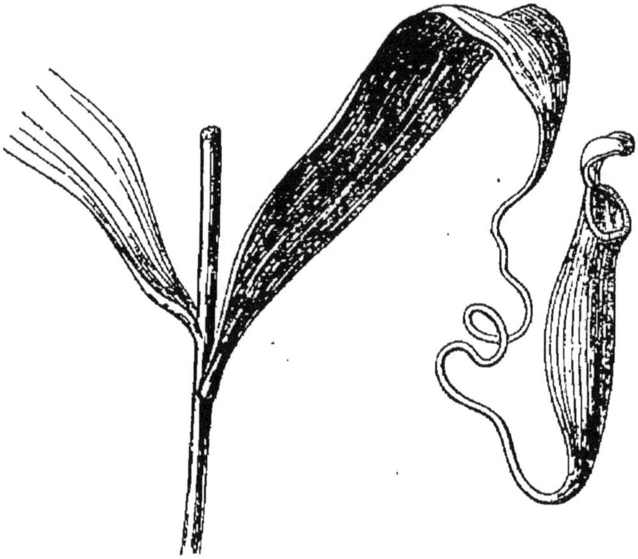

Fig. 89. — *Feuille de népenthe.*

Les *laurinées* sont des arbres ou arbrisseaux à feuilles alternes, quelquefois opposées, entières ou lobées, ayant un calice monophylle à quatre ou six divisions, quatre, huit ou douze étamines, un style simple, un ovaire libre, un fruit charnu, auquel le calice fait une espèce de cupule.

Exotiques pour la plupart, ils sont aromatiques et contiennent deux huiles, l'une volatile, l'autre fixe.

Les principaux genres sont : le *laurier commun* ou *laurier-sauce,* originaire du Levant, cultivé dans les jardins à cause de ses feuilles toujours vertes, qui servent souvent d'assaisonnement ; — le *sassafras,* de l'Amérique du Nord, qui donne à la teinture une couleur orangée, et dont la racine et l'écorce sont sudorifiques; — le *cannellier,* de Ceylan, dont l'écorce constitue la cannelle du commerce, aromate précieux et épice estimée, dont les fruits donnent par coction une espèce de suif bon pour guérir les contusions, et qui fournit une huile essentielle et un très bon camphre; — le *camphrier,* du Japon, qui contient dans sa tige le *camphre,* substance volatile et combustible, d'une saveur âcre et aromatique, d'une odeur forte et pénétrante, employée dans nombre de cas par la médecine; — le *muscadier aromatique,* originaire de Banda, au parfum pénétrant, dont les graines, nommées *noix muscades,* sont un condiment précieux pour relever la saveur des mets.

Les *thymélées* abondent surtout dans la zone tempérée méridionale. — Les principaux genres sont : le *dirca palustris,* au tissu ligneux si souple qu'on appelle bois-de-cuir; — le *daphné,* dont une espèce, le *garou,* a une écorce qui fait lever des ampoules sur la peau, et une autre espèce, le *bois-gentil,* cultivé dans nos jardins, sert en médecine et s'applique sur la morsure des vipères; — le *laget,* dont les couches corticales, en se détachant l'une de l'autre, donnent comme une gaze appelée *bois-dentelle.*

Les *polygonées* sont des herbes ou arbrisseaux à feuilles alternes, ayant un périanthe de trois à six folioles, un nombre déterminé d'étamines, deux ou trois styles, et pour fruit une cariopse souvent recouverte par le calice. Ces plantes sont très nombreuses jusque vers les tropiques. Leur racine est plus ou moins purgative. La présence d'acides végétaux les rend utiles à l'alimentation; les graines servent à la nourriture de l'homme et des animaux, et quelques espèces concourent à la décoration des jardins.

Les principaux genres sont : la *renouée*, famille qui compte de nombreuses espèces, parmi lesquelles le *sarrasin* ou *blé noir*, qui est rangé parmi les céréales et cultivé en grand, mais qui donne un pain noir de qualité médiocre; la *renouée tinctoriale*, qui donne de l'indigo; la *renouée d'Orient* et la *persicaire*, ornements de nos jardins; le *poivre d'eau*, devant son nom à une saveur piquante; — la *rhubarbe*, à feuilles larges et grandes, à racine volumineuse, connue pour ses propriétés purgatives; — l'*oseille*, dont les diverses espèces, parmi lesquelles la *patience* et l'*oseille commune*, sont médicinales et alimentaires.

Près de la même famille se rangent les *amarantacées*, qui doivent leur nom à l'*amarante*, à fleurs petites et agrégées, cultivée dans les jardins pour la beauté de ses fleurs et la coloration de ses feuilles; l'une de ses espèces est appelée *queue-de-renard*, une autre *crête-de-coq* ou *passe-velours*.

Les *chénopodées* ou *arroches* sont herbacées, à feuilles alternes, simples, sans stipules ni gaîne, à périgone monophylle, libre, ayant de une à cinq étamines, un seul style, un seul ovaire.

Les chénopodées donnent à la médecine des graines émétiques et purgatives, l'*arroche*, cultivée dans nos jardins, et le *thé du Mexique*, plante stomachique et résolutive; — à l'industrie, des plantes maritimes, la *salsola* aux nombreuses espèces, la *salicorne* et certaines *ansérines*, d'où on extrait de la soude; — à l'alimentation, l'*épinard*, importé du Levant depuis deux siècles, la *blette*, dont on mange les fruits d'un rouge vif, ressemblant à la fraise, et la *bette*, qui a pour espèces principales la *bette commune* ou *poirée*, dont la *poirée à cardes* est une variété, et la *betterave*, cultivée en grand pour son sucre et pour la nourriture des bestiaux.

Auprès de ces familles, citons encore : les *santalacées*,

ainsi appelées du *santal*, arbre des Indes qui a des propriétés sudorifiques et rafraîchissantes, dont le bois est employé dans l'ébénisterie et se brûle comme parfum; — les *nyctaginées* ou *belles-de-nuit*, dont la fleur s'épanouit au coucher du soleil et se ferme à son lever; — les *plantaginées*, si communes dans nos champs, à graines mucilagineuses; celles du *grand plantain* servent à la nourriture des oiseaux.

Apétales diclines. — Les apétales diclines tirent leur nom de ce que les étamines et les pistils sont portés sur des fleurs différentes. Tantôt les fleurs mâles et les fleurs femelles se trouvent sur la même tige, et les fleurs sont dites *monoïques;* tantôt les fleurs mâles sont sur une tige, les fleurs femelles sur une autre, et les fleurs sont dites *dioïques*. — Les principales familles sont les *euphorbiacées*, les *urticées*, les *cannabinées* et les *amentacées*.

Les *euphorbiacées* comprennent des arbres, des arbustes et des herbes à feuilles alternes, rarement opposées, ét monoïques ou dioïques. Les étamines sont en nombre variable. La fleur femelle manque souvent de périgone; elle a d'ordinaire trois styles bifides, l'ovaire libre, sessile ou pédicellé, et un fruit formé de deux ou trois coques renfermant une ou deux graines. Ces végétaux sont caractérisés par la présence d'un suc laiteux et caustique.

Les principaux genres sont : l'*euphorbe*, le *mancenillier*, la *mercuriale*, le *ricin*, le *croton*, le *manihot* et le *buis*. — Les *euphorbes* de nos climats sont des herbes qui fournissent parfois à la médecine une huile purgative; ceux des pays chauds sont des arbustes cultivés dans nos serres pour les couleurs brillantes de leur involucre, ou des espèces qui ont le port des cactus, parmi lesquelles l'*euphorbe officinal* donne à la pharmacie la résine purgative nommée *euphorbium*. — Le *mancenillier* des Antilles n'a point un ombrage mortel, comme on l'a dit, mais produit cependant des émanations délétères; la pulpe de sa pomme est très vénéneuse, et le suc qui découle de son écorce est un poison des plus énergiques. — La *mercuriale*, commune dans nos campagnes, est émolliente et laxative. — Le *ricin* et une espèce de *croton* fournissent à la médecine une huile purgative; une autre espèce de croton a une écorce, le *quinquina gris*, douée de propriétés toniques et fébrifuges; une autre fournit une gomme laque; une quatrième, une matière grasse connue sous le nom de suif végétal, dont les Chinois font de l'huile et des bougies. — La racine volumineuse du *manihot*, vulgairement *manioc*, débarrassée par la cuisson, l'exposition à l'air ou des lavages, de son principe délétère, donne aux Américains la farine appelée *cassave*, dont ils font du pain, et la fécule qui s'obtient pendant le lavage, desséchée sur des plaques chaudes, constitue le tapioca ou sagou blanc, fécule alimentaire. — Le *buis* a une racine recherchée pour sa dureté dans la tabletterie et dans la gravure sur bois; une variété naine du buis sert de bordure dans les parterres.

Les *urticées* sont des herbes, des arbustes ou des arbres à feuilles alternes, à fleurs petites, verdâtres, monoïques ou dioïques, tantôt solitaires, tantôt en chaton. Les étamines sont en nombre défini; l'ovaire est presque toujours à une loge et surmonté d'un ou deux styles; le fruit est charnu ou sec, indéhiscent. Ce sont des plantes d'une saveur ordinairement chaude, et quelquefois narcotiques au point de devenir vénéneuses. — Les urticées se divisent en plusieurs tribus : les *urticées* proprement dites, les *ulmacées*, les *celtidées*, les *morées*, les *pipéracées* et les *platanées*.

Les *urticées* proprement dites ont pour genres principaux : l'*ortie*, dont les poils font des piqûres brûlantes, mais dont les fibres textiles servent à faire des tissus; — la *pariétaire*, plante nitreuse employée en médecine, qui croît sur les murs salpêtrés.

Aux *ulmacées* appartient l'*orme;* son bois est recherché pour la charpente, le charronnage et le chauffage; l'*ormeau*, une de ses espèces, borde les routes.

Les *celtidées* comprennent le *micocoulier*, bel arbre, aux fruits sucrés et comestibles, à la racine qui renferme un principe colorant, au bois flexible et tenace, employé tantôt par les luthiers, tantôt pour faire des fourches, des queues de billard, etc.

Les *morées* ont pour genres principaux : le *figuier,* dont les fruits moelleux et sucrés, les figues, se mangent frais ou séchés et donnent un sirop délicieux; — le *mûrier,* originaire de la Chine et introduit en France au quinzième siècle, dont les feuilles servent de nourriture aux vers à soie, dont l'écorce peut remplacer le chanvre, et dont les fruits, appelés *mûres,* servent à colorer le vin ou à faire certaines confitures et un sirop excellent pour les inflammations de la gorge ; — le *jacquier* ou *arbre à pain,* aux diverses espèces cultivées par les Polynésiens et les Hindous, parce qu'ils trouvent dans son écorce une matière textile et dans ses gros fruits, qu'ils mangent crus ou grillés, une nourriture abondante ; — l'*arbre au lait* ou *à la vache,* qui donne, au Vénézuéla, un suc alimentaire comparable au lait.

Les *pipéracées* comprennent : le *bétel,* dont les Orientaux, pour réveiller leurs facultés digestives, mâchent les feuilles mêlées avec des fruits d'arec et de la chaux et dont une espèce fournit le *poivre long* des pharmaciens ; — le *poivrier,* des îles de la Sonde, aux baies verdâtres, puis rouges, puis noires, que l'on fait sécher pour le commerce, et dont une espèce, le *cubèbe,* porte des fruits dont les propriétés excitantes sont utilisées en médecine.

Les *platanées* ont pour genre : le *platane,* bel arbre originaire d'Orient, remarquable par ses fruits globuleux et pendants.

A une autre famille des urticées appartient l'*antiaris,* dont une espèce fournit aux Javanais l'*upas antiar,* et une autre espèce, le *boun-upas,* gomme-résine vénéneuse, avec laquelle ils empoisonnent leurs flèches.

Les *cannabinées,* qui se rapprochent de la famille des urticées, ont pour genres principaux : le *chanvre,* dont on

Fig. 90. — *Branche de houblon.*

fabrique des toiles et des cordes, dont la graine, le chènevis, sert à la nourriture des oiseaux et donne de l'huile, et dont une espèce sert à préparer le haschich, boisson enivrante de l'Orient; — le *houblon* (*fig.* 90), aux fruits en cônes formés de follicules ou bractées, plante stomachique et sudorifique, dont les fleurs entrent dans la préparation de la bière et sont employées en médecine.

Les *amentacées* sont des arbres ou arbrisseaux à feuilles alternes, à fleurs monoïques ou dioïques, rarement hermaphrodites. Les fleurs mâles se composent de chatons (*amenta*) à écailles ou à périgone, portant les étamines en nombre fixe ou variable. Les fleurs femelles sont solitaires, en faisceaux ou en chatons, ayant un ovaire libre rarement multiple, et ordinairement plusieurs stigmates. Les amentacées peuplent nos forêts et font souvent l'ornement de nos parcs. Suivant la dureté plus ou moins grande de leur bois, ils servent, soit aux constructions, soit à la menuiserie et à l'ébénisterie. — Les genres nombreux dont se compose cette famille l'ont fait diviser en tribus, parmi lesquelles on distingue : les *cupulifères*, les *juglandées*, les *salicinées* et les *bétulinées*.

Les *cupulifères*, remarquables par l'involucre cupuliforme de leur fruit, comprennent comme genres principaux : le *chêne*, le roi des forêts, au fruit appelé *gland*, à l'écorce employée de préférence pour le tannage des cuirs et façonnée ensuite en mottes à brûler ; il compte plus de cent espèces, parmi lesquelles le *chêne commun*, le *chêne rouvre*, le *chêne yeuse*, le *chêne liége*, dont l'écorce constitue le liége, le *chêne au kermès*, qui nourrit le kermès, insecte d'où l'on tirait autrefois la teinture écarlate, le *chêne à noix de galle*, sur lequel la piqûre du cynips développe la noix de galle, qui sert en médecine et pour la fabrication de l'encre, et le *chêne quercitron* d'Amérique, à l'écorce employée pour la teinture en jaune : le bois de chêne est d'un usage fréquent dans les constructions et dans l'ébénisterie comme le meilleur et le plus dur ; — le *hêtre*, qui mesure quelquefois trente mètres de hauteur sur trois de circonférence, et dont le fruit, appelé *faîne*, contient dans son amande une huile propre à tous les usages ; — le *châtaignier*, dont le fruit farineux, nommé *châtaigne* ou *marron*, que l'on mange bouilli, rôti ou en purée, renferme du sucre que l'on en peut extraire ; — le *charme*, employé pour le charronnage et le chauffage ; — le *noisetier* ou *coudrier*, dont l'amande, appelée *noisette* ou *aveline*, fournit également de l'huile.

Les *juglandées* ont pour genre principal le *noyer*, utile par son bois, recherché dans l'ébénisterie ; par son fruit comestible, la noix, d'où l'on extrait de l'huile ; et par son brou, dont on tire un ratafia estimé, ou, par la macération dans l'eau, une couleur brune.

Les *salicinées* ont pour genres principaux : le *saule*, aux nombreuses espèces, parmi lesquelles le *saule blanc* a une écorce qui est utilisée par le tannage, qui donne une couleur rouge et qui peut remplacer le quinquina ; le *saule osier* fournit à la vannerie ses branches flexibles ; le *saule de Babylone*, aux rameaux pendants, est cultivé dans les jardins sous le nom de *saule pleureur* ; — le *peuplier*, qui compte aussi de nombreuses espèces, parmi lesquelles le *tremble*, à l'écorce lisse et blanche, le *peuplier blanc*, dont les copeaux servent à faire de fins tissus, et le *peuplier d'Italie*, au port pyramidal, dont on fait de magnifiques avenues : le bois du peuplier est léger et n'est guère employé que par les layetiers pour faire des malles, des caisses, etc.

Les *bétulinées* ont pour principaux genres : le *bouleau*, dont les rameaux frais peuvent servir de torches à cause de leur résine, dont l'écorce fibreuse peut faire des cordes, des filets, des corbeilles, même différents vases, dont les feuilles donnent une couleur jaune, enfin dont la séve très abondante donne aux peuples du Nord une boisson légèrement acide quand elle est fraîche, puis devenant vineuse et se changeant par la fermentation en vinaigre; — l'*aune*, au bois rouge, donnant une teinture jaune ou rouge, employé pour les pilotis, parce qu'il durcit sous l'eau, et dont l'écorce, qui est fébrifuge, sert au tannage et à la teinture des cuirs.

Il faut encore ranger parmi les amentacées : le *liquidambar*, arbre d'Amérique, d'où l'on extrait, soit de l'écorce par incision, soit des jeunes branches par ébullition, la résine appelée *baume copalme*, qui rappelle le benjoin par son odeur; — le *cirier*, arbre odorant, employé pour la teinture, le tannage, la préparation des cuirs de Russie, pour parfumer la bière, et dont une espèce, commune dans la Louisiane, a ses fruits enveloppés d'une matière blanche et onctueuse, propre à faire des bougies.

CHAPITRE X.

Suite de la Classification des végétaux.

Deuxième classe : Monocotylédones. — Sous-classes des monocotylédones. — Monocotylédones apérispermées. — Monocotylédones inferovariées. — Monocotylédones superovariées. — Monocotylédones apérianthées.

Deuxième classe : Monocotylédones. — Les *monocotylédones* n'ont ni moelle centrale ni rayons médullaires; des fibres éparses traversent le tissu cellulaire; la circonférence est toujours plus compacte; les feuilles sont ordinairement entières et à nervures parallèles, quelquefois lobées et à nervures rameuses; la fleur a rarement calice et corolle, et on ne saurait dire laquelle des deux enveloppes florales est représentée par le périanthe.

Sous-classes des monocotylédones. — On divise les monocotylédones en quatre sous-classes : les *apérispermées*, dont la graine n'a point de périsperme; les *inferovariées*, à périanthe corolliforme et à ovaire sous le périanthe; les *superovariées*, à périanthe corolliforme et à ovaire dans le périanthe; les *apérianthées*, à périanthe nul ou non corolliforme.

Monocotylédones apérispermées. — Les principales familles des monocotylédones apérispermées sont les *orchidées* et les *potamées*.

Les *orchidées* sont des herbes à racine fibreuse ou tuberculeuse, à feuilles entières, embrassantes, à fleurs en épi munies de bractées, ayant un périanthe pétaloïde à six divisions, dont une forme le tablier, une ou deux anthères sessiles, une capsule uniloculaire à trois valves polyspermes. Les *orchis*, les *ophrys*, les *épipactis* et les autres genres ou variétés nombreuses des orchidées sont recherchés dans les jardins, à cause de leur fleur souvent de couleur vive et ressemblant à une mouche. Les bulbes de plusieurs orchis, lavées, cuites et desséchées, se réduisent ensuite en poudre et donnent le salep. — La *vanille* est une espèce d'orchis grimpante et parasite, dont le fruit aromatique constitue la vanille du commerce, employée comme parfum dans les sirops et comme tonique en médecine.

Les *potamées* ou *fluviales* comprennent plusieurs genres aquatiques, parmi lesquels on distingue les *naïades*, qui servent de nourriture aux carpes; — le *potamot*, qui élève les bas-fonds et leur sert d'engrais; — l'*alisma* ou *plantain d'eau*, dont le rhizome est parfois alimentaire, ainsi que celui du *butome* ou *jonc fleuri;* — les *lemnacées* ou *lentilles* d'eau. si communes à la surface des eaux stagnantes; — les *hydrocharidées,* ayant pour type la *valisnérie,* très commune en France, dont la fleur mâle se détache au printemps et flotte, tandis que la fleur femelle allonge sa tige, faite en spirale, pour arriver à l'air, et se replonge ensuite sous les eaux.

Monocotylédones inferovariées. — Les principales familles des monocotylédones inferovariées sont : les *palmiers,* les *scitaminées,* les *broméliacées,* les *dioscorées,* les *iridées* et les *amaryllidées.*

Les *palmiers* sont de grands arbres, à stipe cylindrique couronné par un bouquet de feuilles très grandes, à fleurs hermaphrodites ou unisexuées, aux fruits disposés en longue grappe appelée *régime,* drupacés, charnus ou fibreux, avec un endocarpe ligneux très dur. On les a nommés les princes du règne végétal; ils en sont en effet l'ornement par leur port et l'une des richesses par leurs produits utiles. Tous donnent des bois de charpente et presque tous des fibres textiles.

Les principaux genres sont : le *corypha,* à la couronne de quinze mètres de diamètre, sous une feuille duquel vingt personnes pourraient s'abriter; — l'*arec,* dont une espèce donne la *noix de bétel* aux propriétés narcotiques, une autre, le *chou palmiste,* bourgeon terminal que l'on prépare et que l'on mange comme l'artichaut; — le *rotang,* dont les tiges font les cannes de jonc ou les rotins, dont les jeunes tiges sont alimentaires et dont on tire par incision une boisson agréable; — l'*élaïs,* qui fournit l'huile de palme: — le *céroxylon,* dont on retire de la cire; — le *sagoutier,* qui peut donner jusqu'à deux cents kilogrammes de la fécule appelée *sagou,* extraite par les Indiens du tronc coupé longitudinalement, puis râpé, la pulpe étant lavée ensuite à l'eau froide et passée à travers un crible et enfin séchée; — le *dattier* (*fig.* 91), aux feuilles nommées *palmes,* dont les fruits, appelés *dattes,* se mangent frais ou secs, et donnent le sirop connu sous le nom de *miel de dattes,* et qui, lorsqu'il est vieux et ne produit plus de fruits, fournit encore le vin de palmier, que l'on recueille des incisions faites à la tige; — le *cocotier*, surnommé le roi des végétaux, parce qu'en lui tout est utile : le tronc, qui sert à construire des maisons, et les feuilles à les recouvrir; la séve, qui donne un sucre aussi bon que celui de la canne; le bourgeon terminal, qui est comestible; le fruit, appelé *coco*, dont les fibres du péricarpe servent à calfater les navires, à faire des cordages, à fabriquer des toiles grossières, dont l'endosperme ligneux sert de vase, dont l'amande succulente, au goût de noisette, contient, avant d'avoir pris de la consistance, un lait fort agréable quand il est frais, donnant plus tard une boisson fermentée d'où l'on peut tirer de l'alcool et du vinaigre, et se mange avant sa maturité, sous le nom de *coco de lait*, avec du sucre et des aromates.

Fig. 91. — *Palmier-dattier.*

Les *scitaminées* sont des plantes vivaces, au rhizome aromatique et féculent, à fleurs très belles généralement en épi dense ou en panicule, à étamines souvent stériles et pétaloïdes. On les emploie en médecine comme stomachiques; quelques-unes donnent divers condiments ou des parfums à cause de l'huile qu'elles sécrètent.

Cette famille se divise en trois tribus : les *cannées*, parmi lesquelles le *canna* ou *balisier*, cultivé comme plante d'ornement, a des fibres textiles dont on fait le nankin, et le *maranta*, dont plusieurs espèces fournissent la fécule nommée *arrow-root*, que l'on retire de leur rhizome; d'autres sont employées comme condiment ou en médecine; — les *musacées*, qui renferment comme genres le *strélitzia*, magnifique plante d'ornement, et le *bananier*, à tige herbacée et textile, au régime de cent soixante à cent quatre-vingts bananes, dont on extrait de la farine, si on les cueille vertes, et qui se mangent et se conservent, quand elles sont mûres, comme les figues et les dattes; — les *zingibéracées*, qui ont pour genres le *gingembre*, dont les rhizomes alimentaires sont la racine de gingembre, employée surtout comme condiment, et le *curcuma*, qui donne une couleur jaune orangée peu solide, mais servant de réactif dans la chimie.

Les *broméliacées* ont pour genre principal : l'*ananas*, originaire d'Amérique, au fruit en cône de pin, d'un beau jaune doré, d'une saveur et d'un parfum délicieux, mais ne mûrissant qu'à peine en serre chaude dans nos pays.

Les *dioscorées* n'ont aussi qu'un genre intéressant : l'*igname*, dont les rhizomes charnus font la principale nourriture des peuples équatoriaux. Quelques espèces ont été importées de Chine en Europe; elles se mangent comme les pommes de terre.

Les *iridées* sont des herbes à racine tubéreuse, aux feuilles entières engaînantes, aux fleurs entourées d'une spathe membraneuse, ayant un calice pétaloïde à six divisions souvent irrégulières, disposées sur deux rangs, trois étamines et un périsperme corné. Les iridées sont des plantes d'ornement; mais quelques-unes ont un principe âcre qui leur donne des propriétés émétiques et purgatives.

Les principaux genres sont : les *iris*, dont une espèce est purgative, dont une autre, quand on en broie les fleurs et qu'on les mêle avec de la chaux, fournit à la peinture le vert d'iris; — les *glaïeuls,* dont on a naturalisé plusieurs espèces; — les *crocus* ou *safrans,* dont les stigmates sont employés en teinture et en médecine et qui entrent dans certains assaisonnements.

Les *amaryllidées* comprennent quelques genres recherchés comme ornement ou pour leur utilité : les *narcissées,* qui donnent l'*amaryllis* et le *narcisse,* plantes d'ornement; — l'*agavé d'Amérique,* à la pulpe savonneuse et aux fibres textiles; — les *tubéreuses,* à grandes et belles fleurs blanches, dont l'odeur est très suave, mais très pénétrante et par conséquent dangereuse; — la *galantine* et la *nivéole,* appelées toutes deux *perce-neige.*

Monocotylédones superovariées. — Aux *monocotylédones superovariées* appartiennent les trois familles des *liliacées,* des *joncées* et des *mélanthacées.*

Les *liliacées* sont des herbes ou des arbres à racine bulbifère ou fibreuse, à feuilles très variées de forme et de disposition, à périanthe pétaloïde, coloré, de six, rarement de huit divisions, à six étamines libres, rarement monadelphes, à fruit capsulaire ou bacciforme, ayant trois loges polyspermes. Beaucoup de liliacées sont employées dans la médecine ou dans l'économie domestique; presque toutes sont des plantes d'ornement que Linné appelait les nobles du règne végétal.

Parmi les plantes d'ornement, on recherche le *lis,* le *muguet,* la *jacinthe,* l'*ornithogale* ou *dame-d'onze-heures,* l'*hémérocalle* ou *belle-de-jour,* la *fritillaire impériale,* à la couronne de fleurs tombantes surmontée d'une touffe de feuilles; la *tulipe,* si riche de couleurs, aux variétés nombreuses multipliées par la culture; le *yucca* d'Amérique. aujourd'hui naturalisé, remarquable par sa belle tige et par ses fleurs blanches teintées de violet qui se développent en panicule au sommet d'une hampe d'un mètre.

Les genres employés en médecine sont : le *smilax,* arbrisseau grimpant, dont une espèce est la *salsepareille;*

— le *dracæna* ou *dragonnier*, plante d'appartement dans nos climats, mais, dans les régions tropicales, arbre qui mesure jusqu'à seize mètres de circonférence et qui donne le *sang-dragon*, exsudation résineuse, moins employée aujourd'hui en médecine que dans la teinture; — la *scille* ou *oignon marin*, au bulbe tonique et stimulant; — l'*aloès*, dont plusieurs espèces fournissent une substance résineuse de même nom, tonique et purgative.

Les principaux genres alimentaires sont : l'*asperge*, dont on mange les jeunes pousses; — l'*ail*, aux cent espèces, parmi lesquelles l'*ail commun*, l'*oignon*, le *porreau*, l'*échalote;* — le *taminier* ou *sceau-de-Notre-Dame*, si commun dans nos haies, dont on peut manger le rhizome dépouillé de son principe amer; — le *phormium-tenax* ou *lin de la Nouvelle-Zélande*, qui renferme un principe nutritif, mais que l'on essaye surtout de naturaliser à cause de la filasse soyeuse et fine que fournissent ses feuilles.

Les *joncées*, plus répandues dans les marécages du Nord, sont des herbes vivaces, à rhizome horizontal, à feuilles alternes, à fleurs vertes et glumacées. Avec leur tige molle et flexible on fait des liens, des cordes, des nattes, des paniers et d'autres ouvrages. Il est à remarquer qu'on donne souvent le nom de joncs, dans le langage ordinaire, à des plantes qui n'appartiennent point à cette famille.

La petite famille des *commélinées* a pour espèce l'*éphémère de Virginie*, plante d'ornement.

Les *mélanthacées* ont pour genres le *colchique d'automne* ou *faux safran* et le *varaire* ou *ellébore blanc*, qui ont des propriétés vénéneuses.

Monocotylédones apérianthées. — Les principales familles des monocotylédones apérianthées sont : les *aroïdées*, les *typhacées*, les *cypéracées*, et surtout les *graminées*, qui servent à la nourriture de l'homme et des animaux.

Les *aroïdées*, que l'on trouve généralement entre les tropiques, ont des feuilles engainantes, alternes ou radicales.

Les fleurs, monoïques et nombreuses, sont disposées en spadice dans une spathe de forme variable, les fleurs femelles occupant la base. Le fruit est ordinairement une baie, plus rarement une capsule. Au moment de la floraison, on peut constater par le thermomètre une augmentation de chaleur de plusieurs degrés, phénomène singulier que l'on retrouve dans plusieurs plantes, mais jamais avec autant d'intensité que dans cette famille. Les aroïdées ont des racines quelquefois vénéneuses, quelquefois alimentaires. Plusieurs espèces sont utiles en médecine, mais ce sont plus ordinairement des plantes de jardin ou de serre.

Les genres principaux des aroïdées sont : l'*arum* ou *gouet* et la *serpentaire*, plantes d'ornement; — l'*acorus*, que l'on emploie en médecine, en parfumerie, dans la fabrication de l'eau-de-vie de Dantzick, etc.; — le *calla*, aux rhizomes féculeux alimentaires; — la *colocase* et le *caladium*, plantes tropicales dont certaines espèces sont comestibles sous le nom de *chou succulent* et de *chou caraïbe*.

Les *typhacées* sont des herbes aquatiques à haute tige sans nœuds, à feuilles alternes, à fleurs monoïques disposées en chaton.

Le *typha* ou *massette*, type de la famille, haut de deux mètres, a des rhizomes que l'on confit, des feuilles broutées par les bestiaux et dont on fait des nattes, un pollen abondant et inflammable, un duvet laineux, ouate grossière, que l'on utilise dans les campagnes. Il est très commun dans nos étangs; on l'appelle vulgairement *roseau de la Passion*.

Les *cypéracées* sont des herbes très communes dans les lieux humides, à tige cylindrique ou triangulaire, à fleurs linéaires engainantes, à trois étamines. L'usage le plus général des cypéracées, c'est d'en faire des nattes, des corbeilles et des liens; car elles peuvent à peine servir de litière.

Les genres les plus remarquables des cypéracées sont : les *cypérus* ou *souchets*, dont une espèce a des tubercules alimentaires avec lesquels on fait de l'orgeat et quelquefois de l'huile, et une autre, le *papyrus*, des fibres avec lesquelles les Égyptiens fabriquaient leur papier; — les *scirpes*, dont les rhizomes, dans quelques espèces, peuvent être donnés aux bestiaux; — les *carex* ou *laîches*, aux espèces nombreuses, qui ne servent qu'à fixer par leurs racines un sol mouvant et à l'exhausser par les détritus de leur tige triangulaire.

Les *graminées* sont des plantes herbacées, à tige cylindrique et entrecoupée de nœuds solides, nommée *chaume*, à feuilles alternes engaînantes, à fleurs en épi ou en panicule. Chaque épillet est entouré de deux écailles ou bractées appelées *glumes*, qui enveloppent les fleurs. Chaque fleur à son tour a deux autres écailles, qui sont les *balles*. Le fruit est un cariopse à péricarpe très mince et à endosperme farineux. La famille des graminées est une des plus utiles comme des plus nombreuses; car elle compte environ trois mille espèces. Presque toutes servent à nourrir l'homme ou les animaux domestiques; quelques-unes sont employées dans les arts ou dans la médecine. Leur nombre les a fait diviser en neuf tribus; mais il nous suffira d'indiquer les genres qui servent d'aliment ou de fourrage, et dans la médecine ou l'industrie.

A la tête des graminées alimentaires on trouve le *blé* ou *froment* (*fig.* 92), qui se divise en *blé dur*, cultivé en Afrique et en Sicile, en *blé tendre*, en *blé barbu* ou *sans barbes*, selon que la balle est ou n'est pas hérissée par un filet dur appelé *barbe*. Avec le grain réduit en farine on fait le pain, base de l'alimentation humaine; avec la paille ou chaume on nourrit les bestiaux, on remplit les paillasses, on couvre les chaumières, on confectionne des chapeaux de femme, des paillassons et une foule de menus objets.

Après le blé vient le *seigle*, qui se contente d'un terrain plus pauvre, mûrit plus vite, et donne un pain moins léger, il est vrai, mais se conservant frais plus longtemps; mêlé au froment en partie égale, il constitue le méteil, et dans la proportion d'un huitième, le pain de ménage. Le seigle vert est un excellent fourrage. Sa paille, droite, longue et flexible, est préférée à celle du blé. Le grain fermenté produit de l'eau-de-vie.

Fig. 92. — *Blé.*

L'*orge* veut un terrain sec et croît rapidement. Ses grains se donnent aux bestiaux et à la volaille; mais on en tire un pain lourd et grossier. Ils servent plus communément, avec le houblon, à la préparation de la bière; avec le seigle et le miel, à la fabrication du pain d'épice, et à préparer l'amidon et l'eau-de-vie de grains. L'*orge mondé* est de l'orge incomplétement dépouillée de son enveloppe; si elle en est complétement dépouillée, c'est de l'*orge perlé*, dont on fait une tisane rafraîchissante.

Le *maïs*, originaire du Paraguay et que l'on appelle *blé de Turquie*, parce qu'il fut d'abord importé en Turquie, atteint jusqu'à quatre mètres de hauteur. Sa tige est un fourrage estimé et peut donner une notable quantité de sucre. Ses feuilles desséchées garnissent les paillasses. L'épi vert se confit au vinaigre ou se prépare de différentes manières. Le grain avant d'être mûr donne un lait analogue au lait d'amandes, et, plus tard, des boissons fermentées, de l'alcool et du vinaigre; réduit en farine, il sert à faire des bouillies nourrissantes, des galettes, des pâtes, des potages, une espèce de sagou, et même du pain, à condition de le mêler avec la farine de blé.

L'*avoine* est plutôt une plante fourragère, dont on donne le grain aux chevaux; c'était l'aliment par excellence des Gaulois et des Germains, et dans l'extrême Nord les classes pauvres mêlent sa farine avec celle de l'orge et du seigle pour en faire du biscuit. La graine, dépouillée de son enveloppe, constitue une espèce de gruau, dont on fait des gâteaux et des bouillies. Certains pays en tirent une bière très forte, et l'Écosse, l'eau-de-vie appelée *whiskey*.

Le *riz* vient dans des marais naturels ou artificiels nommés *rizières*. De l'Inde il s'est répandu dans toute l'Asie, en Afrique, en Amérique et même dans certaines contrées de l'Europe. En Chine, on le cultive sur des radeaux au milieu même des fleuves et des lacs. Sa culture dans les eaux stagnantes engendre des fièvres. Quoique le grain renferme plus de fécule amylacée que les autres céréales, on ne peut en faire du pain, à moins de le mêler avec du froment parce que son embryon a peu de substance muqueuse fermentescible. C'est l'aliment général des Asiatiques, la nourriture presque exclusive des Hindous, le pilau ou couscoussou des Arabes. En Orient, on le distille après une fermentation préalable et l'on obtient la liqueur enivrante appelée *arack*, qu'on sucre et qu'on aromatise. Avec la paille on confectionne en Italie des chapeaux de femme.

La *canne à sucre*, originaire de l'Inde, transportée de l'Orient en Sicile au douzième siècle, à Madère et aux Canaries au quinzième, à Saint-Domingue et dans les autres Antilles au commencement du seizième, ne croît que dans les pays chauds. Elle a une tige de deux à quatre mètres qui se développe en six mois. En écrasant la canne entre des cylindres, on obtient la moitié de son poids de *vesou*; le vesou donne, par l'ébullition, un septième de son poids de sucre brut ou cassonade et un sirop nommé *mélasse*. La cassonade raffinée donne le sucre blanc; la mélasse, le tafia des colonies et le rhum. Le sucre de canne a perdu de sa valeur depuis que l'on extrait de la betterave, qui croît dans tout le Nord, un sucre de même nature et de qualités identiques. De nos jours, on cherche à acclimater dans le midi de l'Europe le *sorgho*, espèce d'houlque, qui renferme une moelle sucrée dont on extrait aussi du sucre dans la Chine.

Parmi les graminées fourragères, on distingue la *fléole* ou *timothy-grass* des Anglais; — le *vulpin*, la *fétuque*, le *brome*, le *dactyle*, le *paturin*, communs dans nos prairies; — l'*ivraie*, dont une espèce est le *ray-grass* d'Angleterre; — le *millet*, le *phalaris* ou *millet long*, l'*houlque* ou *grand millet d'Inde*, dont les graines sont données aux oiseaux; — la *glycérie* ou *herbe à la manne*, dont l'épillet est couvert en été d'une substance sucrée; — le *panis* ou *herbe de Guinée*, plante dont les graines servent à la nourriture de l'homme en divers pays; — le *roseau*, dont on fait des quenouilles et des instruments de musique, et dont une variété est le *diss* des Algériens ou *alfa*, que l'on emploie comme fourrage et dans la sparterie, mais surtout pour faire du papier. — Les espèces nombreuses de ces différents genres sont employées partout comme fourrage quand l'herbe est fraîche, ou comme foin quand elle est desséchée.

Parmi les graminées seulement médicinales ou industrielles, il convient de citer : le *cynodon*, espèce d'ivraie dont le rhizome appelé *chiendent* est employé en médecine; — l'*andropogon*, à l'odeur aromatique, dont le rhizome est le *vétyver*, qui préserve des vers les fourrures; — le *bambou*, dont on fait des cannes; — une espèce d'*agrostis*, qui peut servir à teindre en vert; — le *sparte* et le *stipe*, employés à faire des tapis, des corbeilles, des nattes et autres objets de sparterie.

CHAPITRE XI.

Suite de la Classification des végétaux.

Embranchement des gymnospermes. — Troisième classe : Conifères. Quatrième classe : Cycadées. — Sous-règne des cryptogames. — Cinquième classe : Filicinées. — Sixième classe : Muscinées. — Septième classe : Lichens. — Huitième classe : Champignons. — Neuvième classe : Algues.
Flore paléontologique. — Résumé des principaux usages des plantes.

Embranchement des Gymnospermes. — Les gymnospermes, ainsi nommés de ce que leur graine paraît nue, c'est-à-dire dépourvu de péricarpe, forment la troisième et la quatrième classe : les *conifères* et les *cycadées*.

Troisième classe : Conifères. — Les *conifères*, qui constituent avec les *cycadées* le second embranchement des phanérogames, sont des arbres ou arbrisseaux à fleurs monoïques ou dioïques; on les appelle *arbres verts* ou *résineux*, parce que leurs feuilles persistent jusqu'au retour du printemps, et qu'ils donnent presque tous de la résine. Les fleurs mâles, disposées en chatons, ont des étamines, souvent monadelphes, en nombre variable. Les fleurs femelles sont tantôt solitaires, tantôt disposées en cône recouvert d'écailles généralement sèches, ou en tête formant une espèce de drupe par l'accroissement du disque cupuliforme ou faux arille. — Les conifères sont une famille unique, décomposée en quatre tribus : les *abiétinées*, les *cupressinées*, les *taxinées* et les *gnétacées*.

La tribu des *abiétinées* renferme plusieurs genres importants. — Le *sapin* (en latin *abies*), aux feuilles subulées et éparses (*fig.* 93), constitue sur les montagnes d'immenses forêts, atteint jusqu'à cinquante mètres de hauteur, et sert à faire des mâts, des poutres et des planches. — Le *mé-*

lèze, arbre d'ornement au bois inaltérable, donne la térébenthine de Venise et la manne de Briançon. — Le *cèdre*, aux branches disposées en étages horizontaux, au bois dur et incorruptible, a pour espèces principales le *cèdre du Liban*, le *cèdre de l'Atlas*, le *cèdre de l'Himalaya*, *etc.*, tous employés dans l'ébénisterie. — Le *pin*, aux feuilles fasciculées par deux, trois ou cinq, compte au moins cinquante espèces, dont les plus remarquables sont : le *pin sylvestre*, presque inaltérable, donnant au tannage son écorce, que les Lapons réduisent en farine, à la forge un charbon excellent, à l'industrie l'huile de pin, le noir de fumée, le goudron et la poix; le *pin maritime*, servant pour la charpente et le pilotis, donnant aussi la poix-résine et le goudron, et de plus le galipot, qui devient par la liquéfaction poix de Bourgogne, et la térébenthine, d'où l'on extrait par distillation une huile essentielle : le résidu de la distillation, sous le nom de brai sec, entre dans la composition de certains onguents, du mastic de fontaine, de la cire à cacheter les bouteilles, et devient par l'épuration la colophane; le

Fig. 93. — *Sapin.*

pin pignon, aux amandes comestibles; le *picéa*, qui fournit de la colophane et la térébenthine de Strasbourg. — Le *sequoïa* de Californie, récemment naturalisé en Europe, est un bel arbre d'une grande hauteur et d'une longévité extraordinaire. — L'*araucaria*, du Brésil et de l'Australie, est un arbre de serre et d'ornement.

Dans la tribu des *cupressinées* on trouve comme genres : le *cyprès*, l'arbre des tombeaux, dont une espèce a un bois aromatique rose et léger; — le *thuya*, au bois incorruptible, employé pour la fine ébénisterie, aux feuilles d'une odeur aromatique et pénétrante, dont une espèce fournit la sandaraque, employée pour les vernis et pour empêcher le papier non collé ou gratté de boire l'encre; — le *genévrier*, au bois rougeâtre d'un grain fin et veiné, aux baies stomachiques d'où l'on extrait la liqueur appelée genièvre, et dont une espèce fournit l'huile de cade à la médecine.

La tribu des *taxinées* a pour genres : l'*if*, arbuste de jardin, dont les feuilles sont vénéneuses, dont le bois, qui imite l'ébène, sert à faire des tabatières, des étuis et autres objets de fantaisie; — le *gincko*, originaire de la Chine, dont les amandes sont comestibles.

La tribu des *gnétacées* n'a que deux genres : le *gnetum*, de la Guyane, dont les graines se mangent cuites ou grillées; — l'*éphédra*, dont les fruits acides et astringents sont également comestibles.

Quatrième classe : Cycadées. — Les *cycadées* ont le port des palmiers, des feuilles souvent roulées en crosse avant leur développement et à folioles nombreuses, une tige qui les rapproche des monocotylédones, des fleurs dioïques et un fruit légèrement charnu. Ce sont des plantes de serre ou d'orangerie, originaires des pays chauds.

Cette classe ne renferme qu'une famille, appelée du même nom *cycadées*. Le seul genre à citer est le *cycas*, qui donne des amandes rafraîchissantes et une espèce de *sagou* extrait de sa tige.

Sous-règne des Cryptogames. — Les *Cryptogames* ont deux embranchements : 1° les *Acrogènes*, qui ont le tissu semi-vasculaire, s'accroissant par l'extrémité de leur tige; 2° les *Amphigènes*, qui ont le tissu cellulaire.

Les acrogènes forment la cinquième et la sixième classe : les *filicinées* et les *muscinées;* les amphigènes, la septième, la huitième et la neuvième : les *lichens*, les *champignons* et les *algues*.

Cinquième classe : Filicinées. — La classe des *filicinées* comprend plusieurs familles : les *fougères*, les *lycopodiacées*, les *prêles* et les *characées*.

Les *fougères* sont des plantes vivaces, quelquefois arborescentes (*fig.* 94). L'axe de leur tige s'épanouit souvent en divisions latérales semblables à des feuilles que l'on appelle *frondes;* la fronde est simple ou plus ou moins profondément découpée. Les organes de fructification, nommés *sores*, sont disposés en forme de petites capsules à la face inférieure des feuilles. On trouve les fougères aux pôles comme à l'équateur. Dans les pays chauds, les fougères sont arborescentes et leurs rhizomes nutritifs. Partout leurs feuilles peuvent servir de litière ou de fourrage pour les bestiaux. Toutes donnent de la potasse par incinération. Quelques espèces sont purgatives; d'autres employées pour le tannage; d'autres ont des feuilles aromatiques, comme l'*aspidium fragrans* ou *thé de Sibérie*, dont on se sert pour parfumer le linge.

Fig. 94.— Fougère.

Les principaux genres sont : l'*osmunda regalis* ou *fougère royale*, remarquable par son port ; — le *polypode*, au rhizome sucré ; — l'*ophioglosse*, dont on mange les tubercules; — le *capillaire du Canada*, dont on fait le sirop médicinal de capillaire; — la *scolopendre*, l'*asplenium*, la *fougère mâle* ou *femelle*, *etc.*, employées en médecine.

Les *lycopodiacées* ont des spores résineux qui renferment une poussière jaune et inflammable, connue sous le nom de poudre de lycopode, que les artificiers emploient dans leurs feux, et la pharmacie pour envelopper les pilules ou dans les excoriations de la peau.

Les *prêles* ou *équisétacées*, qui renferment de la silice, ce qui les rend propres à polir le bois et les métaux, sont formées d'une série de petits cylindres articulés, garnis à leur point de jonction d'une sorte de gaîne ou collerette.

Les *characées* sont des plantes aquatiques, aux rameaux verticillés, dans lesquelles on peut suivre, tant elles sont transparentes, la circulation intracellulaire. On les emploie, dans quelques pays, pour nettoyer et écurer la vaisselle.

Sixième classe : Muscinées. — Les *muscinées* forment la sixième classe; ce sont des plantes peu intéressantes. On les reconnaît à leur espèce de tige garnie d'expansions foliacées et à leur sporange en urne, recouverte d'une espèce de coiffe de poils qui se détache après la floraison.

Les principales familles sont : les *mousses*, dont les pauvres habitants des campagnes garnissent leur lit et qui ont quelques usages en médecine; — les *polytrix*, dont on fait des brosses en Normandie; — les *hépatiques*, dont le type est la *marchantia vulgaire*, employée jadis dans les maladies de foie, et qui porte des godets sessiles aux loges nombreuses chargées de liquide.

Septième classe : Lichens. — Avec la septième classe, celle des *lichens*, commence le second embranchement des cryptogames, les cryptogames amphigènes. Les lichens (*fig.* 95) se développent sur toute espèce de corps, mais non pas à leurs dépens comme des plantes parasites; il leur faut l'influence de l'air, de la lumière, de la chaleur et surtout de l'humidité. Leur forme est très variable, ainsi que leur consistance et leur texture. Les lichens sont, dans les pays du nord, l'alimentation des classes pauvres; ils donnent à

Fig. 95. — *Lichen.*

l'industrie des matières colorantes, à la médecine des pâtes et autres substances précieuses.

La classe des lichens n'est formée que d'une seule famille. Les principaux genres sont : le *lichen d'Islande*, que l'on mêle à la farine pour en faire du pain et que la médecine emploie dans les maladies de poitrine; — l'*orseille des Canaries*, d'où l'on extrait une couleur rouge très vive et dont les Grecs se servaient pour teindre en pourpre; — la *lécanora*, dont une espèce est comestible, dont une autre espèce donne une couleur violette et peut fournir aux chimistes le tournesol, d'un bleu violet fugace qui leur sert à distinguer les oxydes et les acides.

Huitième classe : Champignons. — La classe des *champignons* est une des plus nombreuses. Ce sont des végétaux généralement parasites et terrestres. Ils ont un thalle filamenteux et des organes tantôt nus, tantôt renfermés dans de petites capsules nommées *thèques* ou dans un conceptacle charnu et membraneux, tantôt enfin répandus à la surface du végétal. — Les principales familles sont : les *champignons* proprement dits, les *urédinées*, les *mucédinées* et les *lycoperdacées*.

La famille des *champignons* proprement dits (*fig.* 96) renferme : l'*agaric*, aux nombreuses espèces, parmi lesquelles le *champignon de couche*, le *mousseron, etc.*, sont comestibles et se cultivent souvent dans les carrières abandonnées; — la *chanterelle*, le *bolet* avec le *cèpe*, un de ses genres, la *morille, etc.*, qui sont également des espèces comestibles; — l'*amanite*, dont une es-

Fig. 96. — *Champignons.*

pèce, l'*oronge*, était appelée le prince des champignons chez les anciens; — le *polypore*, dont on obtient par dessiccation l'amadou, plus employé maintenant pour recouvrir les plaies que pour se procurer du feu. Une foule de champignons sont vénéneux, et il est facile de se tromper, même dans les espèces les mieux connues. Il faut surtout se méfier des gros champignons des bois.

La famille des *urédinées* a parmi ses genres : l'*urédo*, qui désole les céréales par les maladies du charbon, de la carie et de la rouille; — l'*æcidium*, qui attaque les poiriers, les sapins, l'épine-vinette, etc.

Parmi les genres qui appartiennent à la famille des *mucédinées*, l'*oïdium* désole nos vignes et ne cède que devant l'emploi du soufre; — le *botrytis* engendre le fléau appelé *muscardine*, qui fait périr les vers à soie; l'une de ses espèces attaque la pomme de terre; — les *moisissures* (*mucor*) s'attaquent à tout et se développent même à l'intérieur d'un animal vivant; — le *mycoderme du vinaigre* a été reconnu comme la cause de l'acescence des vins.

Aux *lycoperdacées* appartiennent comme genres : le *sclerotium*, qui forme l'ergot du seigle, employé quelquefois en médecine; — le *rhizoctone*, qui fait périr le safran, l'oranger, la luzerne, la garance, le mûrier, etc.; — la *truffe*, au parfum si estimé des gourmets, qui végète à un décimètre de profondeur dans les forêts de chênes et de châtaigniers, où on la découvre avec des cochons et des chiens : elle est le seul genre de champignons comestibles dont aucune espèce ne soit à craindre.

Neuvième classe : Algues. — La neuvième et dernière classe comprend les *algues* (*fig.* 97), frondes celluleuses vivant dans l'eau douce ou salée, tantôt flottant librement, tantôt fixées par des radicelles, et se reproduisant par des spores de couleur variable. On appelle *conferves* celles qui vivent dans l'eau douce; *goëmons*, *fucus* ou *varechs*, celles qui habitent la mer. Les algues paraissent destinées à la nourriture des animaux aquatiques. Elles contiennent beaucoup d'azote, un mucilage nutritif, de la soude et de l'iode.

Les genres les plus remarquables sont : le *protococcus*, presque microscopique, qui donne aux eaux une couleur rouge; — les *conferves*, dont on fait un papier et un engrais; — la *mousse de Corse*, employée contre les vers intestinaux; — la *laminaire*, qui est aussi un engrais, mais dont plusieurs espèces sont comestibles et que l'on brûle comme combustible sur les côtes de Bretagne; — les *goëmons*, *fucus* ou *varechs*, qui servent de fourrage et d'engrais, et d'où l'on extrait par incinération la soude, l'iode et quelques autres produits.

Fig. 97. — *Algue.*

Flore paléontologique.

Flore paléontologique. — L'exploitation des mines et l'étude des divers terrains ont conduit à reconnaître que dans les temps anciens la terre était surtout couverte de végétaux appartenant aux conifères, aux cycadées et aux cryptogames acrogènes, qui ont disparu de sa surface et ne se retrouvent plus que carbonisés dans ses entrailles.

Les conifères sont abondants dans les terrains secondaires et tertiaires. On y trouve en Europe certaines espèces qui n'existent plus que dans l'Amérique septentrionale ou dans la Mélanésie; d'autres espèces ont complétement disparu. On trouve dans les terrains jurassiques de nombreuses espèces de cycadées aujourd'hui perdues, telles que les *nilsonia*, les *pterophyllum*, les *mantellia*, *etc.*

Aux premières époques du monde, les fougères, les prêles, etc., aujourd'hui à peine arborescentes, atteignaient dix ou douze mètres de hauteur, et quelquefois plus. Les travaux exécutés dans certaines mines de houille ont fait retrouver plusieurs espèces, telles que le *lépidodendron*, qui appartenait aux lycopodiacées, et le *calamite*, aux prêles[1].

Résumé des principaux usages des plantes. — En réfléchissant aux usages si variés des différentes plantes, on reconnaît que le règne végétal est celui qui est sans contredit le plus utile à l'homme. Laissons de côté le parfum des fleurs et ces couleurs si riches qui font l'ornement de nos jardins. Les grands arbres nous donnent leur ombre, fument la terre de leurs feuilles, nous fournissent des bois de construction de toute espèce, garnissent des meubles nécessaires la demeure modeste du pauvre aussi bien que les palais des grands, et nous protégent comme combustible contre la rigueur des hivers. Les céréales, dont on fabrique le pain, les plantes alimentaires, les racines, les fruits, les graines, prodiguent à l'homme une nourriture abondante et variée; les fourrages lui permettent d'entretenir pour son usage les animaux domestiques; d'autres végétaux lui donnent une boisson agréable et salutaire. Des graines oléagineuses on extrait les huiles qui servent à l'alimentation, à l'éclairage, aux différents arts. Les plantes tinctoriales produisent des couleurs variées qui sont employées à orner nos vêtements et nos habitations. Les plantes résineuses sécrètent des produits utiles dans les arts, tels que le caoutchouc, la gutta-percha, les gommes, etc. Les plantes textiles fournissent les fils dont on fabrique des tissus pour toute espèce d'usage. Les plantes médicinales multiplient les remèdes nécessaires pour prévenir ou guérir nos maladies. Il n'est pas jusqu'à ces vastes dépôts de végétaux carbonisés qui ne soient utiles, sous le nom de houille, pour l'éclairage, le chauffage et la préparation des aliments. Quelle admiration et en même temps quelles actions de grâces ne devons-nous pas rendre à la Providence, qui a su prévoir si bien tous nos besoins, et nous préparer dans le règne végétal de sûrs moyens pour y satisfaire, en même temps qu'il orne et embellit notre séjour terrestre!

1. Voir dans la Géologie l'étude des terrains page 284.

MINÉRALOGIE.

CHAPITRE Ier.

Définitions. — Constitution physique du globe terrestre. — L'air. — Les eaux : mers, fleuves, eaux souterraines, etc. — La terre : la croûte terrestre; sa formation. — La chaleur centrale de la terre. — Révolutions du globe terrestre. — Soulèvements et affaissements. — Tremblements de terre. — Volcans.

Définitions. — La *minéralogie,* comme on l'a vu, se divise en deux parties : la *géologie* et la *minéralogie.*

La *géologie*[1] est la partie de la minéralogie qui a pour objet l'étude de la constitution physique du globe terrestre.

La *minéralogie proprement dite* est la partie de la minéralogie qui décrit et classe les corps inorganiques, c'est-à-dire les minéraux qui se trouvent dans la terre ou à sa surface.

GÉOLOGIE.

Constitution physique du globe terrestre. — La terre, comme on le sait, est une masse sphéroïdale ou globe, isolée dans l'espace, renflée à l'équateur et déprimée aux pôles, qui a environ quarante millions de mètres de circonférence et six millions de mètres de rayon. La surface du globe terrestre est de cinq cents millions de kilomètres carrés; les eaux en couvrent les deux tiers. Les inégalités produites par les montagnes les plus hautes, de huit mille mètres, sont moins sensibles que les rugosités de la peau d'une orange à sa surface. Les profondeurs de la mer, qui ne dépassent pas dix mille mètres, n'entament guère plus la surface du globe.

1. Le mot *géologie,* formé de deux mots grecs, signifie connaissance de la terre.

L'étude du globe terrestre comprend trois parties principales : l'*air*, les *eaux*, la *terre*.

L'air. — L'*air* est répandu à la surface du globe terrestre, qu'il enveloppe à la hauteur d'environ soixante kilomètres; il constitue cette masse gazeuse qu'on appelle *atmosphère*. C'est à lui que nous devons cette apparence d'une belle voûte de couleur bleue qui semble se développer au-dessus de nos têtes et qu'on nomme le *ciel*.

Les eaux : mers, fleuves, eaux souterraines, etc. — Les eaux ont été formées par la condensation des vapeurs que contient l'atmosphère. Les unes se sont rassemblées dans d'immenses cavités, entourées de montagnes et sans issue dans les parties du globe les plus basses : ce sont les *mers*, dont l'eau tient en dissolution une grande quantité de sel marin, ce qui la rend salée. Les autres, par un effet qui se produit encore de nos jours, se condensent au sommet des montagnes, coulent entre deux chaînes au fond du bassin qu'elles forment, et vont se jeter dans la mer : ce sont les *fleuves*, dont l'eau est douce, et les *rivières*, qui se jettent dans les fleuves. D'autres enfin pénètrent à travers les premières couches terrestres, jusqu'à ce qu'elles trouvent quelque couche imperméable sur laquelle elles s'étendent en vastes nappes : ce sont les *eaux souterraines*, qui coulent les unes au-dessus des autres en obéissant à leurs pentes. Quelquefois elles reparaissent au jour sous forme de *sources*, et donnent ainsi naissance à des rivières et à des fleuves. Si elles ont traversé des couches de sels minéraux, elles s'en sont imprégnées : c'est ce qui constitue les *sources minérales*. Si elles viennent d'une certaine profondeur, elles sont chaudes par suite de la chaleur centrale; elles donnent les *sources thermales*, qui sont souvent minérales en même temps. L'eau des *puits* provient des eaux souterraines : on sait qu'il en existe de très profonds. De nos jours, en creusant la terre, on fait jaillir des eaux que l'on emploie à tous les usages : ce sont les *puits artésiens*, ainsi appelés parce que c'est dans l'Artois qu'on les a creusés pour la première fois en France.

L'observation a fait connaître qu'à mesure qu'on s'élève dans l'atmosphère la température diminue. A trois mille mètres au-dessus du niveau de la mer l'eau se congèle. De là, au sommet et sur le flanc des montagnes, d'immenses *glaciers;* ils sont alimentés par les neiges qui tombent tous les ans et qui s'accumulent. Les rayons du soleil d'été échauffent les neiges et en déterminent en partie la fusion; c'est alors qu'elles se précipitent sous le nom d'*avalanche,* entraînant avec elles ce qu'elles rencontrent et semant les débris sur leur passage.

Les glaciers ont un mouvement progressif qui s'exerce avec lenteur le long de la principale pente; il est dû aux eaux qui s'infiltrent l'été dans les fissures de la glace, qui se solidifient l'hiver en se dilatant et qui chassent ainsi en avant une partie de la masse avec les roches de ceinture qu'elle use et qu'elle brise par la pression qui s'exerce contre leurs parois. On donne à ces transports de roches, qui se déposent à plus ou moins de distance du glacier, le nom de *moraines* ou de *blocs erratiques.* Dans les contrées glaciales, on voit les glaces transporter ainsi d'un point à un autre des roches plus ou moins volumineuses qui n'ont rien de commun dans leurs éléments avec les terrains sur lesquels elles s'arrêtent.

La terre : la croûte terrestre; sa formation. — La terre, par opposition à l'air et aux eaux, est la partie solide du globe. Les géologues admettent deux sortes de produits dans les *roches* qui constituent la *croûte terrestre.* Les uns, dus à l'action du feu, sont appelés indifféremment *terrains plutoniens* ou *ignés.* Les autres, provenant des dépôts ou sédiments que les eaux ont laissés successivement sur la première écorce terrestre, s'appellent *terrains neptuniens* ou *sédimentaires;* on les nomme encore *terrains stratifiés,* parce qu'ils se superposent en couches ou strates successives, chacune étant comprise entre deux plans parallèles.

Il est admis qu'à une époque indéterminée, et par des causes inconnues, un refroidissement lent forma à la surface de la terre une croûte longtemps pâteuse qui s'est solidifiée avec le temps, mais en se boursouflant et en se fendant dans toutes les directions. Les matières les moins volatiles qui étaient répandues dans l'atmosphère ont dû se précipiter et se condenser en formant de nouvelles couches d'une texture cristalline. De là les *terrains primitifs*, dont la forme doit être essentiellement capricieuse et indéterminée.

Bientôt les vapeurs d'eau contenues dans l'atmosphère se sont déposées sur la croûte terrestre; mais elles étaient chargées de différents corps qu'elles ont abandonnés peu à peu et qui se sont d'abord fondus à la chaleur centrale : ce sont les couches de sédiment les plus anciennes. D'origine neptunienne, elles sont devenues cristallines par la fusion comme les terrains ignés : c'est pour cela qu'on les appelle *terrains de transition.*

Cependant la température de la croûte terrestre s'abaissait de plus en plus. De nouvelles eaux se sont déposées successivement dans tous les creux que les boursouflements avaient pu former. Les matières qu'elles tenaient en dissolution se sont précipitées l'une après l'autre suivant l'ordre de leur densité et en raison inverse de leur affinité pour l'eau. De là les *terrains neptuniens,* divisés en secondaires et tertiaires, qui diffèrent entre eux par la nature des dépôts dont ils sont formés et par les fossiles ou débris de corps organisés qu'ils renferment; mais en outre les terrains tertiaires offrent moins d'étendue que les autres et sont plus isolés, parce que les mers avaient des bassins moins vastes.

Des révolutions dans la masse du globe ont amené les inondations connues sous le nom de déluges, qui ont sillonné profondément la terre et transporté des masses de roches anciennes, de sable et de vase loin de leur gisement primitif. De là de nouveaux terrains qui se forment encore de nos jours avec les matières charriées par les eaux, et qui portent le nom de *terrains diluviens* ou d'*alluvions.* On distingue les terrains dus aux alluvions anciennes et les terrains d'alluvion moderne.

La chaleur centrale de la terre. — Quand on pénètre, en la creusant, dans l'intérieur de la terre, on trouve qu'elle ne conserve pas dans toute sa masse la même chaleur ni la même densité. La température monte d'un degré pour trente-trois mètres de profondeur, et les couches augmentent de densité du centre à la surface. De la première observation on déduit qu'à une profondeur de vingt mille mètres, la chaleur serait assez intense pour fondre les corps les plus réfractaires, et que par conséquent le centre de la terre doit être liquide et incandescent : c'est ce qu'on appelle la *chaleur centrale*. Cette opinion est corroborée par la seconde des deux observations précédentes, puisque la terre entière devait être liquide dans l'origine, pour que les diverses couches pussent se superposer l'une à l'autre dans l'ordre de leur densité. Une troisième preuve en est donnée par les volcans et par les sources thermales, dont il sera question plus loin.

Révolutions du globe terrestre. — Les diverses couches terrestres dont nous avons parlé plus haut se seraient formées d'une manière continue et superposées dans un ordre constant, si rien n'avait troublé leur action sédimentaire. La chaleur centrale n'a pas permis qu'il en fût ainsi. Dans les premiers âges, quand la croûte terrestre était peu épaisse, les matières liquides, parvenues intérieurement à une tension très grande par l'élévation de la température, se sont répandues au dehors par des fissures et développées quelquefois en nappe à la surface en altérant, calcinant et carbonisant ce qu'elles rencontraient sur leur passage; puis elles se sont solidifiées en filons ou en masses. Dans les âges postérieurs, quand la surface solide, plus épaisse et plus compacte, ne laissait plus à la matière liquide une issue naturelle, il s'est produit ce qui se produit encore de nos jours, la dislocation des couches terrestres.

Tantôt elles ont été relevées ou ont pris une forme

ondulée en conservant leur parallélisme : c'est la *stratification concordante* (*fig*. 98).

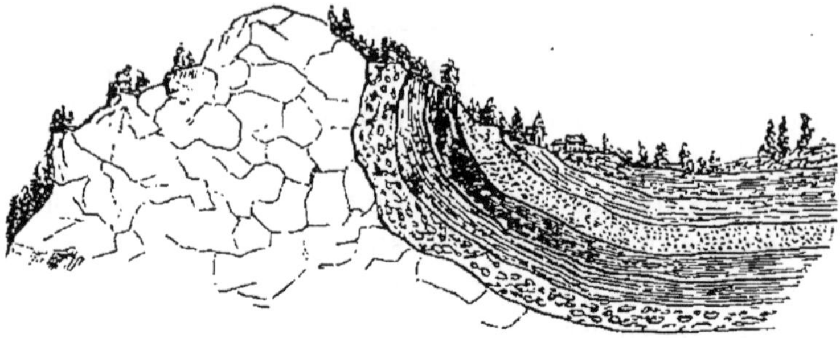

Fig. 98. — *Stratification concordante.*

Tantôt les couches se sont inclinées les unes sur les autres d'une manière différente et sous des angles quelconques : c'est la *stratification discordante* (*fig*. 99).

Fig. 99. — *Stratification discordante.*

Tantôt, enfin, les couches étant coupées, pour ainsi dire, par un plan vertical, une partie se trouve plus élevée que la partie adjacente, de sorte que chaque couche est continuée par une couche de matière différente : ce sont les *failles*, qui arrêtent souvent le mineur dans son exploitation.

Ces phénomènes des temps anciens, qui se produisent encore sous nos yeux, sont l'effet des *soulèvements* et des *affaissements*, des *tremblements de terre*, des *volcans*.

Soulèvements et affaissements. — Sous l'action du feu intérieur, certaines parties de la terre se sont soulevées à toutes les époques, et par contre d'autres se sont affaissées. De là, dans les temps anciens, la formation des montagnes et des vallées, et par suite, dans les vallées, l'agglomération des eaux qui ont formé les dépôts sédimentaires. L'action était alors rapide et énergique. C'est à des soulèvements de ce genre que sont dus les dépôts d'êtres marins à des hauteurs considérables au-dessus du niveau de la mer. Une action semblable a lieu même de nos jours; mais elle est faible et lente. Il est constaté par expérience que dans le golfe de Bothnie les côtes s'élèvent au-dessus des eaux de plus d'un mètre par siècle.

On a essayé d'expliquer ces phénomènes en supposant que c'était le niveau des mers qui changeait. L'hypothèse serait admissible si cette variation était constante sur tous les points : or l'observation prouve le contraire. Sur les côtes du Chili, la mer s'est abaissée sensiblement dans les premières années de ce siècle, tandis que celles de la Patagonie sont restées identiquement les mêmes. Les lois d'équilibre constatées par la physique ne permettent pas d'admettre que le niveau puisse s'élever dans une partie et rester stationnaire dans les parties voisines; on ne peut donc expliquer le mouvement des eaux que par la théorie si naturelle d'ailleurs des soulèvements et des affaissements successifs. La géologie moderne pose comme un principe constant que le niveau des mers est invariable.

Tremblements de terre. — Les soulèvements et les affaissements sont souvent précédés de tremblements de terre. Des oscillations horizontales, ou des secousses verticales, ou des tournoiements divers, se font sentir tantôt dans un espace resserré et circonscrit, tantôt sur une étendue immense : ainsi le tremblement de terre qui renversa Lisbonne au dix-huitième siècle se propagea d'un côté jusqu'en Laponie et de l'autre jusqu'à la Martinique. De là des failles, des crevasses, des gouffres, des renversements de cités entières, des masses de roches qui arrêtent soudainement les fleuves, d'immenses quantités d'eau qui surgissent en lacs ou en torrents. Ces phénomènes se sont produits partout. De nos jours, ils se renouvellent principalement sur les côtes occidentales de l'Amérique du Sud et dans les îles de la Malaisie.

Les tremblements de terre ont pour cause le développement de la chaleur centrale qui augmente, en s'accumulant, la tension des matières liquides et des gaz renfermés dans la couche terrestre. D'où il arrive encore qu'à la suite d'un soulèvement plus ou moins considérable, il se fait souvent de violentes explosions qui projettent au loin et dans tous les sens les différents débris du sol, effet que reproduit en petit l'explosion d'une chaudière sous la tension trop forte de la vapeur; il reste une vaste cavité dont le fond se ferme sous les débris, et il se peut que le phénomène ne se reproduise plus; mais de nouvelles éruptions peuvent se manifester après la première, soit par la même ouverture, soit par d'autres qui s'établiront dans les flancs du cône de soulèvement. Les résultats sont moins désastreux quand il s'ouvre dès l'abord une profonde crevasse de l'intérieur à l'extérieur du globe, par où s'élancent sans explosion des gaz de diverses espèces, des eaux chaudes ou froides, différentes matières en fusion, quelquefois même des torrents de matières boueuses. Tous ces phénomènes sont dits phénomènes volcaniques. Ils se rattachent à l'étude des *volcans* et à celle des *solfatares*, *fumerolles*, *geisers* et *salses*, qui en font partie.

Volcans. — Un *volcan* (*fig.* 100) est comme un évent par où s'échappe le trop de force expansive accumulée dans la terre par la chaleur centrale.

Une éruption volcanique est ordinairement précédée d'un tremblement de terre qui cesse tant qu'elle est en activité. Elle commence par un *cône de soulèvement*, qui se brise sous la tension intérieure ou dont la base s'affaisse, si la tension se détourne ailleurs, laissant béant dans les deux cas un vaste entonnoir appelé *cratère*. Du fond du cratère s'élève quelquefois un second cône. Des *fumées* ou vapeurs de gaz chlorhydrique, sulfureux et carbonique précèdent l'explosion principale, qui lance dans l'air des cendres, des pierres poreuses nommées *rapilli* ou *pouzzolanes*, des blocs de matière solide pouvant avoir jusqu'à

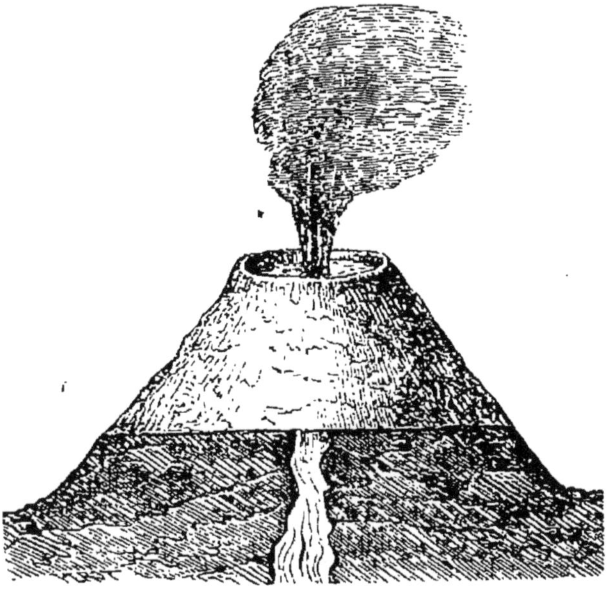

Fig. 100. — *Cratère d'un volcan.*

dix mètres cubes, des portions de matière fondue qui s'arrondissent et constituent les *bombes volcaniques*. Mais il arrive aussi que la lave ou matière en fusion s'élève dans le cratère et le déborde ou en brise les flancs pour s'épancher en une rivière de feu. Suivant les circonstances, la coulée de la lave peut couvrir un espace de plusieurs kilomètres, ou bien se prolonger en un courant étroit qui s'arrête soit au milieu de la pente, soit à son extrémité. La surface extérieure se refroidit bientôt et se solidifie; mais la lave peut continuer à couler au-dessous de la croûte, et, dans tous les cas, sa faculté conductrice pour la chaleur est si faible, que l'on a vu des laves rester vingt-cinq ans sans être complétement refroidies. Des villes entières ont été quelquefois englouties sous la lave et les cendres des volcans; tel fut le sort d'Herculanum, de Pompeï et de Stabies, l'an 79 de notre ère.

Il est des volcans qui se sont éteints après une ou plusieurs éruptions; on les reconnait soit à leurs cratères, qui ne sont pas toujours au sommet d'une montagne conique, et qui sont quelquefois changés en lacs; soit aux longues coulées de lave ou aux nombreuses déjections ignées que l'on constate dans tous les environs.

Un produit volcanique fréquent dans les temps anciens et très rare, au contraire, dans les laves des volcans modernes, c'est la présence du *basalte* (*fig.* 101), divisé en prismes verticaux juxtaposés qui ressemblent de profil à une colonnade en ruines, et dans une coupe transversale (*a*) à un pavé en mosaïque gigantesque.

a

Fig. 101. — *Rochers basaltiques.*

Ce qui a lieu sur la terre peut se produire sous le eaux : de là les *volcans sous-marins*. Tantôt la mer s'échauffe et bouillonne, des jets de vapeur s'en élancent, des masses de pierre ponce flottent à la surface. Tantôt il se forme en pleine mer des îles nouvelles; en général, la plus grande partie des îles anciennes ne paraissent point avoir une autre origine.

Les *solfatares* sont des volcans éteints dont les fissures laissent échapper en abondance du gaz sulfureux; le soufre se dépose et est exploité.

On appelle *fumerolles* des jets de vapeur d'eau mêlée d'acide chlorhydrique, carbonique, sulfureux et sulfhydrique, qui s'échappent avec bruit comme la vapeur de nos machines et qui s'élèvent quelquefois jusqu'à vingt mètres.

Sous le nom de *geisers* (*fig.* 102) on désigne des sources chaudes qui jaillissent d'une manière continue ou intermittente. On en cite plusieurs en Islande, parmi lesquels il en est un qui projette toutes les demi-heures une colonne d'eau de trois mètres de diamètre et de cinquante mètres de hauteur.

Fig. 102. — *Geisers.*

Les *salses*, ainsi appelées des matières salines qu'elles contiennent, ou *volcans de boue*, sont des éjections de matières vaseuses qui s'échappent de petits cônes ayant huit mètres de haut par une espece de cratère. La cause en est due à la décomposition de l'écorce terrestre par les gaz acides qui s'échappent des fissures.

CHAPITRE II.

Définition. — Classification des roches. — Roches silicifères; usages. — Roches salines non métallifères; usages. — Roches métallifères; usages. — Roches combustibles; usages.

Définition. — On appelle *roche*, en géologie, une masse minérale, molle ou pierreuse, solide ou pulvérulente, ayant un développement assez grand pour être considérée comme une partie constituante de l'écorce terrestre.

Les différentes roches sont *simples* ou *composées :* simples, quand elles sont formées d'une seule et même matière; composées, quand elles résultent de l'union de plusieurs matières différentes.

Classification des roches. — Les roches peuvent se classer d'après leur origine ou leur constitution. En voici le tableau :

TABLEAU DES ROCHES

	Roches.	Espèces.
D'après leur origine	Plutoniennes.	
	Neptuniennes.	
	Métamorphiques.	
D'après leur constitution	Silicifères	feldspathiques.
		basaltiques.
		talcites.
		micaschites.
		quartzeuses.
		argileuses.
	Salines non métallifères	calcaires.
		gypseuses.
		alumineuses.
		à base de sel commun.
	Métallifères	de zinc.
		de manganèse.
		de fer.
	Combustibles	tuf sulfureux.
		schistes bitumineux.
		houille, anthracite, lignite, tourbe.

Les *roches plutoniennes* ou *ignées* ont été formées, ou primitivement par le refroidissement de la croûte du globe, ou à différentes époques soit par éruption hors de l'intérieur de la terre, soit, comme les laves, par l'action volcanique. Leur caractère constant est d'être amorphes ou cristallines, mais jamais en lits parallèles constituant une stratification régulière. — Les *roches neptuniennes* ou *sédi-*

mentaires ont été déposées en couches parallèles ou strates par les eaux qui les tenaient en suspension, phénomène qui s'accomplit encore de nos jours. — Les *roches métamorphiques,* d'origine neptunienne et par conséquent stratifiée, ce dont elles conservent quelque apparence, ont été cristallisées et en quelque sorte métamorphosées soit par le contact d'une roche d'éruption plutonique ou volcanique, soit par l'action des vapeurs et des sublimations que produit la chaleur centrale à travers la couche terrestre.

Les *roches silicifères* sont celles dans lesquelles la silice ou un silicate domine. — Les *roches salines non métallifères* ont pour éléments principaux la chaux carbonatée ou sulfatée, le sulfate d'alumine et de potasse, le chlorure de sodium. — Les *roches métallifères* ont pour élément un sel de zinc, de fer ou de manganèse. — Les *roches combustibles,* provenant en général de la décomposition des végétaux, ont presque toutes le carbone pour élément principal.

Roches silicifères. — Les principales roches silicifères sont : le *feldspath,* le *pyroxène,* l'*amphibole,* la *serpentine,* le *talc,* le *mica,* le *quartz,* les *roches argileuses.*

Le *feldspath,* roche simple, d'origine plutonique, est presque toujours la base des roches ignées. C'est une substance naturellement blanche, cristalline, dure, et se fondant en émail blanc à la chaleur intense du chalumeau[1]. — Parmi les roches feldspathiques on distingue : le *granit,* la plus ancienne des roches plutoniques, composé de feldspath, de mica et de quartz, réunis en masses granuleuses; le *gneiss,* que l'on appelle encore *granit stratifié,* d'origine métamorphique, roche composée de mica et de feldspath, de couleur ordinairement grisâtre, quelquefois rougeâtre, se distinguant par sa forme schisteuse; le *porphyre,* d'un rouge foncé, parsemé de taches blanches; le *grauwacke,* roche dure, grenue, d'un gris cendré, composée de granit, de gneiss, etc., dans un ciment argileux; le *trachyte,* roche

1. Voir la description du chalumeau, page 301.

massive, d'un aspect terne ou vitreux, d'une texture grenue, fusible au chalumeau et rude au toucher, ce qui lui a valu son nom; l'*obsidienne*, due aux éruptions volcaniques, de couleur verte ou noire et fusible au chalumeau.

Le *pyroxène* est assez abondant. C'est un silicate calcaire de manganèse, de fer ou de magnésie. Tous les pyroxènes sont fusibles. La couleur varie selon les éléments. — Les principales roches pyroxéniques sont: le *trapp*, dont les cristaux verdâtres s'étagent en forme d'escalier, et qui provient des débris de roches ignées entraînées et triturées par les eaux; le *basalte*, roche noire ou brune d'origine ignée, ayant par le refroidissement un retrait qui la divise souvent en prismes d'une longueur considérable.

L'*amphibole*, silicate calcaire, est tantôt une roche, tantôt disséminée dans d'autres roches. Elle est blanche, verte ou noire, fusible au chalumeau, et offrant dans tous ses cristaux la même forme géométrique. — Les roches amphiboliques les plus ordinaires sont la *trémolite* ou *amphibole blanche* et la *hornblende*.

La *serpentine* est une petite roche de fusion, d'un vert clair ou foncé, infusible au chalumeau, tenace et onctueuse au toucher. C'est un silicate hydraté de magnésie en combinaison, suivant ses variétés, avec divers oxydes métalliques.

Le *talc*, silicate de magnésie anhydre, est une roche feuilletée ou écailleuse, de couleur blanche et nacrée, grasse au toucher et très flexible. — Les principales variétés sont: le *schiste talqueux*, la *stéatite*, le *talc de Venise*, la *pierre à rasoir* et le *talc écailleux* ou *craie de Briançon*.

Le *mica*, silicate alumineux de potasse, de magnésie et d'oxyde de fer, est une substance de couleur variable, à éclat métalloïde, divisible en feuillets minces et élastiques, et fusible au chalumeau. — Les principales variétés sont: le *mica lamelliforme*, le *mica foliacé* et les *schistes micacés*; ceux-ci d'origine métamorphique, ayant pour éléments le quartz et surtout le mica.

Le *quartz*, l'une des espèces les plus communes et les

plus abondantes de la croûte terrestre, tantôt transparent ou limpide, tantôt opaque, naturellement blanc, mais de couleur variée par son mélange fréquent avec des oxydes métalliques, a pour caractères distinctifs d'être infusible au chalumeau, de rayer le verre et l'acier et d'être rayé par la topaze. Sauf le cas d'un mélange, il n'entre dans sa composition que de la silice pure. — Les principales roches quartzeuses sont : le *jaspe,* roche compacte et opaque, généralement rouge, formé de quartz et d'oxyde de fer; le *silex*, dont nous verrons les variétés en minéralogie, corps tellement dur qu'en le frappant on en tire des étincelles; le *grès quartzeux,* composé de grains de quartz arrondis, unis par un ciment; la *molasse*, roche friable, composée de grains quartzeux, feldspathiques, calcaires, etc., réunis par un ciment marneux.

Les *roches argileuses* ou *argiles* ont pour base la silice, combinée avec l'alumine. Ce sont des roches généralement meubles, qui se trouvent dans tous les terrains et qui sont répandues en couches épaisses à la surface de la terre. On les regarde comme formées par la décomposition des roches feldspathiques. Elles sont rarement pures. — Les principales roches argileuses sont : le *kaolin* ou *terre à porcelaine*, hydrate pur de silice et d'alumine; l'*argile*, quelquefois pure, plus souvent mêlée à des sels de chaux ou de magnésie, imperméable et formant de nombreuses collines d'une stérilité complète; sèche, elle est meuble et friable; avec de l'eau, elle forme une pâte qui durcit par la cuisson; mélangée à des matières sableuses, elle constitue les terres labourables fortes ou franches; la *marne,* argile mêlée en différentes proportions avec du calcaire, et se distinguant de l'argile par son effervescence dans les acides; le *schiste argileux,* à texture feuilletée, qui perd à l'air sa cohérence, se réduit en argile et est très commun dans les terrains carbonifères.

Usages. Le granit, roche presque inaltérable, est employé dans les constructions et dans l'entretien des chaussées. Le porphyre, dur et fin à la fois, est recherché pour la beauté de ses couleurs et de son poli. Le trachyte fournit de bons matériaux de construction. L'obsidienne, dont le Péruvien faisait des couteaux et des miroirs, nous fournit une espèce de pierre ponce. Le basalte se brise quand on le taille; mais il peut servir de moellon, et on en fait quelquefois des pilons et des mortiers.

Avec l'amphibole on fait des boutons d'habits, des manches de couteaux, des verres noirs ou verts. Une espèce de trémolite, l'amiante, blanche, fibreuse et souple, a la propriété d'être incombustible; on en fait des mèches de lampe; elle peut se filer en papier, en vêtements ou en dentelles.

On fabrique avec la serpentine commune des poteries et des marmites.

Le talc sert à fabriquer les crayons de pastel et à enlever les taches. Une espèce de stéatite est la poudre à savon des bottiers. Tout le monde connaît la pierre à rasoir. Le tailleur se sert de la craie de Briançon pour marquer le drap avant de le couper.

Le mica lamelliforme, réduit en poudre, se vend chez les papetiers sous le nom de *poudre d'or*. Le mica foliacé, dont la feuille est transparente, est employé pour le vitrage des vaisseaux de guerre, et en Russie surtout comme verre à vitre sous le nom de *verre de Moscovie*.

Avec le jaspe, on fait de petits objets d'ameublement. Le silex servait dans l'antiquité à fabriquer des armes; aujourd'hui on en fait des pierres à fusil, des brunissoirs, etc.; une espèce constitue la pierre meulière, qui entre dans les constructions. Le grès quartzeux sert pour le pavage, pour aiguiser les instruments d'acier, pour fabriquer des meules ou des fontaines à filtrer; il est aussi employé comme pierre à bâtir. De certaine molasse on extrait le bitume qu'elle contient.

Le kaolin sert à fabriquer la porcelaine. L'argile est la base de toutes nos poteries, les unes fines, les autres plus grossières. La marne est surtout employée pour amender les terres.

Roches salines non métallifères. — Les *roches salines non métallifères* sont *calcaires, gypseuses, alumineuses, à base de sel commun.*

Les *roches calcaires* ont pour élément principal la chaux combinée à l'acide carbonique ou *chaux carbonatée,* qui fait effervescence quand on verse dessus un acide. — Parmi les différentes roches calcaires, on distingue le *calcaire saccharoïde,* auquel appartiennent les *marbres,* d'origine métamorphique; le *calcaire compacte,* d'où on tire la *chaux,* et qui s'appelle *calcaire oolithique* quand il est composé de petits grains arrondis; le *calcaire terreux,* dont une variété est la *craie,* qui est de la chaux carbonatée pure.

Les *roches gypseuses* sont du sulfate de chaux ou *chaux sulfatée,* qui ne fait pas effervescence avec les acides. — La roche la plus commune est hydratée et constitue le *gypse* ou *pierre à plâtre,* à texture variée. Le gypse pur ou blanc est travaillé sous le nom d'*albâtre.*

La seule *roche alumineuse* est l'*alunite* ou *alun,* sulfate double d'alumine et de potasse, la potasse pouvant être remplacée par une autre base. On le trouve aux environs de plusieurs volcans, mais en petite quantité.

La seule roche importante à *base de sel commun* est le *sel gemme,* chlorure de sodium tantôt pur, tantôt coloré par du fer ou quelque autre substance. On le trouve en rognons, en amas, en couches, en montagnes entières, que l'on exploite dans plusieurs contrées de l'Europe.

Usages. — On connaît les usages du marbre pour l'ornementation, de la chaux pour les constructions, de la pierre de taille, qui est de la chaux carbonatée, pour nos édifices, de la craie comme *blanc d'Espagne.* — La pierre à plâtre donne le plâtre, d'un si fréquent emploi pour bâtir; l'albâtre sert à divers objets d'ornement. — L'alun sert dans la teinture comme mordant, dans la mégisserie pour conserver les peaux, dans les arts pour fabriquer le papier et la colle forte, pour raffiner le sucre, pour clarifier les eaux bourbeuses. — On sait que le sel est journellement employé dans la cuisine, dans l'agriculture et dans l'industrie.

Roches métallifères. — Les *roches métallifères* ont pour élément le zinc, le manganèse ou le fer.

La seule roche à base de *zinc* est la *calamine*, de couleur jaune, que l'on trouve en cristaux ou en masses compactes.

Le *bioxyde de manganèse* ou *pyrolusite*, d'un gris de fer noirâtre, est infusible au chalumeau, à moins que l'on n'y ajoute du borax.

Les principales roches de fer ont pour élément l'oxyde de fer (*fer oligiste* en cristaux ou en masses, *fer limoneux* en masses amorphes, de couleur jaune brunâtre) ou le carbonate (*fer spathique*, d'un gris de poussière, se rencontrant souvent dans les terrains houillers).

Usages. — La calamine est exploitée pour en extraire le zinc métallique ou encore l'oxyde de zinc des peintres en bâtiment. — La pyrolusite est employée pour obtenir de l'oxygène, pour préparer le chlore, le chlorure de chaux et l'eau de javelle, et dans les fabriques de toiles peintes ou dans les blanchisseries. — Les roches de fer sont exploitées surtout comme minerais.

Roches combustibles. — Les *roches combustibles* sont : le *tuf sulfureux*, les *schistes bitumineux*, le *graphite*, l'*anthracite*, la *houille*, le *lignite*, la *tourbe*.

Le *tuf sulfureux* se trouve partout dans l'écorce du globe, mais surtout auprès des volcans, où il a quelquefois plus de dix mètres d'épaisseur. — Les *schistes bitumineux* contiennent jusqu'à quatorze pour cent de bitume. Ils sont de couleur grise, faciles à enflammer et solubles dans l'acide sulfurique. — Le *graphite*, appelé encore *plombagine*, d'un gris noirâtre, se trouve en petites roches. Il tache les doigts et se coupe parfaitement au couteau.

La *houille* ou *charbon de terre*, l'*anthracite*, le *lignite*, substances noires et combustibles dont le charbon fait la base, proviennent de la décomposition des végétaux immenses qui couvraient la terre dans les temps primitifs, et qui se sont trouvés enfouis par les révolutions antédiluviennes de notre globe. La houille surtout se trouve en couches épaisses dans les anciennes vallées. — La *tourbe* se forme journellement par la décomposition des plantes aquatiques dans les vallées marécageuses.

Usages. — On exploite le tuf sulfureux pour en recueillir le soufre. Des schistes bitumineux s'extrait l'huile de schiste, devenue d'un emploi assez fréquent dans l'éclairage domestique.

Le graphite sert à fabriquer les crayons. Dissous dans l'huile ou l'eau, il s'applique comme couleur sur le fer et la tôle; mêlé à la graisse, il donne une pâte pour adoucir le frottement dans les machines.

La houille ou charbon de terre, l'anthracite et le lignite sont employés comme combustibles plus économiques que le bois; d'une espèce de houille on extrait par distillation le gaz de l'éclairage. C'est surtout depuis l'invention des machines à vapeur que l'exploitation des mines de houille s'est grandement développée. La tourbe sert également de combustible dans certains pays.

CHAPITRE III.

Constitution de la couche terrestre.

Division géologique des terrains. — Terrain primitif; usages. — Terrains primaires ou de transition ; usages. — Terrains secondaires; usages. — Terrains tertiaires; usages. — Terrains quaternaires ou d'alluvions; usages. — Terre végétale.

Division géologique des terrains. — La croûte terrestre a été divisée en *terrains plutoniens* ou *ignés* et en *terrains neptuniens* ou *sédimentaires*, d'après leur mode de formation.

Les terrains *plutoniens* ou *ignés* constituent le *terrain primitif*. Les terrains *neptuniens* se subdivisent, d'après l'époque différente de leur dépôt, en *terrains primaires* ou *de transition*, *terrains secondaires* ou *moyens* et *terrains tertiaires* ou *supérieurs;* au-dessus se développent les *terrains quaternaires* ou *d'alluvions*, qui appartiennent à l'époque moderne et qui sont recouverts par la *terre végétale.*

La formation des terrains neptuniens ou sédimentaires ne s'est pas fait d'une manière continue et d'un seul jet; elle a été interrompue par les bouleversements qui ont modifié à diverses reprises plusieurs parties de la surface du globe terrestre.

En surgissant de l'intérieur de la terre sous l'action volcanique, les roches plutoniennes ont soulevé à différentes époques les terrains précédemment stratifiés, ce qui a formé successivement les chaînes de montagnes; on peut déterminer l'époque de chaque soulèvement d'après la similitude des couches qui ont passé de la stratification régulière à la stratification discordante. On compte en Europe jusqu'à douze systèmes principaux de soulèvements : ils ont servi à subdiviser les groupes de terrains. C'est ainsi que le nombre des terrains a été porté à quinze, comme le montre le tableau suivant.

TABLEAU DES DIVERS TERRAINS.

Groupes.	Terrains.	Soulèvements des montagnes.
1. Terrain primitif.	1. primitif.	
2. Terrains primaires.	2. cambrien.	1. *du Westmoreland et de la Bavière rhénane.*
	3. silurien.	
	4. dévonien.	2. *des Vosges, des collines de Vendée et de Normandie.*
	5. houiller.	3. *Du nord de l'Angleterre.*
3. Terrains secondaires.	6. pénéen. { Grès rouge. Grès vosgien.	4. *Des Pays-Bas et du sud du pays de Galles.* 5. *des monts de Saxe, Bavière et Bohême.*
	7. de trias.	6. *des monts de Thuringe.*
	8. jurassique.	7. *de la Côte-d'Or.*
	9. crétacé inférieur.	8. *du mont Viso.*
	10. crétacé supérieur.	9. *des Pyrénées et des Apennins.*
4. Terrains tertiaires.	11 parisien.	10. *de la Corse et de la Sardaigne.*
	12. de molasse.	11. *des Alpes occidentales.*
	13. subapennin.	12. *de la chaîne principale des Alpes.*
5. Terrains quaternaires.	14. alluvions anciennes.	
	15. alluvions modernes.	

Terrain primitif. — Sur les quatre cents kilomètres d'épaisseur qu'on attribue à la couche terrestre, le *terrain primitif* en occupe trois cent cinquante à lui seul. Mais, de plus, il s'est intercalé à différentes époques, soit par des fissures, soit par des soulèvements, entre les couches sédimentaires, et il constitue la masse des montagnes du globe. C'est là seulement qu'il a pu être étudié.

Les principales roches dont se compose le terrain primitif sont : le granit, le basalte, la syénite, le trapp et le porphyre. On n'y trouve aucun débris de matière organique, ni animale ni végétale.

Usages. — Les roches appartenant au terrain primitif renferment quelques dépôts métallifères qui paraissent venir de l'intérieur de la terre, vu leur disposition fréquente en filons. On y rencontre du cuivre pyriteux, de la galène, de l'étain oxydé, du fer oxydé ou chromé, etc., dont on tire parti dans l'industrie.

Terrains primaires ou de transition. — Les *terrains primaires* ou *de transition* se subdivisent en *terrain cambrien* ou *inférieur*, *terrain silurien* ou *moyen*, *terrain dévonien* ou *supérieur*, *terrain houiller* ou *carbonifère*[1]. Dans les premiers, on trouve un grand nombre de coquilles marines; dans les derniers, des poissons et même des reptiles.

Le *terrain cambrien* ou *inférieur*, un des plus tourmentés par l'action volcanique, forme le massif des chaînes de montagnes les plus élevées du globe. Il offre comme roches principales : le gneiss, le micaschiste et le schiste argileux.

Le *terrain silurien* ou *moyen* et le *terrain dévonien* ou *supérieur* ont la même composition que le terrain cambrien; mais ils n'ont pas une stratification parallèle, ce qui prouve qu'ils sont d'une époque différente. Le terrain silurien renferme aussi des poudingues, assemblage de cailloux divers à couleur variée: des grès quartzeux, des calcaires compactes, des marbres, des schistes, etc. Le terrain dévonien a de plus, soit en masses, soit disséminé dans les schistes, l'espèce de charbon connue sous le nom d'anthracite.

Le *terrain houiller* ou *carbonifère* est formé par un dépôt

1. Les noms donnés à ces terrains viennent des lieux où chaque terrain a été étudié : le *Cumberland*, au nord de l'Angleterre; l'ancien royaume des *Silures*, au pays de Galles; le comté de *Devon*.

calcaire carbonifère et par un dépôt de grès houiller. Les débris des végétaux gigantesques qui existaient à cette période du monde se sont accumulés dans de vastes bassins où ils se sont carbonisés et que l'on trouve dans tous les pays. C'est le soulèvement du nord de l'Angleterre qui a fait disparaître cette végétation si riche, dont les débris ont été recouverts par des fragments de roches anciennes et par l'épanchement de roches porphyriques. Le mineur est souvent arrêté dans son exploitation par de nombreuses failles très irrégulières.

Usages. — Outre la houille, dont les couches ont quelquefois jusqu'à trente mètres d'épaisseur, les terrains de transition contiennent du fer, du manganèse, du cuivre, du plomb, du zinc, du mercure, du bismuth; des schistes nommés ardoises, qui servent surtout à couvrir les maisons et à faire des tablettes sur lesquelles on écrit avec un crayon schisteux; de la chaux, des marbres, des grès employés pour pierre de taille ou pour meules, de l'albâtre gypseux, la pierre de touche, la pierre à rasoir, l'alun, etc.

Terrains secondaires ou moyens. — Les terrains secondaires ou moyens se subdivisent en *terrain pénéen, terrain de trias* ou *salifère, terrain jurassique, terrain crétacé inférieur, terrain crétacé supérieur.*

Le *terrain pénéen* est formé dans sa couche inférieure, qui a parfois une épaisseur de deux cents mètres, d'une roche composée de grains plus ou moins volumineux de sable quartzeux, que l'on appelle conglomérat rouge ou encore nouveau grès rouge, pour le distinguer du grès rouge que l'on trouve dans le terrain dévonien. La couche supérieure ou grès vosgien est un calcaire aux assises épaisses, renfermant en grande quantité de la magnésie, ce qui l'a fait appeler calcaire magnésien.

Le *terrain de trias* doit son nom à ce qu'il est formé de trois parties principales : le grès bigarré, le calcaire conchylien et les marnes irisées. Il renferme souvent des masses considérables de pierre à plâtre et surtout de sel gemme; ce qui lui a fait donner le surnom de *terrain salifère.* Le grès bigarré est un dépôt quartzeux à grains fins cimentés entre eux et de couleur ordinairement rouge, bleuâtre ou verdâtre. Le calcaire conchylien doit son nom aux nombreux débris de coquilles marines qu'il renferme : il est généralement compacte et grisâtre. Les marnes irisées se composent de couches calcaires et de couches d'argile capricieusement mélangées, tantôt d'un rouge lie de vin, tantôt d'un gris verdâtre ou bleuâtre.

Le *terrain jurassique*, auquel appartiennent les montagnes du Jura, est un des plus étendus qui existent en France. Il se compose de couches alternatives d'argile plus ou moins sableuse et de divers calcaires. On le divise en deux systèmes, le *système du lias*[1] et le *système oolithique*[2]. — Le *système du lias* commence par une couche de grès reposant en différents lieux sur le granit et renfermant des minerais de manganèse, de chrome, etc. Au-dessus s'étendent deux couches de calcaire divisées chacune en plusieurs lits par des marnes feuilletées, et se distinguant par des coquilles d'un genre particulier. — Le *système oolithique* a été subdivisé en trois étages, composés chacun de couches superposées d'argile, de grès et d'assises calcaires. Ce terrain est riche en fer oolithique, en coquilles ammonites, en débris de polypiers, en fougères d'espèce particulière, et l'on y trouve les premiers mammifères fossiles.

Les *terrains crétacés* forment d'immenses dépôts composés de plusieurs couches. Les coquilles qu'on y trouve, diverses espèces de poissons et de tortues d'eau douce fossiles, de nombreux débris d'échassiers, sans aucuns restes de mammifères, prouvent qu'ils sont de formation fluviale. La discordance de stratification entre les assises démontrerait aussi que les dépôts ne datent pas de la même époque; cependant on ne distingue jusqu'à présent que

1. Prononcez *leïas*.

2. *Oolithe* veut dire œuf de pierre. Ce nom vient de ce que le calcaire est formé de petits grains semblables à des œufs de poisson.

deux formations : le *terrain crétacé inférieur* et le *terrain crétacé supérieur.*

Le *terrain crétacé inférieur* offre successivement un lit de marne dans ses profondeurs, puis des calcaires jaunâtres plus ou moins grossiers, des argiles grises ou de couleurs bigarrées, des amas de minerai de fer, des sables remplis de matière verte en petits grains, appelée craie verte ou craie chloritée, enfin la craie pure, ou des calcaires argileux et sableux, ou des sables et des grès, dernière assise connue sous le nom de craie tuffeau, d'où l'on extrait pour les constructions une pierre d'abord tendre, mais qui se durcit à l'air.

Le *terrain crétacé supérieur* consiste principalement en couches de craie marneuse où le calcaire est mélangé d'argile, en craie compacte, qui fournit des pierres de construction, et en craie graphique ou craie blanche, entrecoupée par de nombreuses bandes de silex pyromaque ou pierre à fusil.

Usages. — Tous les terrains secondaires fournissent du gypse ou pierre à plâtre, de la pierre à chaux, du sel gemme en abondance et des mines de fer. Dans les étages inférieurs on trouve le ciment romain, plusieurs espèces de marbre, la pierre lithographique, du lignite, et des mines de cuivre, de plomb, de zinc, de manganèse. Les étages supérieurs donnent, outre quelques marbres et la pierre à bâtir, la craie blanche, dont on se sert dans le dessin et dans plusieurs fabrications, de l'argile à foulon, des agates, les silex qui s'emploient dans la fabrication du verre et de la porcelaine et qui, réduits en petits morceaux, servent pour l'entretien des routes macadamisées.

Terrains tertiaires ou supérieurs. — Les terrains tertiaires ou supérieurs sont : le *terrain parisien,* le *terrain de molasse,* le *terrain subapennin.* Ils sont formés de couches plus circonscrites que les précédentes, parce que les parties encore recouvertes par les eaux avaient beaucoup moins d'étendue. Ils sont caractérisés par les débris d'un grand nombre de mammifères dont les espèces sont aujourd'hui perdues.

Le *terrain parisien* forme un bassin dont le fond est tapissé d'argile plastique que recouvrent de nombreuses assises d'un calcaire grossier à l'ouest, et à l'est d'un calcaire siliceux. Dans la partie centrale il s'est formé au-dessus des calcaires de vastes amas de pierre à plâtre. On y trouve un mélange abondant de coquilles marines, fluviatiles et terrestres, des milliers de mollusques, de polypes et de poissons, enfin de remarquables débris de mammifères, les uns marins comme la baleine, les autres terrestres comme le paléothérium, mais ayant complétement disparu de la surface du globe.

Le *terrain de molasse* doit son nom à la molasse, roche composée de grès, d'argile et de calcaire, à couleurs très variées. Les débris d'animaux y sont plus nombreux.

Le *terrain subapennin* est presque de même composition que le terrain précédent.

Usages. — Les terrains tertiaires sont pauvres en métaux; mais on y trouve de grands amas de soufre, le silex meulière des meules, la pierre à plâtre, les grès pour les constructions et le pavage, des argiles utiles pour la poterie.

Terrains quaternaires ou d'alluvions. — Les *terrains quaternaires* ou *d'alluvions* sont dus aux courants impétueux nés du soulèvement qui venait de déterminer la chaîne principale des Alpes; ils ont entraîné au loin des fragments de roche, du sable et de la vase. Ces dépôts sont souvent nommés *diluvium* ou *terrain diluvien*. On les distingue en *alluvions anciennes* et en *alluvions modernes*.

Les terrains d'*alluvions anciennes* se composent exclusivement de sables et de cailloux roulés. A cette époque se rapportent les dépôts erratiques et les moraines transportés par les courants ou les glaces, loin de leur gisement primitif, dans des contrées qui n'ont avec eux aucune relation par la constitution du sol et ses principes. Un autre caractère de ces terrains consiste dans les cavernes à ossements, où se trouvent les débris de mammifères gigantesques qui n'existent plus.

La terre est depuis longtemps dans un état général de repos, troublé légèrement dans certains pays par quelques tremblements de terre. Cependant il se forme encore des terrains d'*alluvions modernes*. Ils sont dus soit à l'épanchement des matières ignées qui se fait hors du sein de la terre, soit aux sédiments que les eaux déposent. De nouvelles terres surgissent du fond des mers par une formation madréporique. Dans les pays chauds de nombreux polypiers s'accroissent jusqu'à la surface de l'eau, où ils forment des récifs et souvent même des îles. Enfin les débris des végétaux, en s'accumulant, élèvent aussi le niveau du sol et constituent les tourbières, qui ont une certaine analogie avec les dépôts houillers des époques antérieures.

Usages. — C'est dans les alluvions anciennes que l'on trouve les mines les plus riches d'étain, d'or, de platine, de diamants, de pierres précieuses, débris arrachés aux roches primitives par l'action des eaux. Les alluvions modernes fournissent les argiles sableuses pour la fabrication des briques et les tourbes de qualité inférieure. On peut y rapporter encore le sel que déposent certaines eaux, l'albâtre calcaire, provenant des stalactites, le borax, le natron ou soude caustique, le salpêtre, qui se produisent continuellement à la surface du sol ou dans certains lacs, et le travertin ou tuf calcaire, autre dépôt utilisé dans les constructions.

Terre végétale. — A la superficie du globe se trouve généralement une couche peu profonde de *terre arable* ou *végétale,* ainsi nommée de ce qu'elle entretient la végétation. Elle se compose de sables, d'argiles, de calcaires et d'humus. Les sables, les argiles, les calcaires, proviennent des roches usées par les eaux ou par les agents atmosphériques. L'humus se forme par la décomposition des animaux et des végétaux, qui rendent ainsi au sol les principes nutritifs qu'ils lui ont empruntés pendant leur vie.

CHAPITRE IV.

MINÉRALOGIE.

Définition. — Classification des minéraux. — Propriétés générales des minéraux. — Propriétés sensibles. — Propriétés physiques. — Propriétés chimiques. — Exploitation des mines. — Tableau des minéraux utiles à l'homme.

Définition. — La *minéralogie* est la partie de l'histoire naturelle qui classe et décrit les minéraux ou corps inorganiques. Ils sont *gazeux* ou *aériformes*, comme l'air, l'oxygène, l'azote, etc.; *liquides*, comme l'eau et le mercure; *solides*, comme le fer ou les pierres.

Classification des minéraux. — Les minéraux sont des corps *simples* ou des corps *composés*. L'étude des corps simples rentre autant dans le domaine de la chimie que dans celui de l'histoire naturelle. Ils se subdivisent en *métalloïdes* et en *métaux*.

Les *métalloïdes* sont des corps simples, dont plusieurs, sans être métaux, ont une apparence métallique. Les *métaux* sont des substances minérales, simples, pesantes, et toutes solides, à l'exception du mercure.

Les métalloïdes sont, en chimie, au nombre de seize. On compte cinquante-sept métaux, rangés en six sections, quelquefois sept d'après leur affinité décroissante pour l'oxygène. Les uns se trouvent pour ainsi dire partout et sont faciles à obtenir; les autres sont très rares et ne s'extraient qu'avec peine de leurs combinaisons. En voici d'autre part le double tableau.

TABLEAU DES MÉTALLOIDES.

5 GAZEUX.	1 LIQUIDE.	10 SOLIDES.	
Oxygène. Hydrogène. Azote. Chlore. Fluor.	Brome.	Carbone. Bore. Soufre. Phosphore. Iode.	Arsenic. Silicium. Tellure. Sélénium. Zirconium.

TABLEAU DES MÉTAUX.

1re SECTION.	2e SECTION.	3e SECTION.	4e SECTION.	5e SECTION.	6e SECTION.
Potassium. Sodium. Lithium. Barium. Strontium. Calcium. Cæsium. Rubidium. Thallium. Jargonium.	Aluminium. Magnésium. Glucinium. Gallium. Yttrium. Cérium. Lantane. Didyme. Erbium. Terbium. Thorium. Indium.	Fer. Manganèse. Nickel. Cobalt. Zinc. Cadmium. Chrome. Vanadium. Uranium. Philippium. Decipium.	Antimoine. Étain. Tungstène. Molybdène. Osmium. Tantale. Titane. Niobium. Pelopium. Ilménium.	Cuivre. Plomb. Bismuth.	Mercure. Argent. Platine. Or. Iridium. Palladium. Rhodium. Ruthénium. Daryum. Samarium. Norvégium.

Tous les autres minéraux sont des mélanges ou des combinaisons formés par deux ou plusieurs corps simples.

Propriétés générales des minéraux. — On reconnaît les minéraux à leurs propriétés générales ou caractères distinctifs, que l'on peut classer en propriétés *sensibles,* propriétés *physiques* et propriétés *chimiques*.

Propriétés sensibles des minéraux. — Les *propriétés sensibles* des minéraux sont celles qui affectent nos sens, telles que la *couleur*, la *saveur*, l'*odeur*, le *son*, l'*action sur le toucher*, mais surtout la *forme* et la *structure*.

Forme et structure. Ou les minéraux se présentent sous une forme géométrique, toujours la même pour chaque espèce, et on les appelle *cristaux;* ou ils ont une configuration quelconque accidentelle.

On peut définir un *cristal* un polyèdre terminé par un certain nombre de faces planes, unies et brillantes, généralement parallèles deux à deux, et formant entre elles des angles toujours saillants. La transparence n'est qu'un caractère particulier à certains cristaux.

Des expériences, souvent répétées en chimie, nous apprennent que la cristallisation[1] ou formation des cristaux peut se faire par la *voie sèche*, c'est-à-dire soit par la fusion, soit par la sublimation du corps, ou par la *voie humide*, c'est-à-dire par la dissolution dans un liquide; que la condition nécessaire, c'est que le refroidissement du corps ou l'évaporation du liquide se fasse lentement et que plus cette action est lente, plus la cristallisation est parfaite. La nature emploie surtout le second procédé.

Un cristal peut ordinairement se diviser en lames minces, parallèles entre elles; l'opération se nomme *clivage*. Tantôt le clivage n'a lieu que dans un sens : c'est quand la structure est simplement lamellaire, comme dans l'ardoise. Tantôt il s'effectue dans plusieurs sens, et alors il se fait ou parallèlement aux surfaces, ou dans tout autre sens, souvent sur chacun des angles. On arrive ainsi à un petit solide central, qui a dans le premier cas la forme du cristal clivé, et dans le second une forme différente : c'est ce que l'on nomme le *noyau* ou la *forme primitive*.

De la disposition différente des faces parallèles résultent les six formes primitives ou *types cristallins* suivants : 1° le *cube* (*fig.* 103), compris sous six carrés égaux; 2° le *prisme droit à base carrée* (*fig.* 104), dont les deux bases sont des carrés et les faces latérales des rectangles perpendicu-

1. Voir les *Notions de Physique applicables aux usages de la vie.*

laires sur les bases; 3° le *prisme droit à base rectangulaire* (*fig.* 105), qui diffère du précédent en ce que ses deux bases sont des rectangles; 4° le *rhomboèdre* (*fig.* 106), qui a pour bases des parallélogrammes et pour faces latérales des rectangles perpendiculaires sur les bases; 5° le *prisme oblique symétrique* (*fig.* 107), qui a pour bases des parallélogrammes et pour faces latérales des rectangles inclinés sur les bases; 6° le *prisme oblique non symètrique* (*fig.* 108), dont toutes les bases et faces sont des parallélogrammes.

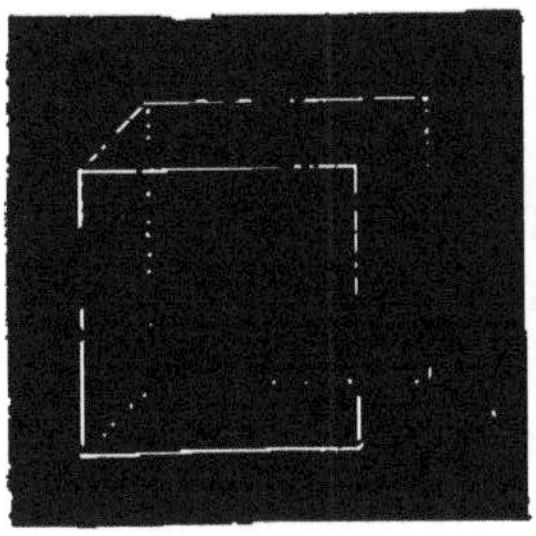

Fig. 103.

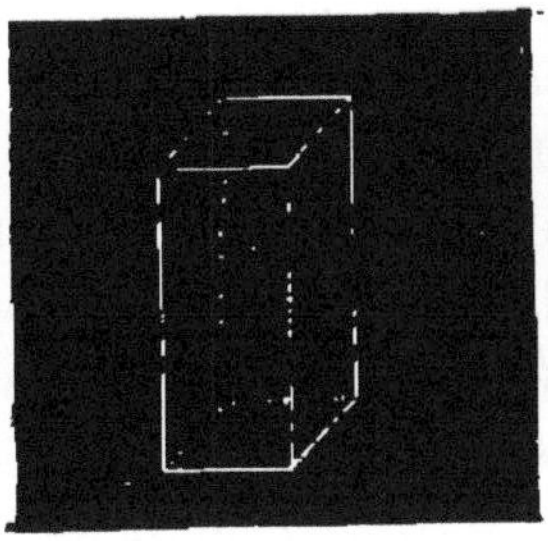

Fig. 104.

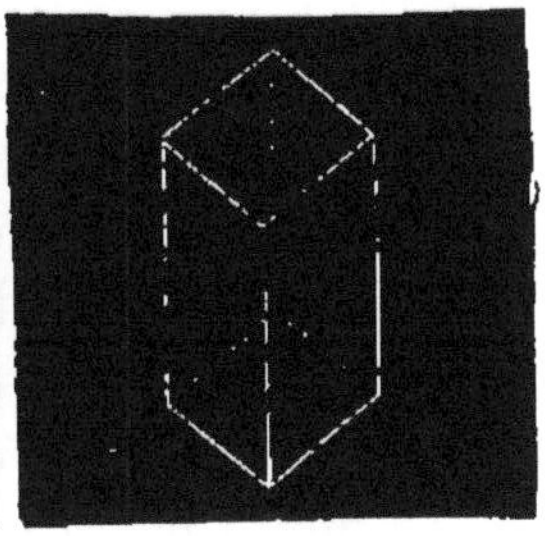

Fig. 105.

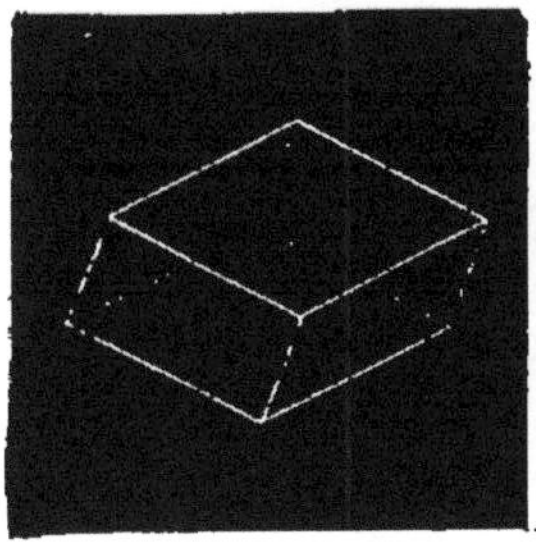

Fig. 106.

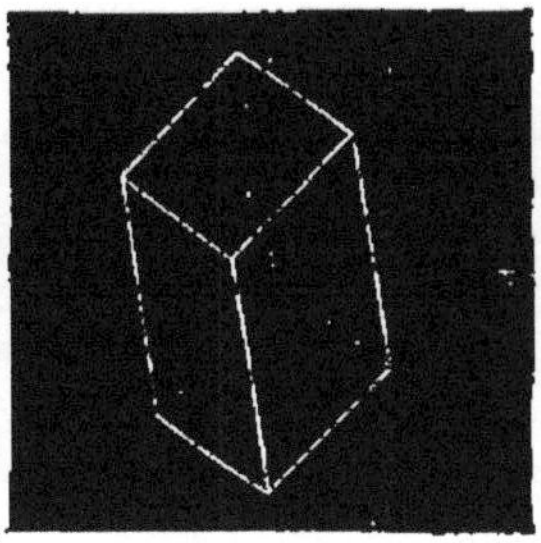

Fig. 107.

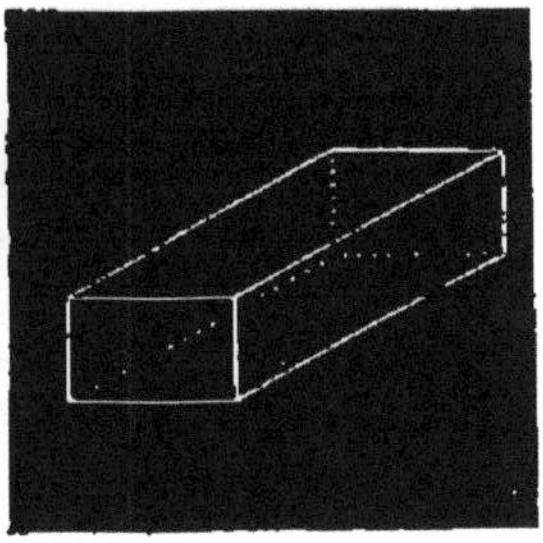

Fig. 108.

Si l'on suppose que tantôt les angles, tantôt les arêtes, tantôt les angles et les arêtes d'un cristal de forme primitive soient symétriquement modifiés, on aura toutes les formes cristallines dérivées. Le nombre dépasse quelquefois huit cents pour le même minéral; les formes qui se rapportent au même type constituent dans leur ensemble ce qu'on nomme un *système cristallin*.

Plusieurs cristaux peuvent se grouper par leurs faces

ou par leurs arêtes : de là les formes en étoile, en rosacé, en croix, etc. Tous ces groupements portent le nom général de *macles*.

D'autres groupements irréguliers sont les *dendrites*, espèces d'arborisations que l'on voit souvent enchâssées dans d'autres corps comme dans certaines agates ; les *coralloïdes*, aiguilles entrelacées comme sont les branches du corail ; les *trémies*, pyramides creuses de petits cristaux superposés ; les *mamelons* et *rognons cristallins*, où les cristaux sont groupés au hasard.

Parmi les formes accidentelles des minéraux, il en est qui sont dues à plusieurs causes.

L'eau chargée de sel, quand elle filtre d'une voûte, abandonne une partie de son sel qui se dépose en cône renversé : c'est une *stalactite* (*fig.* 109). Une autre partie du même sel se dépose à son tour en cône sur le sol : c'est une *stalagmite*. Si le dépôt est abondant, il peut se faire que la stalactite et la stalagmite se réunissent en une espèce de colonne.

Fig. 109. — *Stalactites et stalagmites.*

Des eaux chargées de carbonate de chaux, dissous dans l'acide carbonique, déposent le carbonate et le moulent sur les objets qu'elles rencontrent : c'est ce qu'on appelle des *incrustations*, telles que les donnent les sources de

Saint-Allyre, près de Clermont en Auvergne. La forme par *moulage* est due au dépôt d'une substance sur des cristaux ou des êtres organisés dont elle reproduit l'apparence.

La *pétrification*, bien différente de l'incrustation et du moulage, consiste dans la substitution d'une matière minérale, molécule par molécule, à une autre substance qui disparaît. Ainsi un madrépore, une coquille, deviennent pierre en conservant leur forme avec tous ses détails.

Couleur. On distingue dans les minéraux les couleurs propres et les couleurs accidentelles.

La couleur propre est uniforme dans tout l'intérieur du corps; mais on la reconnaît surtout quand il est réduit en poussière, parce que dans la masse la couleur peut quelquefois varier d'intensité. Elle est différente suivant les corps; mais un même corps peut prendre quelquefois des couleurs différentes suivant l'arrangement de ses molécules. Le phosphore fondu, lentement refroidi, est jaunâtre; brusquement refroidi, il est noir.

Les couleurs accidentelles proviennent de matières étrangères : ainsi l'émeraude, silicate double d'alumine et de glucine, est d'un vert pur quand elle renferme de l'oxyde de chrome; d'un vert bleuâtre, s'il y entre de l'oxyde de fer. Le feu peut quelquefois détruire la matière colorante et rendre au minéral sa couleur propre. Les variations de nuances et d'intensité dans le même corps produisent des dessins rubanés, pointillés, veinés, dendritiques, irisés, etc., qui les font rechercher comme parures.

Saveur. La saveur n'existe que pour les corps solubles, et peu de minéraux sont solubles. On connaît la saveur du sel marin. Certains sulfates ont une saveur astringente, le sous-carbonate de soude une saveur alcaline, etc.

Odeur. Les odeurs sont propres ou accidentelles.

Les odeurs propres sont immédiates, comme l'odeur du chlore, de l'acide sulfureux, de l'étain, du cuivre, etc., ou développées soit par la combustion, comme l'odeur d'ail dans l'arsenic; soit par le frottement, comme dans le soufre; soit par l'insufflation, comme dans la craie, le tripoli, la terre de Cologne, etc.

Les odeurs accidentelles proviennent de matières étrangères. L'espèce de marbre nommé petit granit dégage par le frottement une odeur bitumineuse fétide.

Son. Les métaux durs, certains alliages, les ardoises et quelques roches sont les seuls minéraux qui vibrent avec un son particulier. Le soufre pressé dans la main pétille, et l'étain, quand on le courbe, fait entendre ce qu'on appelle le cri de l'étain.

Action sur le toucher. Les minéraux, par rapport au toucher, sont onctueux, âpres ou maigres. Parmi les corps onctueux au toucher, on distingue le talc et le graphite ou mine à crayon. Les corps âpres au toucher donnent la sensation d'une substance rugueuse. Les corps maigres au toucher sont avides d'eau, ce qui fait leur rudesse; mis sur la langue, ils produisent l'adhérence appelée happement. En vertu de leur conductibilité différente pour le calorique, les minéraux produisent sur la peau des impressions diverses de froid et de chaud qui peuvent servir quelquefois de caractères.

Propriétés physiques des minéraux. — Les *propriétés physiques des minéraux* peuvent se subdiviser en propriétés *mécaniques*, propriétés *physiques* proprement dites et *propriétés optiques*.

Propriétés mécaniques. — Les propriétés mécaniques des minéraux résultent de la résistance qu'ils opposent à divers agents. Les principales sont : la *dureté*, l'*élasticité*, la *flexibilité*, la *ductilité*, la *malléabilité*, la *ténacité*, la *déliquescence* et l'*efflorescence*.

Dureté. La dureté est la propriété de ne pouvoir être entamé, rayé ou usé par un autre corps qu'avec une difficulté plus ou moins grande. Le diamant est le plus dur de tous les corps, car il les use tous et n'est rayé par aucun. On évalue la dureté d'un corps en la rapportant à dix substances prises comme termes de comparaison. Elle se reconnaît encore, mais d'une manière plus générale, à la propriété de faire feu sous le choc du briquet.

Élasticité et flexibilité. L'élasticité et la flexibilité sont des propriétés en vertu desquelles un corps comprimé reprend sa forme primitive. Une bille de marbre qui tombe s'aplatit, fait ressort en reprenant sa sphéricité et rebondit. Une lame d'acier se courbe sous un effort, et quand il cesse elle se redresse.

Ductilité, malléabilité. La ductilité est la propriété que possèdent certains métaux, par exemple, de pouvoir s'étirer en fil mince sous la filière; et la malléabilité, la propriété de s'étendre en lame par la percussion ou sous le laminoir. L'or est le plus ductile et le plus malléable des corps, puisqu'on peut le réduire en feuilles d'un neuf-millième de millimètre d'épaisseur, et qu'un gramme d'or peut donner un fil de 3000 mètres de longueur.

Ténacité. La ténacité est la propriété qu'ont certains corps réduits en fil de supporter un poids sans se rompre. Le fer est le plus tenace des métaux. Un fil de fer de 2 millimètres de diamètre supporte 249 kilogrammes.

Déliquescence. La déliquescence est due à l'action de l'air sur les minéraux. C'est la propriété qu'ont certains corps d'attirer l'humidité de l'atmosphère, et par conséquent de se dissoudre. Tel est le sel marin; telle est encore plus la potasse, qui se liquéfie en peu de temps au contact de l'air.

Efflorescence. L'efflorescence est la propriété qu'ont certains corps de tomber en poussière. Quelquefois ils perdent une partie de leur eau, comme le carbonate de soude, ce qui change leur composition chimique. Souvent aussi l'efflorescence n'est qu'une simple désagrégation des molécules, ce qui a lieu surtout quand un minéral a été forcé de prendre une cristallisation qui lui est étrangère.

Propriétés physiques proprement dites. — Les propriétés physiques proprement dites des minéraux sont celles qui se développent sous l'influence des agents physiques, telles que le *poids spécifique*, la *conductibilité pour le calorique*, les *actions électriques* et les *actions magnétiques*.

Poids spécifique. Les minéraux ont des poids différents pour le même volume, et ces poids sont représentés en nombres par comparaison avec l'eau prise comme unité pour les solides et les liquides, avec l'air pour les vapeurs et les gaz. Ainsi le platine pèse 21,53, et l'argent 10,47, ce qu'on appelle leur *densité;* c'est-à-dire qu'un centimètre cube d'eau pesant 1 gramme, un centimètre cube de platine pèsera 21 grammes 53 centigrammes.

Conductibilité pour le calorique. Toutes les substances minérales ne conduisent pas également bien le calorique. On sait qu'une longue tige de fer mise au feu par l'une de ses extrémités brûle les doigts qui la tiennent par l'autre; d'autre part, on fait fondre du verre sans se brûler en le tenant à quelques millimètres de la flamme.

Actions électriques. Tous les minéraux peuvent s'électriser par le frottement, le contact ou la chaleur, ainsi que l'enseigne la physique; mais la minéralogie appelle surtout substances électriques les mauvais conducteurs qui n'ont pas besoin d'être isolés pour être électrisés. Il est des minéraux qui prennent toujours l'électricité positive, comme le diamant; d'autres l'électricité négative, comme le soufre. La topaze, le quartz, s'électrisent par la simple pression des doigts; les mêmes corps, mais surtout la tourmaline, s'électrisent par l'échauffement ou le refroidissement, et sont à l'état neutre quand la température est constante.

Actions magnétiques. Un petit nombre de minéraux ont la propriété d'attirer l'aiguille aimantée ou d'être attirés par un aimant. L'aimant naturel est du fer oxydulé; c'est le seul aimant qu'on doive à la nature.

Propriétés optiques. — Les propriétés optiques sont le résultat de l'action des minéraux, et surtout des cristaux, sur la lumière. Les plus importantes sont : la *réfraction*, la *polarisation*, le *polychroïsme*, l'*astérisme* et la *phosphorescence*.

Réfraction. La physique nous apprend[1] que quand la lumière passe à travers deux milieux d'une densité différente, le rayon, au lieu d'aller en ligne droite, se brise à la surface commune et se rapproche, dans le milieu le plus dense, de la perpendiculaire, nommée normale, menée sur la surface commune au point où il la perce. Elle nous apprend encore que l'angle d'incidence est, avec l'angle de réfraction, dans un rapport constant pour une même substance. Si donc on a une table exacte de ces rapports, nommés en physique indices de réfraction, elle pourra servir à reconnaître les substances; mais il faut prendre garde qu'elles soient pures, qu'elles aient la même coloration; qu'en cas de dimorphisme, la cristallisation ait eu lieu dans le même système. Tous les cristaux des cinq derniers groupes, et eux seuls, ont une réfraction double, c'est-à-dire que si l'on regarde un objet à travers l'un d'eux, on en aperçoit deux images. Le fait est parfaitement observable avec le spath d'Islande. La première image est l'image ou le rayon ordinaire; la seconde, l'image ou le rayon extraordinaire.

Polarisation. La polarisation est la propriété que possèdent les minéraux de rendre le rayon lumineux, une fois réfléchi ou réfracté par eux, incapable de se réfléchir ou de se réfracter de nouveau dans certaines directions.

Polychroïsme. Le polychroïsme est la propriété qu'ont certains cristaux de présenter diverses couleurs, suivant la direction dans laquelle on regarde au travers. Les cristaux du premier groupe ne donnent qu'une couleur; les autres

1. Voir les *Notions de Physique.*

en ont deux ou plusieurs, suivant l'angle sous lequel on les examine.

Astérisme. L'astérisme est la propriété du saphir et du grenat, par exemple, de donner devant une lumière vive, par réflexion ou par réfraction, une étoile brillante à plusieurs branches. On y rapporte le *chatoiement*, reflet que présentent les corps bruts suivant leur inclinaison; le cercle parhélique des substances astériques et des matières fibreuses, et la couronne des plaques taillées perpendiculairement à la direction des fibres dans les matières composées de fibres régulières parallèles, quand on regarde à travers une lumière qui sert de point de mire.

Phosphorescence. La phosphorescence est la propriété qu'ont certains minéraux de briller de lueurs plus ou moins vives dans l'obscurité. Elle peut être développée : 1° par le frottement, comme dans le sulfure de zinc, où le frottement le plus léger produit une traînée lumineuse; 2° par la percussion, comme lorsqu'on brise certains feldspaths dans un mortier; 3° par la chaleur, comme dans la chaux fluatée réduite en poudre et mise sur une pelle rouge; 4° par une série d'étincelles électriques vivement répétées.

Propriétés chimiques des minéraux. — Les propriétés chimiques des minéraux consistent dans leur *composition chimique* et dans les *caractères chimiques* qui permettent de les reconnaître et de les distinguer l'un de l'autre.

Composition chimique. La composition chimique des minéraux est du ressort de la chimie; elle se reconnaît par leur analyse. Il y a, comme nous l'avons vu, soixante-douze corps simples. Tous les autres corps sont composés: binaires, s'il n'y entre que deux éléments, comme dans les oxydes, les acides, les sulfures, les chlorures, l'eau, etc.; ternaires, s'ils ont trois éléments, comme les oxydes hydratés, beaucoup de sels, certains alliages, etc.; quaternaires, s'ils en ont quatre, comme le chlorhydrate d'ammoniaque, etc.

L'analyse chimique recherche quels sont les éléments ou la quantité de chacun d'eux : dans le premier cas, elle se dit qualitative; dans le second, quantitative.

Caractères chimiques. Les caractères chimiques appartiennent davantage à la minéralogie. L'analyse chimique donne la composition; l'essai ou épreuve minéralogique permet de reconnaître facilement le corps d'après ses caractères chimiques.

Essais chimiques. — Il y a quatre genres d'essais : 1° par le feu, 2° par l'eau, 3° par les acides, 4° par les alcalis.

Essais par le feu. Les essais par le feu ont pour but de volatiliser ou de fondre le minéral, afin de mettre en relief certains caractères.

Pour extraire les parties volatiles d'un minéral, on prend un tube fermé et recourbé à l'une de ses extrémités, on introduit le corps, on chauffe sur des charbons ou à la lampe à alcool : après un certain temps, les parties volatiles, eau, mercure, soufre, arsenic, antimoine, etc., se déposent sur les parois.

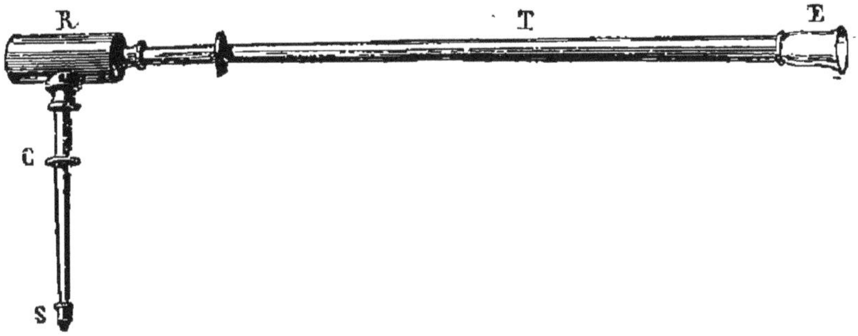

Fig. 110. — *Instrument dit chalumeau.*

Pour fondre un minéral, on emploie le chalumeau (*fig.* 110). C'est un tube de laiton ETR, de 20 à 25 centimètres, muni à l'une de ses extrémités E d'une embouchure en ivoire, et à l'autre d'un petit réservoir R où se condense la vapeur; du réservoir part à angle droit un autre tube plus petit CS, terminé par un bec S souvent en platine, percé d'un trou extrêmement fin. La matière d'essai, placée sur un charbon creusé ou sur un petit support de platine, est approchée de la flamme d'une bougie ou mieux encore d'une lampe à esprit-de-vin. Si l'on souffle avec le chalumeau à travers cette flamme, on la projette sur la matière en un dard long et effilé dont la température est très haute. On peut arriver ainsi à reconnaître les substances minérales par la constatation de différents caractères, tels que le seul fait de la fusion, le degré de fusibilité, les circonstances de la fusion.

Essais par l'eau. Les substances minérales, quand elles sont solubles, peuvent se distinguer par leur degré de solubilité ou par leur goût caractéristique. Ainsi le plâtre est peu soluble et le sulfate de magnésie très soluble, le sulfate de soude plus soluble à 32° qu'à 100°, etc.; ainsi le sel gemme est simplement salé, le sulfate de magnésie amer, le sulfate de fer styptique et astringent, etc.

Essais par les acides. Les acides le plus généralement employés pour les essais sont l'acide azotique, l'acide sulfurique, l'acide chlorhydrique.

L'acide azotique dissout la plupart des métaux et les oxyde en répandant des vapeurs rutilantes d'acide hypoazotique; les carbonates avec une effervescence tantôt vive et rapide, tantôt très lente, et l'acide carbonique se dégage sans odeur ni saveur; certains borates en laissant un résidu blanc qui donne à la flamme de l'alcool une couleur verte; certains silicates en précipitant un résidu gélatineux de silice.

L'acide sulfurique précipite la baryte en sel insoluble. Quand on traite le corps par le peroxyde de manganèse, on peut reconnaître l'iode, si le minéral en contient, aux vapeurs violettes, le chlore au gaz jaunâtre, le brome aux vapeurs rutilantes qui se dégagent.

L'acide chlorhydrique sur un borate sépare l'acide borique, qui se dépose en petites écailles; sur un sel insoluble de silice ou d'alumine, il donne pour la silice un résidu que ne colore pas la fusion avec le phosphate double de soude et d'ammoniaque, pour l'alumine une solution sans résidu d'où l'ammoniaque précipite des flocons attaquables par la potasse caustique.

Essais par les alcalis. Rarement on essaye les minéraux par les alcalis, tels que la soude ou la potasse. L'ammoniaque est presque le seul employé; il dissout complétement, par exemple, le chlorure d'argent.

Exploitation des mines. — L'homme tire de certains minéraux de grands profits pour les divers usages de la vie domestique. Aussi se livre-t-il avec ardeur à la recherche et à l'exploitation des mines : c'est ce qui constitue la métallurgie.

Lorsqu'il soupçonne quelque part la présence d'un minéral qu'il lui serait avantageux d'exploiter, il sonde le terrain. On se sert pour cette opération de la sonde du mineur. C'est une tarière ajustée à l'extrémité de longues tiges de fer fixées bout à bout, et que l'on enfonce à l'aide de machines. Quand la tarière a fait son trou, on emploie à sa place une curette, avec laquelle on retire quelques fragments des substances que l'on a traversées. Quelquefois on creuse des puits d'un mètre de largeur pour mieux s'assurer de la nature des substances que le terrain contient.

La présence du minéral une fois constatée, l'exploitation se fait sous terre, ou à ciel ouvert, selon la profondeur à laquelle est situé le minéral. Dans le premier cas, on commence par creuser un puits auquel on donne environ cinq mètres de largeur; ensuite le mineur perce des galeries dans la direction des filons à exploiter, et dans ces galeries des chambres qu'il exploite par dix à vingt mètres de large. Afin d'éviter des éboulements, on soutient les travaux en laissant de fort piliers de distance en distance ou en les étayant par des charpentes.

Les galeries communiquent ordinairement à plusieurs puits, dont les uns sont destinés à renouveler l'air, les autres à faire monter le minerai dans des tonnes au moyen de forts câbles ou de machines à vapeur et à vider l'eau qui s'amasse en grande quantité dans certaines mines, notamment dans les houillères, et que l'on conduit par des pentes convenablement ménagées dans des réservoirs où on la puise. Les mineurs descendent dans la mine à l'aide d'échelles de corde ou dans les tonnes qui servent à remonter le minerai.

L'éclairage se fait le plus souvent par une lampe enfermée dans une toile métallique : cette toile empêche la flamme de se communiquer aux vapeurs ou gaz répandus dans les mines et s'oppose ainsi à ce qu'ils s'enflamment, accidents graves qui ne se reproduisent que trop fréquemment.

Tableau des minéraux utiles à l'homme. — S'il y a moins de produits minéraux qui soient utiles à l'homme pour son alimentation directe, ils ne satisfont pas dans une moindre part à ses besoins domestiques ; il est donc intéressant d'en résumer ici le tableau.

TABLEAU DES UTILITÉS DES MINÉRAUX.

Nutrition :	oxygène de l'air, eau, sel gemme.
Agriculture :	argiles, marnes, chaux, phosphates.
Constructions :	pierres, grès, ardoise, marbres, porphyre ; plâtre, chaux.
Combustibles.	chauffage : houilles, anthracite, lignite, tourbe. éclairage : pétrole, huile de schiste.
Métallurgie :	fer, cuivre, plomb, zinc, étain ; or, argent ; mercure.
Monnaies :	or, argent, cuivre, platine.
Ornementation.	pierres précieuses : diamant, rubis, topaze, turquoise, émeraude, etc. métaux : or, argent, aluminium, cuivre, fer, etc.
Médecine :	mercure, alun, magnésie, arsenic, antimoine (émétique), ammoniaque.
Teinture :	fer (ocre jaune ou rouge, encre), cobalt, arsenic, lapis-lazuli, plomb (céruse), chrome, mercure (cinabre), antimoine (kermès minéral), zinc, etc.
Industrie :	nitre (poudre à canon), mercure (glaces et thermomètres), amiante (mèches de mineurs), émeri et tripoli (polissage).

CHAPITRE V.

Division des minéraux. — Les Gaz. — Oxygène. — Hydrogène. — Azote. — Chlore. — Usages des gaz. — Les Minéraux combustibles. — Carbone. — Bore. — Soufre. — Usages des minéraux combustibles. — Les Métaux. — Métaux communs. — Fer. — Cuivre. — Plomb. — Étain. — Zinc. — Aluminium. — Manganèse. — Arsenic. — Mercure. — Métaux précieux. — Or. — Argent. — Platine. — Usages des métaux.

Division des minéraux. — La minéralogie n'a, pour ainsi dire, ni nomenclature qui lui soit propre, ni classification naturelle. Les noms donnés aux cinq ou six cents espèces de minéraux l'ont été au hasard, sans égard pour la composition et l'analogie. Toutefois, on distingue, comme en chimie, les oxydes et les sels, et souvent on emploie, concurremment avec le terme minéralogique, le nom emprunté à l'autre science. Il est seulement à remarquer que si la chimie nomme l'élément électro-négatif le premier, la minéralogie préfère commencer par l'élément électro-positif. Ainsi le carbonate de chaux est pour le minéralogiste la chaux carbonatée, le sulfate de chaux ou plâtre la chaux sulfatée, etc.

Parmi les divers essais de classification en familles, genres, espèces, aucun n'est généralement adopté. L'ancienne division des métalloïdes et des métaux en *minéraux combustibles*, *métaux* et *pierres*, suffit au point de vue usuel; aux pierres se rattachent les *terres*. Ce sera donc notre division, en la faisant toutefois précéder de l'étude des *gaz* et de quelques-uns de leurs composés.

Les Gaz.

Les gaz. — Les *gaz* sont des corps simples ou composés.

Les gaz simples sont : l'*oxygène*, l'*hydrogène*, l'*azote*, le *chlore* et le *fluor*; mais le fluor jusqu'à présent n'a pu être obtenu isolé.

L'oxygène combiné à l'hydrogène donne de l'*eau* ou *protoxyde d'hydrogène*. L'hydrogène, par sa combinaison avec l'azote, donne l'*ammoniaque;* avec le chlore, l'*acide chlorhydrique;* avec le fluor, l'*acide fluorhydrique;* avec le carbone, le *carbure d'hydrogène* ou *hydrogène carboné;* avec le soufre, le *sulfure d'hydrogène* ou *acide sulfhydrique*. Une combinaison de l'oxygène et du carbone donne l'*acide carbonique;* de l'oxygène et du soufre, l'*acide sulfureux*. Ces divers composés sont des gaz, excepté l'eau, et tous sont solubles. Les deux derniers se rangent parmi les minéraux combustibles.

Oxygène. — L'*oxygène* est un corps simple, sans couleur, sans odeur, sans saveur. C'est le plus électro-négatif de tous les corps. Il n'en est pas un auquel il ne s'unisse pour former souvent divers composés, notamment les acides. Jamais on ne le trouve isolé dans la nature.

Hydrogène. — L'*hydrogène* est un corps simple ayant les mêmes propriétés que le précédent, si ce n'est qu'il s'enflamme et brûle, et qu'il est seize fois plus léger que l'air. Il se dégage naturellement des volcans pendant les éruptions, des crevasses pendant les tremblements de terre, des sources de pétrole et de quelques sources salées.

Les combinaisons principales de l'hydrogène sont : l'*eau* ou *protoxyde d'hydrogène*, le *carbure d'hydrogène* ou *hydrogène carboné*, le *sulfure d'hydrogène* ou *acide sulfhydrique*.

1° L'*eau* ou *protoxyde d'hydrogène*, ce corps si répandu dans la nature sous le triple état liquide, solide et gazeux, résulte de la combinaison de l'hydrogène avec l'oxygène dans le rapport de 2 volumes à 1.

L'eau liquide se trouve non seulement à la surface de la terre, mais dans son intérieur en larges nappes. L'eau de pluie ou de neige seule est à peu près pure. L'eau de rivière est chargée de certains sels, tels que le sulfate de chaux, le carbonate de chaux et le chlorure de sodium. Les eaux de puits et de certaines sources ont les mêmes sels avec plus d'abondance, ce qui les rend souvent impropres à la cuisson des légumes et à d'autres usages domestiques. L'eau de mer est salée, ce qui la rend nauséabonde. Enfin certaines eaux jaillissent de la terre avec une température élevée, ce sont les *eaux thermales;* ou avec des principes étrangers qu'elles ont dissous, ce sont les *eaux minérales,* tantôt sulfureuses, tantôt ferrugineuses; ou encore chargées de gaz, notamment d'acide carbonique, telles que les eaux gazeuses de Vichy, de Seltz, etc.

L'eau à l'état solide s'appelle *glace.* La glace cristallise en rhomboèdres. Accidentelle pendant l'hiver dans nos climats, elle constitue les glaciers éternels des hautes montagnes et d'énormes blocs dans les mers polaires.

La vapeur d'eau se produit à chaque instant dans l'acte de la respiration; elle se forme constamment par une évaporation insensible; elle s'élance en jets par les fissures des volcans, des solfatares, etc. Il n'est donc pas étonnant que l'air en contienne toujours en assez grande quantité.

2° Le *carbure d'hydrogène* ou *hydrogène carboné* est liquide, solide ou gazeux.

Le seul carbure d'hydrogène liquide est le *naphte,* espèce d'huile volatile d'une odeur pénétrante; souillé de corps étrangers, il prend le nom de *pétrole.* On trouve, presque dans toutes les contrées, des dépôts abondants de pétrole, que l'on exploite pour l'éclairage.

Les carbures d'hydrogène solides sont assez nombreux; mais presque tous, comme les *graisses,* la *cire,* le *blanc de baleine,* le *caoutchouc, etc.,* appartiennent à la chimie organique. La *paraffine,* qui s'extrait du goudron et des schistes bitumineux, serait peut-être la seule espèce minérale.

La chimie reconnaît deux carbures d'hydrogène gazeux; la nature ne donne que le *protocarbure,* qui se dégage de la terre par des fissures, ordinairement dans le voisinage des volcans, qui constitue dans les mines le feu grisou, dont le mélange avec l'oxygène s'enflamme et détone au grand danger des mineurs, enfin qui se forme dans les marais par la décomposition des débris végétaux.

3° Le *sulfure d'hydrogène* ou *acide sulfhydrique,* d'une odeur d'œufs pourris, se dégage en gaz incolore pendant les phénomènes volcaniques ou quand on remue certains dépôts terreux. Soluble dans l'eau, il donne leur propriété médicale à certaines eaux minérales sulfureuses.

Azote. — L'*azote* est un gaz incolore, inodore, insipide, impropre à la respiration, éteignant les corps en combustion, et ne pouvant s'enflammer comme l'hydrogène. Il se dégage des volcans et se trouve quelquefois enfermé dans les cavités de certaines roches. Mêlé à l'oxygène dans le rapport de 4 volumes à 1, il constitue l'*air atmosphérique;* combiné avec le même gaz dans le rapport de 1 atome à 5, il produit l'*acide azotique*. Trois atomes d'hydrogène et un atome d'azote donnent par leur combinaison l'*ammoniaque*.

L'*air atmosphérique,* gaz incolore, inodore, insipide, qui forme autour de la terre une couche de soixante-dix à quatre-vingts kilomètres en hauteur, est composé de 21 parties d'oxygène et de 79 parties d'azote. Par son oxygène, il est propre à la combustion et à la vie; l'azote ne fait que modérer son action, qui sans cela serait trop vive. L'air est peu soluble, mais il contient dans l'eau une plus grande proportion d'oxygène. Il est compressible et élastique, propriété qu'on utilise souvent en physique et en mécanique; il est pesant, et sert d'unité pour les poids spécifiques des gaz. Le poids d'un litre d'air a été trouvé de $1^{gr},3$.

L'*acide azotique*, très employé dans les arts et utile à la minéralogie, ne se trouve dans la nature qu'à l'état de combinaison sous forme de sels.

L'*ammoniaque* est un gaz incolore, soluble, d'une odeur piquante, composé d'hydrogène et d'azote, qui se forme à l'état libre ou à l'état de combinaison quand les matières organiques se décomposent. L'ammoniaque s'unit aux acides pour former des sels.

Chlore. — Le *chlore* est un corps simple, gazeux, mais liquéfiable, très soluble dans l'eau, jaune verdâtre, d'une odeur forte et désagréable. Il ne se trouve jamais isolé dans la nature, mais il a des composés très importants, notamment l'*acide chlorhydrique*.

L'*acide chlorhydrique*, gaz incolore, très soluble, d'une odeur vive et piquante, est formé de chlore et d'hydrogène en volumes égaux. Il se dégage des volcans et se trouve dans quelques eaux thermales de l'Amérique du Sud.

Usages des gaz. — Aucun gaz simple n'a d'usage. On connaît l'utilité de l'eau, soit liquide soit à l'état de glace ou de vapeur. L'air atmosphérique, par son oxygène, est nécessaire à la respiration et entretient la combustion, qu'il active jusqu'à la rendre lumineuse; agité, il constitue le vent qui aide à la navigation, fait tourner les moulins, etc.; comprimé, il devient une force que l'on utilise dans l'industrie. Les graisses, la cire, le caoutchouc, le naphte et le pétrole appartiennent à l'économie domestique. Le sulfure d'hydrogène en dissolution est utilisé en médecine. Le carbure d'hydrogène ou hydrogène carboné est le gaz de l'éclairage, employé aussi pour gonfler les aérostats. L'acide azotique sert à décaper et dissoudre les métaux, à teindre la soie en jaune, à cautériser certaines plaies; l'ammoniaque, à extraire et décomposer certains corps, à teindre et dégraisser les étoffes, à cautériser les morsures des animaux venimeux; l'acide chlorhydrique, à fabriquer divers produits chimiques et à blanchir certains tissus.

Les Minéraux combustibles.

Les minéraux combustibles. — Les *minéraux combustibles* sont des corps solides qui ont la propriété de pouvoir brûler; les principaux d'entre eux sont : le *carbone*, le *bore* et le *soufre*.

Carbone. — Le *carbone* est l'un des corps les plus importants, puisqu'il se trouve en très grande quantité dans la nature et qu'il entre pour une grande proportion dans les substances animales ou végétales. Pur, il constitue le *graphite* et le *diamant;* uni à l'oxygène, il forme l'*acide carbonique.* Il compose en grande partie les combustibles d'origine organique, que l'on divise en trois genres : les *combustibles fossiles,* les *résines* et les *bitumes.*

Le *graphite,* appelé aussi *mine de plomb* ou *plombagine,* se trouve en amas ou en lamelles dans les terrains de cristallisation. C'est une substance d'un gris noirâtre, d'un brillant métallique, d'un aspect onctueux, qui tache les doigts et se laisse couper au couteau.

Le *diamant* se rencontre dans l'Hindoustan, à l'île de Bornéo, au Brésil, au cap de Bonne-Espérance, etc. C'est un corps vitreux, le plus réfringent de tous les corps, les rayant tous sans être rayé par aucun. Il cristallise en octaèdre régulier ou en d'autres dérivés du système cubique; mais la taille peut lui donner toutes les formes. Un diamant parfaitement limpide est assez rare. Il y a des diamants de toute couleur, même de noirs; il y en a de complétement opaques.

L'*acide carbonique* est un gaz inodore, incolore, soluble dans l'eau, impropre à la respiration, qui peut être liquéfié à 0° sous une pression de trente-six atmosphères, et qu'on peut même solidifier en le faisant repasser dans un appareil convenable à son premier état gazeux. Les animaux l'expirent et les plantes le décomposent. Il se trouve au fond des puits, des cavernes, des mines abandonnées, se dégage des cratères éteints et se produit dans toute combustion de carbone aux dépens de l'oxygène de l'air.

Les *combustibles fossiles* comprennent l'*anthracite,* les *houilles,* les *lignites* et les *tourbes,* dont il a été question plus haut comme roches combustibles.

Les *résines* sont composées de carbone, d'oxygène et d'hydrogène en proportions extrêmement variées. Toutes sont d'origine organique; celles qui appartiennent à la minéralogie proviennent de végétaux anciennement enfouis. La plus remarquable est le *succin* ou *ambre jaune,* qui se dépose sur les bords de la mer Baltique : il renferme souvent des débris d'insectes ou de plantes.

Les *bitumes* sont en grande partie des carbures d'hydrogène, dont la houille et les schistes sont souvent imprégnés. Le *pétrole* ou *naphte* est un bitume liquide; le *malthe* ou *goudron minéral*, un bitume glutineux; l'*asphalte*, ainsi nommé du lac Asphaltite où on l'a d'abord recueilli, un bitume solide.

Bore. — Près du carbone se place le *bore*, uni à l'oxygène et à l'eau dans l'*acide borique hydraté*, que l'on trouve dans certains lacs de Toscane ou d'Asie, et que l'on appelle encore *sassoline*, du nom de Sasso, près de Sienne.

Soufre. — Le *soufre* est solide, de couleur jaune citron, odorant et électrique par le frottement, très combustible, cristallisant tantôt en aiguilles, tantôt en octaèdres à base rhombe, et par conséquent dimorphe. C'est un des corps les plus répandus, soit à l'état libre, soit à l'état de combinaison. On le retire par sublimation[1] des terrains avoisinant les volcans, notamment l'Etna et le Vésuve, en Italie; il y forme des couches régulières qui ont parfois jusqu'à dix mètres. Avec l'oxygène, le soufre donne les *acides sulfureux* et *sulfurique;* avec les métaux, de nombreux *sulfures*, d'où l'on extrait souvent dans l'industrie le métal qu'ils contiennent.

L'*acide sulfureux* est gazeux, mais très soluble. Il est le produit de la combustion du soufre, soit quand nous enflammons des allumettes, soit dans les solfatares et les volcans en activité.

L'*acide sulfurique* est incolore, d'une saveur brûlante, ordinairement liquide, mais pouvant cristalliser par le froid en prismes hexaèdres pyramidés. On le trouve étendu d'eau aux environs de quelques volcans.

Les *sulfures*, simples, doubles ou multiples, la plupart solides, doués de l'éclat métallique, cristallisant dans le système cubique ou dans le système rhomboédrique, for-

1. Procédé chimique qui consiste à volatiliser le corps, puis à le faire condenser, afin de l'obtenir pur.

ment des filons ou des amas dans les terrains de cristallisation ou dans les terrains de sédiment qui en sont voisins. La minéralogie a donné des noms particuliers à un grand nombre d'entre eux. Les plus intéressants sont les *pyrites de fer* ou de *cuivre*, la *galène* ou *plomb sulfuré*, la *blende* ou *zinc sulfuré*, le *cinabre* ou *mercure sulfuré*, la *stibine* ou *antimoine sulfuré*, le *réalgar* et l'*orpiment* ou *arsenic sulfuré*. Ce sont d'abondants minerais d'où l'on extrait le métal qu'ils contiennent.

Usages des minéraux combustibles. — Le diamant, d'autant plus cher qu'il est plus rare, est particulièrement recherché comme parure. Le graphite sert à faire des crayons. C'est à l'acide carbonique que l'eau de Seltz, et en général les eaux minérales gazeuses, aussi bien que les vins, doivent leur propriété de mousser. Le soufre est employé en médecine contre les maladies de la peau, dans la gravure pour obtenir les empreintes des médailles, dans l'industrie pour fabriquer les allumettes et la poudre à canon. L'acide sulfureux sert à soufrer les tonneaux où on met le vin, à éteindre les incendies de cheminée, à blanchir les substances animales et à enlever les taches de fruit. L'acide sulfurique est employé dans le tannage des peaux et dans une foule d'opérations de l'industrie et des laboratoires. Les combustibles fossiles servent au chauffage, surtout dans l'industrie. Les résines sont employées pour les vernis, la cire à cacheter, l'éclairage au gaz ; le pétrole, comme huile pour l'éclairage; le malthe, improprement nommé asphalte dans le commerce, pour goudronner, pour enduire au besoin les cordages et les bois, pour recouvrir les terrasses et les trottoirs; l'asphalte, comme un vernis qui peut préserver les édifices et les statues des injures de l'air.

Les Métaux.

Les métaux. — La classe des *métaux* est une des plus importantes et de beaucoup la plus nombreuse. Parmi les minéraux qui en font partie, les uns, métaux natifs ou alliages, sont remarquables par leur éclat, leur sonorité, leur élasticité, leur insolubilité, etc.; les autres, qui sont des oxydes ou des sels, se rapprochent de certaines pierres, mais ils ont pour la plupart une couleur propre, et ils donnent presque tous, par l'essai chimique, du métal pur ou une scorie métallique. Plusieurs n'ont aucun intérêt ni par eux-mêmes ni par leurs composés; les autres peuvent se classer en *métaux communs* et en *métaux précieux.*

Métaux communs. — Les métaux communs, le plus ordinairement employés aux usages domestiques, sont le *fer,* le *cuivre,* le *plomb,* l'*étain,* le *zinc,* l'*aluminium,* le *mercure,* le *manganèse* et l'*arsenic.*

Fer. — Le fer se trouve partout, tantôt à l'état natif, tantôt oxydé, sulfuré ou à l'état de sel. La France et l'Angleterre sont très riches en minerais de fer.

Le *fer natif,* qui se présente en grains isolés ou en blocs erratiques, provient de l'atmosphère d'où il est tombé.

Les minerais de *fer oxydé* sont au nombre de trois. L'*oligiste* ou *peroxyde de fer,* dont la rouille est une variété, se trouve dans les terrains de cristallisation et dans les terrains de sédiment inférieurs et moyens. C'est l'un des minerais de fer les plus importants. Sa cristallisation est rhomboédrique, et quelquefois en octaèdres ou en dodécaèdres. L'oligiste non cristallisé a tantôt une structure fibreuse, c'est l'*hématite rouge*; tantôt il se présente en masses alumineuses, c'est l'*ocre rouge* ou *rouge de Prusse;* ou encore en masses argileuses, c'est la *sanguine.* — La *limonite,* oxyde de fer hydraté souvent mélangé de phosphore et en petits cristaux aciculaires, prend le nom d'*hématite brune* sous forme de stalactites; de *pierre* d'*aigle,* quand c'est le noyau d'un rognon; d'*ocre jaune,* quand elle est terreuse et mêlée à des matières alumineuses ou argileuses. — L'*aimant,* appelé encore *fer oxydulé, fer magnétique,* est une combinaison de peroxyde et de protoxyde de fer. C'est une substance noire, d'un éclat métallique, et dont la propriété d'attraction est connue. On le trouve dans certaines contrées en dépôts immenses.

Le *fer sulfuré*, vulgairement appelé *pyrite martiale* ou *marcassite*, est répandu partout sous toutes les formes et sert à l'exploitation du métal. Il cristallise tantôt en cubes jaunes d'or : c'est la *pyrite jaune;* tantôt en prismes ternes d'un jaune verdâtre : c'est la *pyrite blanche.*

Le *fer carbonaté, fer spathique, sidérose*, est exploité comme minerai; il est encore appelé *mine d'acier*, parce qu'il donne d'excellent acier quand il renferme de l'oxyde de manganèse. Le *fer sulfaté*, vulgairement *vitriol* ou *couperose verte*, est naturel ou artificiel.

Cuivre. — Le *cuivre natif* se trouve quelquefois en cristaux, plus souvent en rognons, en veines ou en petites masses; mais on le tire en grandes quantités des carbonates, et surtout des sulfures. Les pays les plus riches en minerais de cuivre sont l'Angleterre, la Suède, la Sibérie, le Mexique, etc. Dans une atmosphère humide ce métal s'oxyde naturellement et devient le *vert-de-gris.*

Le *cuivre sulfuré, cuivre vitreux* ou *sulfure de cuivre* est gris de fer. Mêlé au sulfure de fer, c'est le *cuivre pyriteux;* au fer et à la silice, c'est le *cuivre panaché.*

Le *cuivre carbonaté* est tantôt vert, d'une belle couleur émeraude, et on l'appelle *malachite;* tantôt bleu, en cristaux éclatants, et on le nomme *azurite;* tantôt brun, en masses amorphes : on l'a ainsi trouvé à Mysore, d'où son nom de *mysorine.* Le *cuivre sulfaté* ou *sulfate de cuivre* est le *vitriol bleu* ou *couperose bleue* du commerce; il est d'un bleu céleste qui devient pâle par l'efflorescence.

Plomb. — Le *plomb natif* est rare. On extrait surtout ce métal de l'un de ses sulfures nommé *galène.* Les mines les plus importantes sont celles de la Saxe, de l'Autriche, de l'Angleterre et de l'Espagne.

Tous les *sels de plomb* sont vénéneux : voilà pourquoi le *plomb carbonaté* ou *céruse*, d'un beau blanc, longtemps employé dans la peinture, est aujourd'hui abandonné.

Etain. — L'*étain* s'extrait de son oxyde, la *cassitérite,* que l'on trouve partout en abondance et que l'on appelle pour cela *mine d'étain.*

Zinc. — Le *zinc* est lamelleux, d'un blanc bleuâtre et très brillant. On l'extrait du sulfure, du silicate, ou du carbonate que l'on appelle *calamine;* mais il n'existe pas à l'état naturel. Le minerai est très abondant en Silésie, en Angleterre, en Belgique et dans la Prusse rhénane.

Aluminium. — L'*aluminium,* que l'on n'a d'abord retiré de l'alumine qu'en poudre grise, s'obtient aujourd'hui en masses compactes. Il a l'éclat de l'argent, mais il est plus léger et plus tenace.

Mercure. — Le *mercure* est un métal blanc d'argent, liquide jusqu'à la température de — 40°, et volatil au-dessus de 350°. On le rencontre près des dépôts de cristallisation, surtout à Idria près de Trieste, à Almaden en Espagne et à Huancabelica au Pérou. Comme il dissout l'or et l'argent, on l'emploie pour extraire et purifier ces deux métaux.

Manganèse. — Le *manganèse* ne se trouve jamais à l'état natif. Sa combinaison la plus ordinaire est la roche appelée *pyrolusite,* qui est un bioxyde. On l'exploite surtout en France, en Angleterre et dans les montagnes du Hartz.

Arsenic. — L'*arsenic,* que la minéralogie classe parmi les métaux et la chimie parmi les métalloïdes, se trouve communément dans la nature, mais en petites quantités, sous forme de masses bacillaires et fibreuses ou de mamelons à couches concentriques. Sa cassure est brillante, mais noircit promptement à l'air. Il répand par le choc ou par l'action du feu une forte odeur d'ail, raye le gypse et la chaux carbonatée, et se volatilise en fumées épaisses.

Usages des métaux communs. — On connaît les nombreux usages du fer, soit à l'état naturel, soit à l'état de fonte ou d'acier; avec le fer magnétique on construit des boussoles. Avec le cuivre on fait de nombreux ustensiles domestiques, des appareils pour les distilleries et des instruments de musique; le vitriol entre dans la composition de l'encre. On fait avec le plomb des tuyaux de conduite, des gouttières, des chaudières, des balles ou de la cendrée; avec l'étain, des vases, des couverts, et l'étamage du cuivre. Le zinc a les mêmes usages que le plomb, mais il est moins cher, ce qui rend son emploi plus général; l'oxyde de zinc a remplacé le plomb carbonaté dans la peinture. Le mercure est employé en médecine à très petites doses; il l'est également pour la construction des baromètres et des thermomètres, pour l'étamage des glaces et pour l'extraction de l'or et de l'argent qu'il dissout. Le bioxyde de manganèse est un réactif de la chimie. L'arsenic sert dans l'industrie à la préparation de quelques alliages, et les sulfures dans la peinture, comme couleur rouge orangé, et pour la teinture en jaune; la médecine ordonne l'acide arsénieux comme fébrifuge et contre les asthmes.

Métaux précieux. — Les métaux précieux sont le *platine*, l'*argent* et l'*or*.

Platine. — Le *platine*, le plus pesant des métaux, se trouve en paillettes, en grains irréguliers, en rognons, rarement en pépites. Il est ordinairement associé à d'autres métaux. Son infusibilité relative le rend utile pour divers ustensiles dans les laboratoires. Les mines les plus productives sont en Sibérie, au Pérou et au Brésil.

Argent. — L'*argent natif* est rare et cristallise en octaèdres ou en cubes. Les minerais les plus exploités pour obtenir l'argent dans les arts sont l'*argyrose* ou *argent sulfuré*, que l'on trouve dans l'ancien et le nouveau monde, et le *kérargyre* ou *argent corné, argent chloruré*, se coupant comme la cire ou la corne et commun dans le Mexique et au Pérou.

Or. — L'*or* se trouve à l'état natif soit en paillettes dans certains cours d'eau, soit en masses plus ou moins volumineuses nommées *pépites*, tantôt dans des gîtes métallifères, tantôt engagé dans le quartz. Les principaux gisements sont ceux des monts Ourals, du Mexique, du Pérou, de la Californie et de l'Australie méridionale.

Usages des métaux précieux. — Le platine n'est guère employé aujourd'hui que pour les instruments de précision et de laboratoire. L'or et l'argent sont employés comme monnaie ou comme ornement. L'argenterie est le luxe de nos tables. L'or se plie aux mille caprices de la joaillerie. Les pendules, les candélabres, mille autres objets de luxe, sont recouverts d'une couche d'argent ou d'or, tantôt appliquée directement, mais plus souvent déposée de nos jours par les procédés merveilleux de la galvanoplastie.

CHAPITRE VI.

Les pierres et les terres. — Les minéraux alcalins. — Sel ammoniac. — Sels de potasse. — Sels de soude. — Usages des minéraux alcalins. — Les minéraux terreux. — Chaux. — Magnésie. — Alumine. — Silice. — Usages des minéraux terreux. — Les pierres précieuses. — Usages des pierres précieuses.

Les Pierres et les Terres.

Les pierres et les terres. — Les minéraux, appelés *pierres*, se présentent souvent en masses et constituent les roches; quelquefois aussi ce sont des corps isolés et disséminés dans les roches. Presque tous sont des oxydes ou des sels ayant pour base un des métaux dits alcalins ou terreux en chimie, métaux dont l'extraction, longtemps inconnue, est encore plus ou moins difficile.

On divise les pierres en *minéraux* ou *sels alcalins* et en *minéraux terreux* ou *pierres proprement dites*. A cette dernière subdivision se rattacheront les *pierres précieuses*.

En chimie, on appelle *terres* certains oxydes alcalins ou terreux, tels que la chaux, l'alumine, la baryte, la strontiane, etc. En minéralogie, on donne ce nom à des minéraux terreux, plus friables que les pierres, qui sont des silicates alumineux hydratés. A cette classe appartiennent les terres labourables, qui sont sableuses quand la silice domine, argileuses quand c'est l'alumine, crayeuses quand c'est la chaux, végétales quand elles sont mêlées aux débris décomposés des animaux et des végétaux.

Les minéraux ou sels alcalins. — Les *minéraux* ou *sels alcalins* ont pour bases l'ammoniaque, la potasse et la soude. Ils sont solubles dans l'eau et possèdent une saveur prononcée. Ils doivent leur nom à la soude, appelée en arabe *al kali*. Les anciens chimistes appelaient la potasse alcali minéral, la soude alcali végétal, l'ammoniaque alcali volatil.

Sel ammoniac. — Le *sel ammoniac*, composé d'acide chlorhydrique et d'ammoniaque, est un solide d'un gris sale, soluble, volatil, à texture caverneuse et fibreuse. On le trouve dans les volcans après les éruptions, dans les fentes des solfatares et sur certaines houillères embrasées. Il est rarement pur.

Sels de potasse. — La *potasse* ou *oxyde de potassium* est un alcali qu'on ne trouve pas isolé. Ses principaux sels sont la *potasse carbonatée* ou *potasse du commerce*, le *nitre* ou *salpêtre*.

La *potasse carbonatée* s'extrait des cendres des végétaux, mais ne se trouve point dans la nature.

Le *nitre* ou *salpêtre*, appelé en chimie *azotate de potasse*, parce qu'il est formé d'acide azotique et de potasse, est un sel d'une saveur piquante, soluble dans l'eau, et qui fuse sur des charbons ardents. Il paraît résulter de la décomposition des matières animales. Il se forme en efflorescences sur les murs des caves et des écuries, sur les vieux matériaux de construction; on le trouve dans le même état à la surface du sol aux Indes et en Égypte; on le recueille, on le lessive, et il se dépose en cristaux blancs, transparents ou au moins translucides.

Sels de soude. — La *soude* ou *oxyde de sodium* ne se trouve point dans la nature. Ses principaux sels sont la *soude carbonatée*, la *soude sulfatée*, la *soude boratée*, le *sel commun*.

La *soude carbonatée* ou *carbonate de soude* s'obtient artificiellement par l'incinération des plantes marines; c'est ce qu'on appelle la *soude du commerce*. Mais elle se produit naturellement, ainsi que le sulfate, le borate et le sel marin, et porte alors les noms de *natron* et d'*urao*. Le natron est une matière effleurie, de saveur caustique, très soluble, se déposant en cristaux aqueux qui retombent aussitôt en poussière. L'urao, moins caustique, moins altérable à l'air, se montre en masses granulaires, quelquefois fibreuses, et cristallise en prismes obliques rectangulaires. C'est à la présence de la *soude bicarbonatée* que les eaux de Vichy et du mont Dore doivent leurs propriétés médicinales.

La *soude sulfatée* ou *sulfate de soude* se présente tantôt anhydre, et cristallisant en prismes rhomboïdaux, tantôt en efflorescence sur les laves et les solfatares ou en solution dans la mer.

La *soude boratée, borate de soude* ou *borax*, incolore et inodore, cristallisant en prismes rhomboïdaux aplatis, est recueillie dans certains lacs de la Perse et de l'Inde, et nous arrive impure sous le nom de *borax brut* ou *tinkal*.

Le *sel commun* est un chlorure de sodium qui cristallise en petits cubes disposés en trémie. Il est incolore quand il est pur, sa coloration étant due à des matières étrangères. On le trouve tantôt en roches au sein de la terre, sous le nom de *sel gemme*, tantôt dans la mer, dans certains lacs, dans de nombreuses sources, d'où on l'extrait par évaporation sous le nom de *sel marin*.

Usages des minéraux alcalins. — Le sel ammoniac est employé pour le décapage des métaux[1], dans la teinture, et

1. Le décapage enlève aux métaux les corps qui en altèrent la surface.

comme un réfrigérant énergique[1]. Les carbonates de potasse et de soude entrent dans la fabrication du savon et du verre. Le salpêtre, uni au charbon et au soufre, donne la poudre de guerre. Le sulfate de soude est un purgatif et se transforme en carbonate de soude. Le borax sert comme fondant dans les essais de minéralogie, et dans la métallurgie pour décaper les métaux. Enfin le sel marin sert, comme il a été dit, dans l'alimentation et dans l'agriculture; mais on révoque aujourd'hui en doute qu'il ait dans l'amendement des terres toute l'influence qu'on lui avait attribuée.

Les minéraux terreux. — Les *minéraux terreux* ou *pierres proprement dites* se trouvent presque toujours en roches. Les plus importants ont pour bases la *chaux*, la *magnésie*, l'*alumine* et la *silice*.

Chaux. — La *chaux* ou *oxyde de calcium* ne se rencontre pas isolée dans la nature. Ses composés les plus remarquables en minéralogie sont la *chaux carbonatée*, la *chaux fluatée*, la *chaux sulfatée*, la *chaux phosphatée*.

La *chaux carbonatée*, appelée encore *carbonate calcaire* ou plus simplement *calcaire*, forme des masses importantes à tous les étages du globe. Elle est d'un blanc laiteux quand elle est pure, se réduit en chaux par le feu, fait effervescence avec les acides, a tantôt une structure irrégulière, et tantôt cristallise, souvent avec dimorphisme, sous plus de quinze cents formes différentes. On a rangé en cinq groupes les carbonates calcaires.

La *chaux carbonatée cristallisée* se trouve en cristal ou en masses lamelleuses; elle est au moins translucide, possède la double réfraction et s'électrise par le frottement. A ce groupe appartiennent le *spath d'Islande*, à structure lamelleuse, et le *madréporite*, gris foncé, quelquefois noir, qui est en baguettes. — La *chaux carbonatée fibreuse* constitue l'*albâtre antique* ou *calcaire*, demi-transparent,

1. Un mélange de glace pilée, de sel marin, de sel ammoniac et de nitre abaisse, par sa liquéfaction, la température jusqu'à — 27°,77.

légèrement jaunâtre avec des veines d'un blanc laiteux. On y rapporte les *stalactites* qu'abandonnent, en filtrant à travers les roches, les eaux calcaires, et les *travertins* de Rome, exploités de tout temps dans les vastes carrières de Tivoli. — La *chaux carbonatée saccharoïde*, en grains brillants comme le sucre, d'un beau blanc quelquefois nuancé, fournit le *marbre de Carrare*, le *marbre de Paros*, le *marbre pentélique, etc.* — La *chaux carbonatée compacte* est naturellement grise, mais elle est colorée en noir par le bitume, en rouge par l'oxyde de fer, en brun par l'hydrate de fer. On distingue dans ce groupe le *calcaire oolithique* à petits grains arrondis; la *chaux hydraulique*, insoluble dans l'eau, parce qu'elle contient de l'argile, et qui devient plâtre-ciment quand la proportion d'argile est grande et qu'elle est accompagnée d'oxyde de fer; la *pierre lithographique*, calcaire mêlé de silice, d'un grain fin susceptible d'un beau poli et s'imbibant légèrement d'eau; différentes sortes de marbres, dont les plus remarquables sont : le *marbre noir* du Derbyshire ou de Belgique; le *marbre Sainte-Anne*, à fond gris veiné de blanc, ou à fond rouge et brun, bleuâtre, etc.; le *marbre brèche*, où les veines coupent la masse comme en fragments anguleux; le *marbre lumachelle*, formé des débris de coquilles et de madrépores, et les *marbres composés*, parmi lesquels le vert antique, qui contiennent diverses matières étrangères. — La *chaux carbonatée terreuse* a pour variétés la *craie*, substance très tendre, blanche ou légèrement jaunâtre; le *calcaire grossier* ou à cérites, ainsi nommé des coquilles fossiles qui y sont contenues; la *marne*, calcaire terreux mêlé d'argile; enfin le *calcaire siliceux*, qui renferme de la silice.

La *chaux fluatée* ou *fluorine*, plus connue sous le nom de *fluor* ou *spath fluor*, cristallise dans le système cubique, et offre différentes couleurs, mais toujours vives.

La *chaux sulfatée anhydre* est rare et se nomme *karstenite*. La *chaux sulfatée hydratée* est le *gypse*, qui donne, s'il est fin, l'*albâtre gypseux*, d'un blanc mat, moins beau que l'albâtre calcaire; et, s'il est grossier, la *pierre à plâtre*, si abondante aux environs de Paris. Le gypse se trouve en cristaux appartenant au système du prisme oblique rectangulaire. Le plâtre est du gypse privé d'eau par la calcination, et qui cristallise de nouveau quand on le gâche.

La *chaux phosphatée*, élément qu'on a reconnu depuis quelque temps nécessaire à la production du blé, était la partie fertilisante du noir animal. Mais elle se trouve en nodules dans le sol, et on l'exploite aujourd'hui dans certains départements du midi et du nord de la France sur une étendue de plusieurs milliers d'hectares.

Magnésie. — La *magnésie* ou *oxyde de magnésium* entre dans la *magnésie boratée*, la *magnésie sulfatée*, la *dolomie*.

La *magnésie boratée* ou *boracite* est en cristaux blancs ou grisâtres, translucides.

La *magnésie sulfatée hydratée* ou *epsomite* se trouve à l'état solide ou en masses fibreuses; les eaux d'Epsom en Angleterre, de Sedlitz, de Pullna, d'Égra en Bohême, lui doivent leur propriété purgative.

La *dolomie*, carbonate double de chaux et de magnésie, forme de grandes masses dont les cristaux sont très variés, et joue quelquefois le marbre de Carrare par sa blancheur, son éclat et sa structure; mais elle en diffère par sa cohésion infiniment plus faible.

Alumine. — L'*alumine* ou *oxyde d'aluminium* est infusible au chalumeau et inattaquable par les acides, a la double réfraction, s'électrise par le frottement, et a pour forme primitive un rhomboèdre aigu. C'est un des minéraux les plus abondants. On trouve l'alumine tantôt pure ou simplement mêlée à quelque oxyde terreux : c'est le *corindon*; tantôt combinée à l'état de sel simple ou de sel double, comme dans l'*alun*.

Le *corindon* se trouve dans les terrains granitiques; il se rencontre surtout dans le Malabar et la Chine. Sous forme granulaire il est grossier; réduit en poudre fine, il sert, sous le nom d'*émeri*, à tailler les pierres et à polir les métaux. — Le *corindon hyalin* ou *télésie*, toujours plus pur et en cristaux diaphanes ou au moins transparents, est susceptible d'être taillé et fournit diverses pierres précieuses.

L'*alun* est un sulfate double d'alumine et de potasse, de soude ou d'ammoniaque. Il est blanc, très soluble, cristallise en octaèdres réguliers et forme des roches.

Silice. — La *silice* ou *acide silicique*, formée du silicium, que la chimie range aujourd'hui parmi les métalloïdes, se trouve dans la nature en masses considérables. Quand elle est pure, elle constitue le *quartz* aux nombreuses variétés ; unie aux bases, elle donne divers *silicates* simples ou doubles, et particulièrement les *argiles*.

Le *quartz* est une substance vitreuse, infusible au chalumeau; il raye le verre et l'acier, et est rayé par la topaze; il est insoluble dans les acides, sauf en présence d'un alcali, et alors il se change en verre. On distingue plusieurs espèces de quartz. — Le *quartz hyalin*, remarquable par sa transparence, cristallise en rhomboèdres, a la double réfraction, est électrique par frottement, et devient quelquefois phosphorescent. On le trouve en géodes dans tous les terrains. Quand il est pur et limpide, c'est le *cristal de roche*. — Le *quartz agate*, rarement opaque, souvent translucide, à cassure esquilleuse, se trouve en filons et en nodules. Il est souvent le produit de concrétions, et se compose de couches de couleurs différentes souvent très vives; il blanchit au feu et se dégagrége. — Le *quartz résinite* a pour variété l'*opale*, composée de silice et d'eau, corps assez rare dans la nature. — Le *quartz jaspe* se trouve en masses. Il est complétement opaque. Le fer qu'il renferme le rend bon conducteur de l'électricité. — Le *quartz terreux* se montre en couche blanche terreuse, peu épaisse. Le *tripoli*, qui sert à polir les métaux, en est une variété. — Le *quartz silex* varie du blanc grisâtre au noir bleuâtre; il a moins de transparence et prend un poli moins beau. On le trouve en rognons, en blocs et en amas. Les variétés utiles sont le *silex pyromaque* ou *pierre à fusil*, qui entame l'acier, et la *pierre meulière*.

Les *silicates* ont l'aspect pierreux. Les uns sont hydratés et se dissolvent dans les acides, les autres sont anhydres et insolubles dans les acides ou peu solubles; les uns renferment de l'alumine, les autres n'en ont pas. De là quatre groupes différents.

Les *silicates alumineux simples hydratés* constituent les *argiles*. Ce sont des substances compactes, très tendres, opaques et terreuses; elles résultent de la décomposition des roches feldspathiques et micacées. On les distingue en *argiles plastiques* ou terres à poterie et en *argiles smectiques* ou terres onctueuses. — Les *argiles plastiques* se façonnent avec facilité, mais elles perdent par la cuisson la faculté de faire pâte avec l'eau. Quand elles sont d'un blanc sale, c'est la *terre à faïence*. La plus pure des argiles plastiques est la *terre de pipe*. Le *kaolin*, autre espèce d'argile plastique, fondu avec le *pétunzé*, silicate double d'alumine et de potasse, donne la porcelaine. — Les *argiles smectiques* contiennent beaucoup plus d'eau et ne font point pâte. La plus remarquable est la *terre à foulon*, onctueuse et grasse au toucher, qui donne au chalumeau un émail d'un gris verdâtre. Mêlée au calcaire en différentes proportions, l'argile donne les différentes marnes.

Les *silicates alumineux simples anhydres* sont peu importants; il suffit de nommer la *staurotide*, ainsi appelée du grec *stauros*, croix, à cause de la forme de ses cristaux.

Les *silicates alumineux doubles* les plus importants sont les *feldspaths* et les *micas* qui forment des roches, les *chlorites* et différentes *pierres précieuses*. Les terres vertes ou chlorites, les sables verts, la craie chloritée, sont des silicates d'alumine mêlée au chlore.

Les *silicates non alumineux* forment des roches : le *talc*, la *stéatite*, la *magnésite*, s'ils sont simples; le *pyroxène*, l'*amphibole*, l'*amiante*, quand ils sont doubles.

Usages des minéraux terreux. — La chaux sert dans les constructions et dans l'agriculture. On emploie les marbres comme ornement, les divers carbonates comme pierres de taille, la craie sous le nom de blanc d'Espagne. C'est de la chaux sulfatée que l'on extrait le plâtre. Nous avons vu l'influence de la chaux phosphatée dans l'agriculture. Le cristal de roche sert dans la bijouterie; le silex entre dans la composition du verre; la pierre meulière est employée dans les constructions, et l'on en fait des meules. Le kaolin et le pétunzé sont la base de la porcelaine : un commencement de fusion leur donne une demi-transparence, et le pétunzé seul forme la couverte des vernis. Les argiles et les marnes composent en grande partie les terres; les argiles sont précieuses pour fabriquer des carreaux, des briques et des poteries de toute nature; les marnes servent surtout à amender les terres dans l'agriculture.

Pierres précieuses. — Les *pierres précieuses* se trouvent en cristaux disséminés ou implantés dans les roches primitives, quelquefois en morceaux roulés dans les terrains d'alluvion.

Le *diamant,* la plus recherchée de toutes les pierres précieuses, n'est cependant pas une pierre, mais du carbone pur et cristallisé, comme on l'a déjà vu.

Les autres pierres précieuses ont pour élément principal le corindon ou alumine, le quartz ou silice, un sel d'alumine, un silicate simple ou un silicate alumineux double, tous corps dont il a été précédemment question.

Les pierres précieuses formées par le corindon sont les divers *saphirs* et certaines espèces de *rubis,* de *topaze,* d'*émeraude,* d'*améthyste,* dites orientales. Le *saphir blanc* est incolore; le *saphir oriental,* bleu d'azur; le *saphir indigo,* bleu indigo; le *rubis oriental*, d'un beau rouge cramoisi ou rose; la *topaze orientale,* jaune; l'*émeraude orientale,* verte; l'*améthyste orientale,* pourpre ou violette.

Les pierres précieuses formées par la silice, sous forme de quartz, sont le *cristal de roche,* la fausse *topaze,* l'*améthyste,* le *sinople,* les *agates,* l'*opale* et le *jaspe.* — Le *cristal de roche* ou *quartz hyalin* pur, est recherché pour sa limpidité, son éclat, son pouvoir réfringent, sa facilité à être taillé et le beau poli qu'il peut prendre ; il a pour variétés le *diamant d'Alençon,* aux nuances enfumées, l'*œil-de-chat* de Madagascar, agate jaune, chatoyante, et l'*aventurine,* à l'éclat vif et étincelant, pierres recherchées dans la bijouterie. — La *fausse topaze* est un quartz jaune transparent. — L'*améthyste* doit sa couleur violette au manganèse; le *sinople,* sa couleur rouge à l'oxyde de fer. — L'*agate* donne à la bijouterie la *calcédoine,* de couleur gris de perle ou bleuâtre et d'une transparence nébuleuse; la *cornaline,* de couleur rouge et à l'aspect corné; la *sardoine,* passant du brun foncé au jaune orangé; la *chrysoprase,* demi-transparente et d'une jolie teinte verte; l'*agate rubanée,* dont on fait des camées, et l'*onyx,* agate rubanée aux bandes épaisses et aux couleurs tranchées. — L'*opale* est recherchée pour ses jolis reflets, quelquefois rougeâtres et ignés. — Le *jaspe* a de nombreuses variétés qui se distinguent par leurs couleurs.

Les pierres précieuses formées par des sels où l'alumine joue le rôle d'acide sont : avec la magnésie, le *rubis spinelle,* d'un beau rouge, le *rubis balais,* rose violacé, le *rubis bleu,* aussi recherché que certains saphirs ; avec la glucine, le *cymophane,* pierre jaune dont une variété porte le nom de *chrysolithe orientale.* L'alumine phosphatée est la *turquoise,* d'un bleu verdâtre.

Les pierres précieuses formées par des silicates simples sont le *zircon,* d'un bel éclat, rouge, jaune, bleu ou incolore, et le *péridot,* généralement vert.

Les pierres précieuses formées par des silicates alumineux doubles sont les *grenats*, les *topazes,* la *tourmaline* et le *lapis-lazuli.* — Le silicate d'alumine s'unit au silicate de chaux dans le *grenat jaunâtre* ou *verdâtre ;* à un silicate de fer dans le *grenat rouge ;* au fer, au manganèse et à la magnésie dans le *grenat syrien,* violet velouté, ou dans l'*hyacinthe*, jaune cannelle; au silicate de glucine dans l'*émeraude,* qui a pour variétés l'*émeraude du Pérou,* d'un vert pur, l'*aigue-marine*, d'un vert bleuâtre et verdâtre, le *béryl bleu* ou *jaune.* Le *grenat noir* est un silicate double de chaux et de fer. — La *topaze*, silicofluate d'alumine, est une substance vitreuse, ordinairement jaunâtre, quelquefois rosâtre ou bleuâtre. — La *tourmaline*, remarquable par ses propriétés électriques, est un silicoborate d'alumine de couleur très variée. — Le *lapis-lazuli* ou l'*outremer* est un silicate sulfurifère d'alumine et de soude; la beauté de sa couleur bleue le fait rechercher dans les arts.

Usages des pierres précieuses. — Les pierres précieuses servent dans l'ornementation et dans la bijouterie : on en fait des bagues, des boucles d'oreilles, des colliers, des bracelets, etc. ; on les multiplie sur les ornements d'église, les vases sacrés, et sur une foule d'objets de luxe. Certains jaspes sont recherchés dans la bijouterie ou dans l'architecture. Le lapis-lazuli est employé comme marbre; réduit en poudre, il donne à la peinture la magnifique couleur dite bleu d'outremer.

Résumé des principaux usages des minéraux. — Le règne minéral semble, au premier abord, moins directement utile à l'homme que les deux autres. Le croire serait une grave erreur, puisque nous ne pouvons vivre sans air à cause de son oxygène, ni sans eau, le véhicule ordinaire de tous nos aliments. Il est vrai que le sel marin est le seul produit alimentaire par lui-même; mais les animaux et les végétaux dont l'homme se nourrit ne servent qu'à introduire dans son organisme les principes minéraux, carbone, azote, phosphore, etc., nécessaires a son développement et à sa vie. Que de ressources d'un autre genre ne devons-nous pas au règne minéral? N'est-ce pas lui qui entretient la vie des plantes? Ne lui devons-nous pas les pierres qui servent à construire nos demeures, les marbres qui les embellissent; les métaux, si nécessaires à l'industrie; les combustibles, qui nous échauffent et nous éclairent; certains médicaments utiles contre les maladies; les métaux précieux, moyen d'échange dans les relations commerciales, et que l'art façonne si admirablement pour servir d'ornements et de parure, telles sont les pierres précieuses? Et que les lois qui régissent le règne minéral, celles du moins que notre intelligence bornée a pu saisir, sont de nature, ainsi que dans les autres règnes, à nous faire bénir la Providence! L'animal consomme l'oxygène et le rend en acide carbonique, qui asphyxie; les plantes décomposent l'acide et rendent à l'air l'oxygène pur. La chaleur du soleil vaporise l'eau en nuages, et les nuages se résolvent en pluies qui conservent à la terre son humidité, ou forment, avec les glaciers en fusion des montagnes, ces grands fleuves qui fertilisent le sol et sont les artères du commerce. L'air, sous forme de vent, assainit l'atmosphère en emportant les miasmes délétères, rafraîchit le sol dans les ardeurs de l'été, le réchauffe en faisant participer les contrées du Nord aux chaleurs du Midi, et pousse les navires d'un continent à l'autre à travers les mers. Que dire du continuel échange des substances minérales que les plantes et les animaux s'assimilent, et qu'ils rendent à la terre après leur mort pour servir à des générations nouvelles? Et ces houilles, ces bitumes enfouis dans la terre si longtemps avant l'homme pour servir à nos usages domestiques? « Béni soit Dieu qui a créé et coordonné tant de merveilles! »

TABLE DES MATIÈRES.

INTRODUCTION.

ZOOLOGIE.

BOTANIQUE.

MINÉRALOGIE.

FIN DE LA TABLE.

Paris. — Imprimerie DELALAIN frères, rue de la Sorbonne, 1 et 3.

Éléments de Géologie et de Botanique, répondant au programme des écoles normales primaires (1re et 3e années), par *M. J. Langlebert*, professeur de sciences physiques et naturelles : 3e édition, revue et augmentée ; 1 vol. in-12, *avec 410 gravures dans le texte et une carte géologique de la France*, *br.* 3 f. — *rel. toile*, 3 f. 25 c.

Éléments de Zoologie, répondant au programme des écoles normales primaires (2e année), par *M. J. Langlebert* : 5e édition, conforme aux nouvelles classifications zoologiques ; 1 vol. in-12, *avec 172 gravures dans le texte*, *br.* 2 f. — *rel. toile*, 2 f. 25 c.

Cours de Physique et de Chimie, répondant aux programmes prescrits pour l'enseignement des sciences physiques dans les écoles normales primaires d'instituteurs et d'institutrices, par *M. Émile Bouant*, ancien élève de l'École normale supérieure, agrégé des sciences physiques, professeur au lycée Charlemagne : 5 volumes in-12, *avec nombreuses figures dans le texte*. Chaque volume se vend séparément :

1° *Écoles normales d'instituteurs* ; 3 vol. in-12 :

Cours de Physique et de Chimie. Première année : 5e édition, avec emploi des *notations atomiques* en Chimie ; 1 vol. in-12, *avec 209 gravures dans le texte*, *cart.* 3 f.

Cours de Physique et de Chimie. Deuxième année : 5e édition, avec emploi des *notations atomiques* en Chimie ; 1 vol. in-12, *avec 150 gravures dans le texte*, *cart.* 3 f.

Cours de Physique et de Chimie. Troisième année : 5e édition, avec emploi des *notations atomiques* en Chimie ; 1 fort vol. in-12, *avec 341 gravures dans le texte et une planche en chromolithographie*, *cart.* 5 f.

2° *Écoles normales d'institutrices* ; 2 vol. in-12 :

Cours de Physique et de Chimie. Premier volume : 7e édition, avec emploi des *notations atomiques* en Chimie ; 1 vol. in-12, *avec 190 gravures dans le texte*, *cart.* 3 f.

Cours de Physique et de Chimie. Deuxième volume : 6e édition, avec emploi des *notations atomiques* en Chimie ; 1 fort vol. in-12, *avec 317 gravures dans le texte*, *cart.* 4 f.

Cours complet de Physique, répondant aux programmes de l'enseignement secondaire et des écoles normales primaires, par *M. J. Langlebert* : 50e édition, revue, corrigée et tenue au courant des progrès de la science les plus récents ; 1 fort vol. in-12, *avec 343 gravures dans le texte*, *br.* 4 f.

Cours complet de Chimie, répondant aux programmes de l'enseignement secondaire classique et moderne et des écoles normales primaires, par *M. J. Langlebert* : 45e édition, entièrement refondue d'après *la théorie et la notation atomiques* ; 1 fort vol. in-12, *avec 187 gravures dans le texte et un cahier chromolithographié*, *br.* 4 f.

Cours complet d'Histoire naturelle, répondant aux programmes de l'enseignement secondaire classique et moderne, par *M. J. Langlebert* : 59e édition, suivie d'un résumé général des classifications zoologique, botanique et géologique actuellement suivies dans nos écoles et tenue au courant de progrès de la science les plus récents ; 1 vol. in-12, *avec 620 gravures dans le texte*, *br.* 4 f.

Leçons élémentaires d'Hygiène, rédigées conformément au programme officiel prescrit pour cet enseignement dans les établissements d'instruction publique, par *M. H. George*, docteur-médecin, professeur d'histoire naturelle à l'école Lavoisier à Paris : 9e édition, revue et augmentée ; 1 vol. in-12, *br.* 2 f. — *cart.* 2 f. 20 c.

www.ingramcontent.com/pod-product-compliance
Ingram Content Group UK Ltd.
Pitfield, Milton Keynes, MK11 3LW, UK
UKHW031832260826
14628UKWH00001B/347

9 782013 606363